Karl Emil Franzos

Aus Halb-Asien

Kulturbilder aus Galizien, der Bukowina, Südrussland und Rumänien

ISBN/EAN: 9783742844750

Hergestellt in Europa, USA, Kanada, Australien, Japan

Cover: Foto ©berggeist007 / pixelio.de

Weitere Bücher finden Sie auf **www.hansebooks.com**

Karl Emil Franzos

Aus Halb-Asien

Kulturbilder aus Galizien, der Bukowina, Südrussland und Rumänien

Aus Halb-Asien.

Erster Band.

Aus Halb-Asien.

Culturbilder

aus

Galizien, der Bukowina, Südrußland und Rumänien.

Von

Karl Emil Franzos.

Erster Band.

Leipzig,
Verlag von Duncker & Humblot.
1876.

Michael Etienne

zugeeignet.

Vorwort.

Jedes Buch soll sich selbst erläutern, durch seinen Inhalt seine Existenz selbst rechtfertigen. Und so mögen es nur die Eigenart und Frembartigkeit des Stoffs in vorliegendem Falle entschuldigen, wenn ich zur besseren Orientirung des Lesers eine Einleitung vorangestellt. An dieser Stelle aber möchte ich nur einiger äußeren Momente gedenken.

Vor Allem der Widmung. Sie gilt nicht etwa als captatio benevolentiao dem einflußreichen Herausgeber der «Neuen Freien Presse», sondern als schlichter Dank dem gütigen Mann, der schon dem Studenten vorurtheilsfrei die Spalten des Feuilletons seines Blattes eröffnet, der mir in den vier Jahren, welche seitdem verflossen und nachdem ich ihm auch persönlich näher getreten, stets gleich freundlich und theilnahmsvoll begegnet, der, wie kaum ein Anderer, mein Streben mit warmem, ermuthigendem Wohlwollen begleitet.

Was die Entstehungsweise dieses Buches betrifft, so dürften wohl alle meine Leser wissen, daß es zerstreut er- schienene Arbeiten sind, welche ich hier gesammelt vorlege. Denn dieselben sind zum ersten Male durchweg in Blättern mit großer, zum Theil mit überaus großer Auflage er- schienen und überdies massenhaft nachgedruckt worden. So sind mir z. B. von der Skizze «Der Aufstand von Wo- lowce» 32, von der Skizze «Todte Seelen» 40 Abbrücke bekannt geworden. Ich darf daher kaum hoffen, daß Jemand diese Bände in die Hand nimmt, dem der Inhalt völlig neu wäre.

Daß ich diese Culturbilder in Buchform gesammelt, hiefür möchte ich zur Entschuldigung keineswegs äußerliche Motive anführen. Wohl könnte ich mit gutem Gewissen auf den Wunsch vieler Leser, auf die öffentlich ausge- sprochene Ermunterung hervorragender Kritiker, auf das

freundliche Entgegenkommen einer so geachteten Verlags-
handlung hinweisen. Aber all dies könnte mich nicht entschuldigen, wenn diese Blätter blos durch den Kleister des
Buchbinders zusammengehalten wären. Was als Buch
auftritt, muß einheitlich sein in Form und Inhalt, con-
sequent, was den Standpunkt des Autors betrifft. Mir
schienen die vorliegenden Bilder diesen Anforderungen zu
entsprechen und darum habe ich sie zu einem Buche for-
mirt. Ist die Kritik entgegengesetzter Ansicht, dann könnten mir auch jene äußerlichen Motive nichts helfen.

Ich werde das Urtheil der Kritik in dieser wie in
jeder anderen Richtung, sofern es durch die Sache begrün-
det ist, mit jener Achtung hinnehmen, welche der ehrlichen
Ueberzeugung gebührt. Ich fordere ein Gleiches in meiner
kritischen und literarhistorischen Thätigkeit und werde es
daher Anderen sicherlich nicht versagen. Wie auch immer
jedoch dem Kunstwerth dieser Bilder das Urtheil fallen
mag, bezüglich ihres Inhalts fordere ich und glaube es
mit vollem Recht fordern zu dürfen: daß meine Stimme
gehört werde, als die eines vorurtheilslosen Beobachters,

welcher die geschilderten Länder genau kennt und ihr Bestes will.

Dies erhoffe ich aber nur von meinen deutschen Landsleuten, im Osten wie anderwärts. Von den Polen und Rumänen aber — keineswegs von Allen, aber von Jenen, die am lautesten schreien — werde ich auch für dieses Buch ernten, was ich bereits für einzelne Skizzen eingeheimst: maßlose Beschimpfung, wahnsinniges Wuthgeschrei. Ich werde aber auch diesmal solchen Angriffen nichts entgegensetzen, als das Schweigen der Verachtung oder stille Heiterkeit. Was soll ich auch zu Sätzen sagen, wie der folgende: „Franzos kennt leider die Verhältnisse — leider, denn er benutzt sie nur dazu, den Osten der Verachtung des Westens preiszugeben!" Oder was soll ein Mann, der sich die Selbstachtung bewahrt, folgender polemischen Blume entgegensetzen: „Franzos, dies jüdische Hundsblut, hat wieder einige Artikel über unser Land gebellt, natürlich in deutscher Sprache, damit es die anderen deutschen Hunde leicht nachbellen können." Ich schweige und achte die Herren, wie sie's verdienen. Als Curiosum hebe ich hervor, daß mich faſt gleichzeitig mit einem wüthenden Angriff, weil ich «das jüdiſche Ungeziefer vertheidigte und aufhetzte», ein orthodoxer Jude, ein ſicherer Dr. Lippe aus Jaſſy, mit Koth bewarf, weil ich ein — Judenfeind ſei. Ich habe damals meinen Augen nicht getraut und wer dies Buch lieſt, wird es unbegreiflich finden, aber der wackere Mann hat es wirklich und wahrhaftig ge= ſchrieben. Beſagter Dr. Lippe darf ſich rühmen, mein dümmſter und roheſter Gegner zu ſein, derlei Redekünſte und Früchte haben ſelbſt die rumäniſchen Rothen, ja ſogar der Lemberger «Szczutek» nicht zu Stande gebracht.

So habe ich mir durch meine Vorurtheilsloſigkeit den grimmigen Haß aller nationalen und religiöſen Fanatiker des Oſtens zugezogen. Aber ſchon das Bewußtſein, ſtets meiner Ueberzeugung Ausdruck gegeben zu haben, würde mich darüber tröſten, um wie viel mehr die zahlreichen Beweiſe der Sympathie und Anerkennung, welche mir aus jenen Kreiſen zugehen, deren ſoziales oder nationales Märtyrer= thum ich ſchildere. Nur den Wenigſten habe ich direct ant= worten können, und ſo danke ich denn an dieſer Stelle

Allen für die vielen lieben Briefe, die mich oft tief gerührt und erhoben. Sie haben mir das stolze Bewußtsein gegeben, daß ich in meinen Ansichten im Einklang bin mit den guten und verständigen Männern meiner fernen Heimath. Und angesichts dieser sympathischen Kundgebungen, angesichts des großen Leserkreises, welchen einige dieser Bilder im Westen gefunden, wage ich es auch von diesem Buche, dem ersten Buche eines jungen Autors zu hoffen, daß es Freunde und Leser finden wird! . . .

Wien, 20. Mai 1876.

Der Verfasser.

Inhaltsverzeichniß des erſten Bandes.

	Seite
•Aus Halb-Aſien• (Einleitung)	I—XXIII
Der Aufſtand von Wolowce	1
Jüdiſche Polen	51
Schiller in Barnow	69
Von Wien nach Czernowitz	91
Zwiſchen Dnieſter und Biſtrizza	115
Ein Culturfeſt	139
Rumäniſche Frauen	193
Jancu der Richter	221
Gouvernanten und Geſpielen	239
Todte Seelen	271
Ein jüdiſches Volksgericht	291
Der ſchwarze Abraham	307
Nur ein Ei	323

Aus Halb-Asien.

Der Titel, welchen ich diesem Buche vorgesetzt, mag seltsam und auffallend genug klingen, aber wahrlich nicht um solchen Klanges willen habe ich ihn gewählt, sondern weil er mir die Culturverhältnisse jener Länder, welche ich hier schildere, kurz und richtig zu charakterisiren scheint. Denn nicht blos geographisch sind diese Länder zwischen das gebildete Europa und die öde Steppe hingestellt, durch welche der asiatische Nomade zieht; nicht blos durch die Sprache ihrer Bewohner und einige Grenzpfähle sind sie von dem übrigen Europa geschieden und nicht blos landschaftlich erinnern diese weiten Ebenen und sanft und breit verschwimmenden Hügelketten, welche sich jenseit der schlesischen Grenze und jenseit der Karpathen hinziehen, an Gegenden, welche nahe dem Ural liegen oder im tiefen Mittelasien. Nein! Auch in den politischen und socialen Verhältnissen dieser Länder begegnen sich seltsam europäische Bildung und asiatische Barbarei, europäisches Vorwärtsstreben und asiatische Indolenz, europäische Humanität und so wilder, so grausamer Zwist der Nationen und Glaubensgenossenschaften, wie er dem Bewohner des Westens

I*

als ein nicht blos Fremdartiges, sondern geradezu Unerhörtes, ja Unglaubliches erscheinen muß. Die Schale, die
Form sind in jenen Ländern vielfach dem Westen entlehnt;
der Kern, der Geist sind vielfach autochthon und barbarisch.
Ich stelle Beides nicht als allgemein gültig hin, denn für
Beides gibt es Ausnahmen: wenn nicht ganze Völker, so
doch ganze Landstriche. Für Beides! Noch gibt es Gegenden in jenen Ländern, wo der Mensch im Naturzustande
lebt, nicht im paradiesischen und idyllischen, sondern im
Zustande tiefsten Dunkels, dumpfer, thierischer Rohheit, in
ewiger kalter Nacht, in welche kein Strahl der Bildung,
kein warmer Hauch der Menschenliebe bringt. Und schon
gibt es Gegenden dort, über welchen die volle warme
Sonne der Cultur leuchtet, wo fremdes Wissen und ein-
heimische Kraft sich harmonisch verbunden, oder wo doch
mindestens bereits wackere Pioniere sich mühen, daß es
der nächsten Generation licht und wohnlich werde auf dem
Boden, den sie mit ihrem Schweiße gedüngt. Oft liegen
solche Stätten tiefster Uncultur und relativ hoher Cultur
hart neben einander: die deutsche Universitätsstadt Czernowitz ist kaum zwei Stunden von dem Rumänendorfe
Mamornitza entfernt. Aber — wiederhole ich — das
sind Ausnahmen. Im Allgemeinen herrscht im Osten oder
doch mindestens in jenem Theil des Ostens, von dem diese
Blätter Kunde geben, weder heller Tag, noch dunkle Nacht,
sondern ein seltsames Zwielicht, im Allgemeinen sind

Galizien, Rumänien und Südrußland weder so gesittet,
wie Deutschland, noch so barbarisch, wie Turan, sondern
eben ein Gemisch von Beiden — Halb-Asien!

Dieses seltsame Zwielicht zu schildern, ist der Zweck
meines Buches. Es unterscheidet sich schon darum in
Inhalt und Färbung sehr wesentlich von den Reise-
beschreibungen, welche Touristen des Westens über gedachte
Länder veröffentlicht, und ebenso wesentlich von jenen
Schilderungen, welche Schriftsteller des Ostens von ihrer
Heimat geben. Denn dem einheimischen Patrioten scheint
sogar in Rumänien oder Bessarabien Alles trefflich, dem
Touristen hingegen, den die unerhörte Frembartigkeit er-
drückt und oft aufs Tiefste anwidert, scheint Alles noch
bedeckt und ertränkt von tiefstem Dunkel. Mir aber
scheinen beide Ansichten gleich extrem, für mich liegt die
Wahrheit in der Mitte, vielleicht deßhalb, weil ich, was
meine persönlichen Beziehungen zu dem Osten betrifft, die
Mitte einnehme zwischen dem Touristen und dem patriotischen Schilderer. Ich bin im Osten geboren, aber als der
Sohn deutscher Eltern, ich bin in einem podolischen
Städtchen aufgewachsen, aber in einem deutschen Hause,
und so hat mir ein früh gewecktes Volksbewußtsein un-
willkürlich den Blick geschärft und den Verhältnissen des
Ostens gegenüber eine gewisse Unbefangenheit gegeben.
Ich habe Gelegenheit gehabt, diese Verhältnisse auf das
Genaueste kennen zu lernen; langjähriger Aufenthalt,

zahlreiche Reisen haben mich mit Sprache, Sitte und
Eigenart jenes Völkergewirrs vertraut gemacht.

Aber ebenso genau habe ich das Leben der westlichen
Culturvölker kennen lernen dürfen. Ich habe mir an
deutschen Hochschulen meine Bildung geholt und wohne seit
Jahren in einer deutschen Großstadt. Aber alljährlich
durchwandere ich wieder ein Stück der alten Heimat und
tausend Fäden knüpfen mich an sie. So hat mir schon
mein äußerer Lebensgang neben der Vertrautheit mit
jenen wirren, sonderbaren Zuständen auch einen Standpunkt vermittelt, der frei von jeglichem Vorurtheil ist.
Ich kenne den Osten, aber nicht den Osten allein, und
völlig unbeeinflußt von jeder inneren Voreingenommenheit,
wie von jedem äußeren Zwang bin ich in der glücklichen
Lage offen sagen zu dürfen, was ich denke. Wenn ein
Verdienst in diesen Blättern ist, so fließt es aus dieser
günstigen äußeren Position. Gleich jenen Touristen bin
auch ich nicht blind für die bunte Fremdartigkeit des
Ostens. Im Gegentheil! ich weiß es sehr genau, welche
durchweg eigenartige Welt es ist, in der ich aufgewachsen
und ich nehme keinen Anstand auszusprechen, daß vielleicht kein anderer Welttheil so extreme Gegensätze um-
faßt, als Europa, daß vielleicht selbst der lateinische Süden
Amerika's sich nicht so sehr von dem germanischen Norden
unterscheidet, als die lateinisch-germanische Westhälfte unseres Welttheils von der slavisch-jüdisch-rumänischen Ost-

hälfte. Aber daneben sehe ich in meiner Heimat auch die
schüchternen Pflanzungen westlicher Cultur, sehe das Ringen
nach fremder oder eigenartiger Bildung, sehe den Kampf,
der dort auf vielen (leider noch immer nicht auf allen!)
Linien entbrannt ist, den Kampf zwischen Cultur und
Barbarei.

Als «Halb-Asien» wollen mir also jene Länder erscheinen und darum natürlich auch als «Halb-Europa».
Ich habe erstere Bezeichnung gewählt und nicht zufällig.
Mein erster, mein hauptsächlichster Zweck ist allerdings nur
die Schilderung jener Culturverhältnisse. Darum habe ich
ehrlich nach Objectivität gerungen und findet sich in diesem
Buche ein ungerechtes Urtheil, eine unrichtige Angabe, so
haben sie sich mir unbewußt eingeschlichen und sehr gegen
meinen Willen. Ich habe mich gemüht, den Geist der
Bildung und des Fortschritts auf seinem Kriegszuge im
Osten als ergebener, aber ehrlicher Berichterstatter zu be-
gleiten, der unbefangen genug ist, kein gewonnenes Schar-
mützel für eine gewonnene Schlacht auszugeben, jede
Niederlage, und sei sie noch so schmerzlich, offen einzu-
gestehen und den Gegner nicht schwärzer zu malen, als
er ist. Unbefangene Schilderung der gegenwärtigen Culturverhältnisse des Ostens — dies ist, wie gesagt, mein Haupt-
zweck. Aber ich begnüge mich nicht, blos über die Siege
und Niederlagen jener lichten Macht zu referiren, sondern
ich erlaube mir auch, ihr meine bescheidenen strategischen

Rathschläge zu geben und halte mich durch meine genaue Kenntniß des Terrains einigermaßen dazu berechtigt. Ich deute auf jene Positionen hin, welche zunächst erobert werden müssen, wenn die bisherige Scheinherrschaft jener segensreichen Macht im Osten in der That zu einer wirklichen Herrschaft werden soll. Ich freue mich des bereits Erkämpften, ich berichte gern davon, aber für nützlicher habe ich gehalten, ausführlicher auf das hinzuweisen, was erst erkämpft werden muß. So rückt in den Vordergrund meiner Bilder nothgedrungen, was im Osten noch asiatisch ist. Und dies habe ich schon im Titel ausdrücken wollen.

So ist denn dies Buch bei allem Streben nach Objectivität doch auch ein streitbares Buch, welches zu fernerem Kampfe für Bildung und Fortschritt ermuntert und diesem Kampfe seine Wege zu weisen sucht. Genaueres und Spezielles mag im Buche selbst nachgelesen werden. Hier möchte ich nur einige orientirende Bemerkungen allgemeinerer Natur geben.

Ich wünsche den Osten weder germanisirt noch gallisirt — beileibe nicht! Ich wünsche ihn blos cultivirter, als er derzeit ist, und sehe keinen andern Weg dazu, als wenn sich der Einfluß und die willige Pflege westlicher Bildung und westlichen Geistes steigern. Und da der Einfluß französischen Wesens im Osten bisher wenig segensreiche Früchte getragen, so meine ich hier allerdings

vornehmlich die Pflege deutscher Bildung. Aber ich wünsche
dies wahrlich weniger aus deutschem Patriotismus, als
aus Liebe für meine Heimath. Was hätte auch Deutschland dadurch zu gewinnen? Materielle Vortheile kaum,
politische noch minder und was gar die Erwerbung von
Sympathien, die moralische Eroberung, betrifft, so täuschen
wir uns über dies Kapitel wohl allesammt nicht mehr.
Heute wissen wir's endlich, daß wir Deutschen auf dem
Erdenrund keine anderen Freunde haben, als uns selber, —
freuen wir uns, daß das gerade genug ist! Heute wissen wir,
daß wir von jenen Nationen, die wir zu einem menschen-
würdigen Dasein erziehen, keinen anderen Dank zu erwarten haben, als Neid und Haß, was freilich nicht Schuld
unseres Volkscharakters ist, sondern jenes unserer Schüler
und vielleicht auch anderer Factoren, die uns österreichischen
Deutschen nicht minder peinlich waren, als den anderen
Volksstämmen der Monarchie. Für Herrn Baron Bach
können auch wir nichts . . . Wir hatten Thränen für
das Leid aller möglichen Schmerzenskinder um uns her,
für unser Leid hatte Niemand eine theilnahmsvolle Empfindung und seitdem wir es uns vollends herausgenommen,
keine Schmerzenskinder mehr zu sein, seitdem sind wir die
bestgehaßte Nation in Europa und werden es bleiben.
Aber bleiben werden wir auch, was wir bisher waren:
stille, selbstlose Vorkämpfer der Bildung und der Menschlichkeit. Und in den Dienst derselben Mission stelle auch

ich meine schwache Kraft, wenn ich meine Stimme mit
jenen vereine, welche die Polen und Rumänen davor
warnen, sich deutscher Bildung zu verschließen. Wäre ich
wirklich, was in den Lemberger und Bukarester Journalen
in so höflichen und anständigen Worten zu lesen steht,
ein Feind dieser Nationen, ich würde ihnen das Entgegengesetzte rathen.

An Germanisation denke ich dabei wahrlich nicht.
Diese Versicherung mag nach dem Bisherigen sehr überflüssig sein, aber jene Herren am Peltew und an der
Dombrowitza haben eine bewundernswürdige Geschicklich-
keit im Mißverstehen und so muß man sich ihnen gegenüber doppelter Klarheit befleißigen. Germanisiren — das
ist ein undeutsches Wort für ein undeutsches Thun. Wer
sein eigenes Volksthum liebt, wird auch dies höchste Gut
Niemand Anderem rauben wollen. Ich denke hier nur an
die Verbreitung deutscher Cultur und zwischen solchem Thun
und dem Germanisiren gähnt eine unausfüllbare Kluft, die
Kluft, welche das Werk des Segens von dem — Ver=
brechen trennt. Noch dazu von dem thörichten, unnützen
Verbrechen, denn es läßt sich nicht entfernt einsehen, was
das deutsche Reich und wir Deutschen in Oesterreich derzeit
davon hätten, wenn diese interessanten Nationalitäten
deutsche Brüder würden. Aber so grundlos diese Furcht
sein mag, sie besteht. Man kennt die Sage vom Magnet=
berg, in dessen Nähe alle Schiffe kläglich scheitern, weil er

ihre Eifentheile an fich zieht. Als ein folcher Magnetberg
erfcheint dem Völkergewirr des Oftens das deutfche Reich
unb mit größtem Mißtrauen beobachten fie daher die
Deutfchen, die in ihrer Mitte wohnen. Aber uns ift im
Often eine anbere fchönere Aufgabe zu Theil geworden.
Bleiben wir bei dem eben gebrauchten Bilbe, fo mag die
deutfche Bildung der Magnet fein, welcher durch die Be-
rührung im fremben tobten Stahl gleichfalls die geheim-
nißvoll fchlummernbe Kraft weckt, fo baß er felber zum
Magnet wirb. Das Culturftreben unter jenen Völkern
zu wecken unb zu förbern, ber nationalen Cultur berfelben
ber Stab zu fein, an dem fie fich aufranken kann — das
ift die Aufgabe bes Deutfchthums im Often. Wenn es
biefelbe bisher nur wenig erfüllt hat, fo ift bies — ich
betone dies fchärfftens — einzig unb allein die Schuld
jener Nationen felbft, welche einft Bach'fche Regierungs-
künfte für deutfche Eigenart gehalten, aber nachgerabe Zeit
gehabt hätten, von biefem Irrthum zurückzukommen. Sie
haben ber weftlichen Bildung, ber deutfchen unb franzöfi-
fchen, nur geringen Eingang gegönnt unb bies Wenige nicht
gehörig bearbeitet; es ift ihnen nicht in Fleifch unb Blut
übergegangen unb ift barum auch wenig mehr als ber Firniß, mit dem fie die autochthone Barbarei bebecken.
Zu einer nutzbringenben Reception hätte eben Arbeit
gehört unb Arbeit erfcheint dem Polen unb Rumänen
leiber als die achte Todfünbe. Es gibt auch Ausnahmen,

aber diese bestätigen ja nur die Regel; im Ganzen ist
es so.

Damit sind jene beiden Thatsachen dargelegt, welche
von so verhängnißvollem Einfluß auf den Culturstand des
Ostens sind: die westliche Bildung bringt nur spärlich ein
und sie bleibt immer etwas Exotisches. Die einzelnen
Skizzen weisen dies im Besonderen nach und wer in und
zwischen den Zeilen zu lesen versteht, wird dort auch finden, warum es so gekommen. Nur über Eines möchte ich
auch an dieser Stelle schon einige Andeutungen geben:
über den Einfluß, welchen die österreichische Regierung
auf die Cultur ihrer östlichen Provinzen geübt.

Es ist ein trauriges, sehr trauriges Capitel, auf
welches ich da zu sprechen komme, obwohl es k. k. Cultur-
historikern sehr licht zu erscheinen pflegt. Noch heute spricht
man in diesen Kreisen so pomphaft vom «Culturtragen
nach Osten», als hätte die österreichische Regierung im
Osten nie Anderes zu verzeichnen gehabt, als eine Reihe
glänzender, segensreicher Siege. In Wahrheit steht es
damit so, wie leider in anderen Richtungen auch: Pläne
und Systeme wechseln so häufig, wie beiläufig auf dem
Körper eines Halb-Asiaten die Hemden, also oft von halbem
zu halbem Jahr; selten ist der Zweck richtig, noch seltener
die Mittel. Ich fühle mich gedrängt, dies auszusprechen,
obwohl ich mich von den beiden echt österreichischen Fehlern,
dem Pessimismus und der Sucht, Heimisches zu verketzern,

so grünblich frei weiß, als dies einem geborenen Oester-
reicher möglich. Aber wer dies Säculum kaiserlich-königlicher «Culturarbeit» überblickt, den muß so viele Inbolenz
und Inconsequenz verbittern und wenn er zugleich ein
Deutscher ist, so muß sich ihm das Herz zusammenziehn
bei dem Gedanken, wozu man hier oft den deutschen Namen
benützt! Auch im Osten machte sich einst eine glänzende,
geniale Initiative dieser Regierung geltend und auch hier
knüpft sie sich an den Namen des großen Kaisers, Josef II.
Er wollte um seine Länder ein festeres Band schlingen, als
den Buchstaben der viel bestrittenen pragmatischen Sanction:
eine gemeinsame, die deutsche Cultur. Auch im slavischen
Osten hat er dies Ziel kühn', freilich allzujäh, aber doch in
genial correcter Weise angestrebt, er machte nicht blos die
Verwaltung deutsch, sondern rief auch deutsche Colonisten
ins Land und sorgte für Schulen. Unter seinen Nachfolgern blieben nur die Formen aufrecht, der Geist war
entflohen. Wohl brüstete sich das patriarchalische Oesterreich, wenn es ihm just in den Kram paßte, als deutscher
Staat, aber es war nicht deutsch, nicht einmal in den alten
Erblanden, welche man mit Vorliebe durch Tschechen re=
gieren ließ und vor dem Eindringen deutscher Geistes-
strömungen ängstlich hütete, — noch minder anderwärts.
Wenn man erwähnt, daß die Kreisämter in Galizien in
deutscher Sprache amtirten, daß die Vorlesungen an den
Universitäten deutsch waren, so hat man zugleich Alles

erwähnt, was Oesterreich jemals gethan, um den Osten
dem Einfluß deutscher Cultur zu erschließen. Von einer
ernsten, planvollen Culturarbeit, wie sie z. B. Preußen
in Posen unternommen, war nirgendwo auch nur die Rede
und daher das ganze Deutschthum im Osten, wo es sich
nicht, wie in der Bukowina, auf die eigene Kraft der
Deutschen stützte, nichts als ein Potemkin'sches Dorf,
welches denn auch der Sturm von 1848 gründlichst um=
warf. In dem gellenden Tohuwabohu der Nationen und
Nationchen, welches damals losbrach, starb auch für alle
Welt die Lüge von dem «deutschen Culturstaat» Oesterreich
um — zwei Jahre später frisch und fröhlich wieder auf=
zuerstehen. Man hat neuerdings Herrn v. Bach als
großen Organisator gefeiert, der nur nicht Zeit genug ge=
habt, um glänzende Resultate zu erzielen. Das ist ganz
unbegreiflich, wenn man erwägt, daß Bach zwar alle jene
Völker und Völklein knebelte, welche heute gegen deutsche
Art wüthen, aber nicht minder — die Deutschen selbst.
Wäre der Mann selbst ein grimmiger, unerbittlicher, that=
kräftiger Germanisator gewesen, er hätte für diese Thätig=
keit keinen Dank verdient, denn Eroberungen solcher
Gattung braucht das deutsche Volk nicht. Aber er war
nicht einmal ein Germanisator, eine nationale Idee war
ihm völlig fremd, er war pur et simple ein Reactionär,
der, um die Verwaltung möglichst zentralisiren, den ganzen
staatlichen Organismus möglichst durch einen Druck be=

wegen zu können, in Amt und Schule die deutsche Sprache
wieder einführte. Wäre er der Ansicht gewesen, durch die
Pflege einer anderen Sprache z. B. des Tschechischen, den
Zweck einer gleichmäßigen Uniformirung rascher zu erreichen, er wäre sicherlich kein «Germanisator» gewesen!
Kein Volk in der Monarchie hat Grund, diesem Manne
dankbare Erinnerung zu bewahren, die Deutschen aber sicherlich am Wenigsten. Was er für unser Volksthum geleistet,
läßt sich kurz dahin zusammenfassen, daß er unser geistiges
Streben gehemmt, die deutsche Kraft mißbraucht und den
deutschen Namen mit unverdientem Hasse beladen hat.
Wahrlich, nicht etwa um einige Bogen zu füllen, habe ich
diesen Culturbildern aus der Gegenwart «Halb-Asiens» auch
einige aus der Halbvergangenheit, aus der Bach-Zeit ein-
gefügt. Sie gehören in dieses Buch, sie erklären Manches,
was sonst fast unbegreiflich wäre. Was nach dem Sturze
dieses Mannes folgte, ist bekannt: die armen «Bach-
Husaren» mußten nach West-Oesterreich zurück und die
junge, constitutionelle Freiheit wurde im Osten hauptsächlich
dazu benutzt, Alles zu prügeln, was deutsch sprach. Ach!
wir armen Culturträger! Selbst wenn man von dem
kurzen Hexensabbath der Epoche Hohenwart absieht, selbst
wenn man zugibt, daß derzeit den Deutschen in West-
Oesterreich leiblich jene Stellung gegönnt ist, welche sie verdienen, wird man doch, wenn man die Früchte übersieht,
welche das Culturtragen nach Osten uns Deutschen einge-

tragen, sich des prächtigen Dictums erinnern müssen, welches einmal D. Spitzer in seinen «Wiener Spazier-gängen» ausgesprochen: „Ach! es ist in Oesterreich viel angenehmer und behaglicher, Stadtträger zu sein, als Culturträger!"

Ein Leitartikel hat einst Oesterreich das «Land der Unbegreiflichkeiten» genannt und diese Benennung ist zum geflügelten Wort geworden, ein Beweis, daß sie den Nagel auf den Kopf trifft. Auch im Osten der Monarchie kann man die Richtigkeit dieses Wortes schätzen lernen und nicht blos im Hinblick auf die Vergangenheit. Auch in der Gegenwart blühen da üppig die Unbegreiflichkeiten. Und wenn ich mich nun einer weiteren Aufgabe dieser Zeilen zuwende, und Einiges über die einzelnen hier geschilderten Länder sage, so treffe ich gleich auf die bedeutendste und beklagenswertheste dieser Unbegreiflichkeiten, auf die Art, wie G a l i z i e n verwaltet wird.

Diese Verwaltung ist polnisch, nicht blos der Sprache, sondern auch dem Geiste nach. Der Pole herrscht in Galizien mit fast unbestrittener Gewalt, er spielt dort eine Rolle, wie sie der Deutsche in West-Oesterreich nicht spielt. Mit brutaler Offenheit darf er seine nationalen und staatsrechtlichen Sondergelüste proklamiren und zum großen Theil werden sie befriedigt. Und da dies unter den Augen, ja unter den Auspizien einer Regierung geschieht, welche von Deutschen geleitet wird und verfassungstreu ist, so müssen die politischen Kreise des Westens der Ueberzeugung sein, daß Galizien ein durchweg polnisches Land sei und die Regierung eben, weil sie eine konstitutionelle, den Polen ihr Terrain überlassen müsse. Auch in Deutsch-Oesterreich begegnet man, wenn auch seltener, dieser Ansicht. Aber sie ist grundfalsch. Nichts, gar nichts in Oesterreich ist so unberechtigt, so unbegreiflich, als diese absolute Herrschaft des polnischen Elements in Galizien. Denn gegen die Polen ist in diesem Lande vor Allem der große und tüchtige Stamm der Ruthenen, der trotz des unsäglichen Drucks der Polen so ehrlich und rastlos nach Intelligenz und Entfaltung seiner reichen Kraft strebt; gegen den Polen ist die zahlreiche, materiell wohlgestellte, überaus bildungsfähige, jüdische Bevölkerung, theils weil sie deutsch spricht, theils weil sie den Anschluß an jede andere Nationalität dem Anschluß an das polnische Element vorzieht, von dem sie um ihres Glaubens, um ihrer Rechte willen, unerhörte Mißhandlung erlitten und noch erleidet; gegen den Polen ist der Deutsche im Lande: der Colonist in den Dörfern, der Bürger in den Städten; gegen den Polen ist endlich der Bauer seiner eigenen Nationalität, welcher durch und durch kaisertreu und österreichisch ist, es als eine Beleidigung ablehnt, wenn man ihn einen Polen nennt und oft blutige Beweise dafür gegeben hat, daß er nichts vom polnischen Zukunftsstaat wissen will. Bleibt also als Träger dieser drückenden Herrschaft nur die polnische In-

telligenz, oder was man in Galizien so nennt, und der
Adel. Durch unerhörte List, betäubendes Lärmschlagen,
patriotische Heuchelei oder frechen Trotz haben sich leider
diese Herren die Herrschaft errungen und daß sie sie be=
haupten, dafür sorgt — das k. k. Beamtenthum in Gali=
zien! Diese Leute sind theils Polen, theils auf den Ver=
kehr mit Polen angewiesen und ihre ergebensten Diener
und Helfer. Die Befehle des Wiener Ministeriums ver=
flüchtigen schon in der Lemberger Statthalterei zur Hälfte
und in der Kanzlei des Herrn Bezirkshauptmanns werden
sie vollends zu Wind und Wasser und — der Wille der
Polen gibt die Entscheidung. Nicht das Wiener Ministe=
rium des Innern, nicht das Lemberger Gubernium —
n u r die polnisch = nationale Partei regiert in Galizien.
Bei jeder Landtags=, bei jeder Reichsrathswahl agitirt der
Repräsentant der verfassungstreuen Regierung für den foede=
ralistischen Polen gegen den reichstreuen Juden, Ruthenen oder
Deutschen. Jede Entscheidung im Schul= und Gemeinde=
wesen hat einzig den Zweck, die Herrschaft des polnischen
Elements zu befestigen! Es herrscht da ein unerhörter,
himmelschreiender Zustand!

Gegen diesen traurigen Stand der Dinge, gegen die
unberechtigte Herrschaft des polnischen Elements in Galizien
kämpft dies Buch. Aber nicht etwa gegen die polnische
Nationalität. Ich bin kein Feind der Polen und werde
es nie werden, selbst nicht durch die bodenlos unfläthige

Art, in welcher mich die polnischen Blätter dieser Feind=
schaft beschuldigen. Für die Lichtseiten des polnischen National-
Charakters hat kein anderer deutscher Schriftsteller so warme
Worte gefunden als ich, und rastlos habe ich mich gemüht,
die großen Poeten der reichen polnischen Literatur der Be=
achtung meiner deutschen Landsleute zu empfehlen. Wo
die Polen die Unterdrückten sind, wie in Rußland, da gilt
ihnen — ich verweise auf die Bilder des zweiten Bandes —
mein wärmstes Mitgefühl und mit Leid und Trauer be=
richte ich, wie dort diese Nationalität unter der Faust des
Moskowiters verröchelt. Wo aber der Pole ein Gleiches
thut, wie der Moskowiter in Rußland, wo er selber zum
brutalen Unterdrücker anderer Nationalitäten wird, da
kämpfe ich gegen ihn. Ich bekämpfe die polnische Herr=
schaft in Galizien vor Allem als Deutscher, weil mich die
Vergewaltigung des Deutschthums im Lande empört, die
Scheelsucht gegen das Deutsche Reich anwidert, ich kämpfe
gegen sie als Oesterreicher, weil ich die Frivolität verachte,
mit der diese Herren unser Vaterland, welches stets so gütig
gegen sie gehandelt, nur als Etappe für ihren Zukunfts=
staat betrachten, ich kämpfe gegen sie aus Gerechtigkeits=
liebe, weil es mich empört, Jemand um seines Glaubens,
um seiner Nationalität willen leiden zu sehen, ich kämpfe
gegen sie aus Patriotismus, weil Galizien durch diese
„polnische Wirthschaft" geschädigt, in seiner geistigen und
materiellen Entfaltung geschädigt wird. Und mag auch

dieſer Kampf ein anſcheinend fruchtloſer ſein, ſo erfülle ich
doch meine Pflicht, und ein Wort, welches für Wahrheit
und Gerechtigkeit geſprochen wird, bleibt ſchließlich ſelten
ein vergebliches!

Wie für die Polen in Rußland, kämpfe ich alſo für
die Ruthenen in Galizien, für die Juden in dieſem Lande
und Rumänien. Ich habe wärmſte Sympathie für ihr
unverdientes Leid und mühe mich, einen Einblick in ihr
Volksleben zu eröffnen und dadurch nachzuweiſen, daß ſie
eines beſſeren Looſes werth ſind, als es ihnen bis heute
zu Theil wird. Aber troß dieſer Sympathie wahre ich
mir doch auch dieſen Nationalitäten gegenüber meine volle
Unbefangenheit und betone auch das, was mir an ihnen
tadelnswerth erſcheint. Wenn ich hierdurch manchmal die
Empfindlichkeit jener verletzt habe, für die ich ſtreite, ſo
thut mir dies leid, aber die Wahrheit ſteht mir höher, als
jede Rückſicht. Uebrigens fühle ich mich juſt aus Wahr-
heitsliebe gedrängt, hinzuzufügen, daß insbeſondere für
manchen Fleck im jüdiſchen Volksthum nicht den Juden
die Verantwortung auferlegt werden muß, ſondern ihren
Drängern. Hätte ein anderes Volk gelitten, was über
die Juden im Oſten gekommen, es ſtünde ſchwerlich höher,
ſondern höchſt wahrſcheinlich tiefer. Wenn der polniſche
Jude nicht auf jener Stufe ſteht, welche der Deutſche oder
Franzoſe jüdiſcher Conſeſſion erklommen, ſo iſt eben nicht er

anzuklagen, sondern der polnische Christ. Denn — jedes Land hat die Juden, die es verdient*)!

Ich habe an dieser Stelle von den politischen Verhältnissen Galiziens ausführlich sprechen müssen, weil ich es im Buche unterlassen. Meine Culturbilder, die anscheinend so wenig politisch sind, wären gleichwol ohne Berücksichtigung dieses wichtigen Factors dem Leser des Westens kaum verständlich. Um so kürzer kann ich mich bezüglich der andern Länder fassen. Was Südrußland betrifft, so tritt in meinem Buche insbesondere, wie bereits erwähnt, das Verhältniß der Russen zu den Polen in den Vordergrund, und was ich sonst an ethnographischem und literarhistorischem Materiale biete, bedarf keiner weiteren Erläuterung. Ueber Rumänien, dieses eben so schöne,

---

*) Dies Wort ist mein geistiges Eigenthum. Ich würde diesen geringfügigen Umstand sicherlich nicht erwähnen, hätte nicht der Abgeordnete Herr Dr. Menger meinen Ausspruch seiner, im Februar 1876 im Wiener Abgeordneten-Hause gehaltenen Rede einverleibt und zwar leider, wahrscheinlich nur in Folge eines Uebersehens, nicht in Form eines Citats. Das Wort machte im Hause viel Glück, die Journale glossirten es eifrig u. s. w. — Herr Dr. Menger galt als der Autor. Ich hielt die Sache einer ausdrücklichen Richtigstellung nicht für werth und thue es jetzt nur nebenbei, weil sich die Gelegenheit bietet. Ich habe das Wort 1868 in der „Oesterreichischen Gartenlaube" zum ersten Male gebraucht und seitdem an verschiedenen Orten sehr oft wiederholt, so z. B. wenige Monate vor jener Rede im Feuilleton der „Neuen freien Presse" und zwar von eben denselben Verhältnissen und in eben demselben Zusammenhange, wie jene Rede . . . .

als unglückliche Land, habe ich im Buche selbst jene Andeutungen gegeben, welche das Verständniß erleichtern sollen,
sowohl über den Gang der Cultur in diesem Lande, als
über die politischen Verhältnisse habe ich im ersten Baude
das Nothwendigste gesagt. Weil mir auch in Rumänien
vieles „asiatisch" erschienen, so wurden auch von der Presse
dieses Landes die einzelnen Skizzen mit einem wahren
Wuthgeheul begrüßt. Mein Trost ist nur, daß es mindestens ein Land im Osten, die Bukowina, gibt, in
welchem ich als Freund betrachtet werde. Aber auch dafür
kann ich wenig. Die Bukowina ist eben ein Land,
das man aus vollem Herzen loben kann und dessen Culturverhältnisse darzulegen ein Vergnügen ist. Wenn ich mir
dies Vergnügen im Buche vielleicht in zu großem Maaße
gegönnt, so mag man es mir verzeihen: wer so viel tadeln
muß, hört, wenn er endlich einmal loben kann, auch im
Lob nicht gerne rasch auf.

Was die Form dieser Bilder betrifft, so habe ich
ehrlich nach künstlerischer Darstellung gestrebt und bin mir
bewußt, immer meine eigenen Wege gegangen zu sein.
Was sonst darüber zu bemerken wäre, ist nicht meines
Amtes zu sagen.

Aber das Hauptgewicht liegt doch auf dem Inhalt.
„Vincit veritas!" steht auf dem Titelblatte dieses Buches.
Es ist nur ein zufälliges Zusammentreffen, daß diese Devise
sich darauf findet, aber hätte ich ein Motto zu wählen ge-

habt, ich hätte mir kein besseres zu finden gewußt. „Vincit veritas!" In dieser trostreichen Ueberzeugung schließe ich die Eingangsworte meines Buches, welches im Dienste der Wahrheit steht. Von vielem Dunklen und Trostlosen habe ich berichten müssen, die Lüge und das Vorurtheil liegen wie dicke Nebel über dem Lande meiner Heimath, aber wir wollen rastlos bleiben und den Muth nicht sinken lassen . . .

„Vincit veritas!" . . .

Der Aufstand von Wolowce.

Ueber die sonnige Haide ging ein Summen, leise und unabläffig, als schliefe fie und das wäre ihres Athems Ton. Ich lauschte darauf, wie ich so langsam im Son- nenbrande dahinschritt, und lauschte und konnte nicht er- gründen, woher das leise Tönen rühre. Aehnlich hört sich's, wenn urplötzlich — wer weiß, wovon? — ein Windhauch wach wird auf der Haide und im Wachholder wühlt. Aber diesmal standen die Lüfte still über der er- hitzten Erde, und droben am Himmel waren die weißen Wölkchen wie angenagelt, und dennoch schwamm jenes seltsame Summen in den lauen Wellen des Aethers. Ge- zirpe von Grillen konnte es auch nicht sein; das klingt schrill und aus nächster Nähe; jenes Tönen aber zitterte sanft, halb verweht in mein Ohr. Einmal erlosch es ganz, und es war unsägliche Einsamkeit um mich; kein Ton und keine Bewegung, so weit die ungeheure Glocke des Him- mels auf der Ebene stand. Dann wachte es wieder auf; zuerst von einer Richtung her, bis sich mälig wieder das Netz der Töne über die ganze Haide spann. War das Musik, eine Fiedel oder Flöte, aber fern, sehr fern?

1*

War's vielleicht Jacek der Spielmann? Der irre Greis hat
sich ein Plätzlein gesucht, wo das Gesträuch dicht zusam-
mensteht und seine flickige Jacke darüber gebreitet, und nun
spielt er im Schatten leise auf seiner Fiedel, wild, süß,
wirr, wie der Vogel sein Lied pfeift. Heut' wär's ja nicht
zum erstenmale; wie oft hab' ich ihn so getroffen, wenn
ich aus der Klosterschule fort und in die Haide lief, immer
tiefer hinein, den Faltern nach, oder den Wolkenschatten.
Ja, der Alte wird es sein — vielleicht wieder drüben
beim «schwarzen Kreuz» — da hab' ich ihn an jenem
Sonntag zuletzt getroffen. . . .

Und rascher begann ich zu gehen, und immer rascher
und — blieb jählings stehen. Ein lautes Lachen kam
mich an, und dennoch brannten leise meine Lider. Ich
Thor, ich träumender Thor! Fünfzehn Jahre waren's
seit jenem Sonntag, und der alte Jacek war längst todt
und ich kein wilder Knabe mehr, sondern ein Mann, der
sich in aller Herren Ländern müde gewandert und wieder
einmal gekommen, die Heimat zu grüßen. Fünfzehn Jahre!.
Es ist eine lange Frist, und Vieles kann da sterben um
uns und im eigenen Herzen. Und Vieles wandelt sich,
selbst in dem abgelegensten Winkel der Erde, selbst in einem
podolischen Haidestädtlein. Vielleicht waren auch die Leute
von Barnow dieselben geblieben und nur ich ein Anderer
geworden — ich weiß nicht! Nur Eines weiß ich: während
ich so durch die schmutzigen Gäßchen ging, vorüber an den

dumpfigen Hütten und den verwahrlosten Menschen, da
habe ich alle jene beneidet, welche ihrer Heimat als einer
lichten, freundlichen Stätte gedenken können, ich habe sie
sehr beneidet. Und zu jener Stunde war's mir unfaßbar,
warum ich doch so sehr an dieser Heimat hänge.

Aber als ich auf die Haide kam, da verstand ich es.
Die Zauber der Ebene kamen wieder über mich und machten mein einsames Herz traurig, ergeben und weit. Die
alten Träume kamen über mich, und ich ging, ein Lächeln
auf den Lippen und doch sonderbar bewegt, auf das
‹schwarze Kreuz› zu, als müßt' ich dort den greisen Spielmann treffen. Aber er war nicht zu gewahren, obwol
von dorther jenes Summen über die Haide klang. Je
näher ich kam, desto deutlicher wurde es, desto schriller.
Es waren zwei Hirtenpfeifen gewesen, die in der Ferne
so zauberisch getönt.

Das Kreuz ist mächtig und plump gefügt, aus schwarz-
bemalten Tannenbalken. Kein Christus hängt daran, nur
der Umriß einer Hacke ist am Fuße groß und roh einge-
schnitten. An einem großen Tage ward dies Zeichen aufgerichtet: da die Hörigkeit von den Leibern dieser armen
Menschen fiel. Darum haben sie die Hacke eingeritzt, das
Merkzeichen des freien Mannes. Auch einige Birken sind
ringsum gepflanzt, der einzige Schatten, soweit das Auge
blickt. Darum rastet unter diesen Bäumen gern das fah-
rende Volk, das im Sonnenbrand über die Haide zieht:

die Zigeunerschaar, welche rastlos stehlend umherwandert und daneben wahrsagt, fiedelt und die Pferde kurirt; der Drahtslovake; der ukrainische Tagelöhner; der jüdische «Dorfgeher», welcher von Sonntag bis Freitag von Gehöft zu Gehöft zieht und Waare und Schmeichelworte vertauscht gegen Geld und Schläge; der fremde Gaukler; der russinische «Sänger», sehr ehrwürdig und sehr eigenthumsgefährlich, welcher unserem zahmen Bauer von den Großthaten seiner Ahnen und Stammgenossen, der Kosaken berichtet und sich dabei demüthig durchbettelt; endlich Bettler ohne poetische Beschönigung, Bettler schlechtweg, jeglicher Nation, jeglichen Glaubens, bis herab auf den «Schnorrer», welcher daneben auch Talmudist ist und lebendige Zeitung für seine Glaubensgenossen. Sie alle rasten hier unter den Birken und trinken aus der Quelle, die hervorsprudelt; der Platz ist selten veröbet, und selbst wenn von dem fahrenden Volk Niemand zur Stelle, so freuen sich doch einige Hirten der Kühle. Denn der Hügel, auf dem sich das Kreuz erhebt, bildet zugleich die Markung zwischen den Triften des Städtleins Barnow und des Dorfes Wolowce.

Auch heute saßen nur zwei Hirten da und bliesen auf ihren Schalmeien wirr durcheinander, daß es schrill und häßlich klang. Aber als ich ganz nahe herankam, da verstummten sie und erhoben sich. Es waren Knaben, dreizehn-, vierzehnjährig, Flachsköpfe mit stumpfen Gesichtern und jenen sonderbar traurigen Augen, die man bei allen Menschen findet, welche einsam heranwachsen in der großen Ebene. . . . . Sie waren sehr einfach bekleidet, der Eine nur mit Hemd und Hose aus gröbstem grauen Linnen, der Andere hatte einen braunen Serbak an, aber dafür kein Hemd darunter. Ueberhaupt war der Letztere der Elegantere, denn er trug einen Strohhut, während sich der Andere mit einem verschossenen blauen Soldatenkäppi behalf. Sie entblößten ihr Haupt vor mir, hielten aber die Kopfbedeckung dicht am Ohr, um sich mit derselben Hand hinter dem Ohr kratzen zu können. Höflichkeit schützt vor Verlegenheit nicht.

Ich mehrte diese Verlegenheit nicht, ich nickte den Hirten zu, aber ich sprach sie nicht an — was hatte ich auch von ihnen zu erfragen? Ob Der oder Jener noch lebe, der mir hier einst eine Pfeife geschnitzt oder eine Geschichte erzählt?! Todt! — wie oft hatte ich diese Antwort heute drinnen im Städtchen gehört; ich hatte genug daran, übergenug. . . . Ich warf mich unter die letzte Birke hin, weitab von den Hirten, und dachte an die alte Zeit und jenen Sonntag vor fünfzehn Jahren.

Es war dies ein schöner, schier lenzheller Septembertag gewesen, und ich war auf die Haide hinausgegangen, Abschied von ihr zu nehmen, denn morgen sollte ich wie-

der fort auf die lateiniſche Schule. Und wie ich alſo, recht
müde gewandert, hier unter den Birken ſaß und ringsum
war große Stille — nur zuweilen ging ein Windſtoß wie
ein jäher Seufzer über die Haide — da wurden mir die
Lider ſchwer und ich ſchlief ein. Aber ein ſchrilles Tönen
ſchnitt meinen Traum entzwei, und als ich jählings auf-
fuhr, da glaubte ich erſt recht fortzuträumen. Vor mir
ſtand der alte Spielmann, noch zerlumpter als ſonſt, aber
einen großen Blumenſtrauß an der Bruſt, und in den
ſonſt ſo traurigen glanzloſen Augen glühte es wildfreudig.
Bald küßte er ſeine Fiedel und drückte ſie an die Bruſt,
bald ſtrich er wie toll über die Saiten; es klang ſo beiläufig wie der «Radetzky-Marſch». „Grüß Gott, Paniczu!
(Jungherr.) Ich habe dich geweckt, ich muß dir etwas
erzählen. Aus dem Kreisgericht komme ich und meine
Fiedel habe ich wieder, weil die Muhme Kaſia ſie mir
aufbewahrt hat, und jetzt übe ich mir den Marſch da ein
— den ſpiele ich, wenn man den Herrn Wincenty doch
endlich zum Galgen führt.“ Und wieder klangen luſtig
die Tacte. „Aber wo ſind die Anderen?“ fragte ich. —
„Noch im Kerker — wegen Rebellion! Mich haben die
Schreiber freigelaſſen: «Du kannſt gehen, du biſt verrückt.»
Nun, Paniczu, verrückt bin ich, das iſt wahr, der Sta-
roſt hat mich verrückt gemacht, wie ich noch jung war.
Aber das weiß ich doch: Noch lebt der Kaiſer, und er
wird erfahren, was geſchehen iſt, und was dann?! Hei!

Dann legt er den Mund an den Draht *) und sagt den
Schreibern beim Kreisgericht: «Lasset die Leute von Wolowce heim, es sind brave Leute, auch wenn sie in der
Verzweiflung Dummheiten gemacht haben, und was den
todten Husaren betrifft, so laufen ja noch genug Zigeuner
herum, die man einfangen kann und blau anziehen und
auf ein Pferd setzen.» Und dem kleinen boshaften Schreiber in Barnow sagt er: «Laß' den Herrn Wincenty henken, die Bauern haben Recht gehabt, als sie es thun
wollten; er hat es redlich um den Fedko verdient und um
die Anderen auch.» Und dann muß der Dicke dran, ob
er will, ob nicht, und nimmt sich wieder die Husaren mit,
und sie ziehen den Pallasch und blasen und reiten nach

---

*) Der Bauer in Ostgalizien erweist der Telegraphenleitung
große Verehrung, denn durch diesen Draht spreche der Kaiser mit
seinen Beamten (Pisary, „Schreiber"). Er lege den Mund an das
vergoldete Ende des Drahtes, das in Wien in seinem Zimmer
hänge (in dem übrigens Alles von Gold sei), und spreche den Befehl
hinein, und der klinge dann fort von Stange zu Stange. . . .
Mehr als Einmal habe ich auf meinen Wanderungen einen Bauer
getroffen, welcher das Haupt ehrfurchtsvoll entblößt und das Ohr
fest an die Stange gedrückt, dastand und lauschte. „Er spricht —
aber so still — man kann es nicht verstehen". . . . Nur Einmal, in
einer Schänke bei Tluste, hat mir ein Bauer hoch und heilig geschworen, er habe ganz deutlich die Worte verstanden: „Ihr Lumpen,
nächstens komme ich mit dem „Kantschut" (Peitsche) über euch." . . .
Ich war der einzige ungläubige Zuhörer, sonst glaubten es alle
Bauern im Kreise. Warum? Hatten sie Ursache dazu? . . .

Wolowce; aber diesmal gilt's nicht uns, sondern dem
Herrn und seinen Knechten! Und der Dicke sagt betrübt
zum Wincenty: «Herr Bruder, es thut mir leid, aber
hängen mußt du!» Und sie führen ihn zum Galgen. Ich
aber gehe neben dem Karren und spiele diesen Marsch ...
hörst du, Paniczu! diesen Marsch. ..."

Es klang mir noch im Ohr, wie er damals gespielt
an jenem schönen September-Nachmittage ... Aber auf
Erden hat der alte Spielmann nicht mehr lange gefiedelt,
im nächsten Frühling war er todt. Und der Kaiser hat es
nicht erfahren, die Leute von Wolowce sind noch lange im
Kerker gelegen, und der Herr Wincenty ist durchaus nicht
gehenkt worden, „obwol er es redlich um den Febko verdient". ... Immer tiefer lockte mich die Erinnerung in
jene verschollenen Geschichten, und ich dachte an jenen
düsteren unseligen Kampf, der hier gestritten worden, einen
Kampf um's Recht, und an den sonderbaren «Aufstand
von Wolowce». ...

Ich grübelte lange darüber. Es ist nicht gut, mußte
ich mir schließlich sagen, daß solche Geschichten geschehen.
Es ist nicht gut für die Polen, nicht für die Ruthenen,
nicht für die österreichische Regierung. Und in aller-, aller-
letzter Linie ist es auch nicht gut für — den lieben Gott!
Je höher ein Herr steht, desto mehr muß er auf seine
Reputation sehen. Und der liebe Gott steht am höchsten.
Er ist allgütig, allgerecht — und da läßt er in Podolien

eine solche Geschichte zu ... weiß Gott! es ist auch für
Gott nicht gut, daß sie geschah.

Aber — sie geschah. Recht alltäglich begann, recht
seltsam endete sie. Und in ihre erschütternde Tragik mischt
sich ein grell komischer Zug.

... Das Dorf Wolowce bei Barnow ist ein großes
schönes Gut. Es gestattet seinem Besitzer ein stattliches
Leben. Selbst nach Paris kann er von Zeit zu Zeit gehen
und dort den Schneidern, Cocotten und Professionsspie-
lern vergnügte Tage machen. Zu vergnügten Jahren
freilich reicht das Einkommen nicht hin. Und wenn sich
der Mann gar zehn Jahre nicht um seine Wirthschaft
kümmert, sondern fortwährend nur die Pariser Menschheit
vergnügt macht, dann muß er freilich im elften Jahre
nothgedrungen heimkehren, und über sein Haupt kommt
Trübsal. Und die Juden dazu.

Damit ist das Geschick des adeligen Herrn Wincenty
Barwulski genügend berichtet. Da saß er nun in dem
düsteren, verfallenen Edelhofe und kämpfte gegen die
Trübsal und kämpfte gegen die Juden. Mit verschiedenem
Erfolg! Denn was die Juden betrifft, so warf er sie freilich anfangs kurzweg hinaus, aber schon in den nächsten
Jahren mußte er sie zuerst um die Prolongation bitten,
ehe sie hinausflogen, und schließlich beschränkte er sich aus
guten Gründen gar nur auf das Bitten und gewöhnte sich
das Hinauswerfen ganz ab. Die Juden also besiegten den

Herrn Wincenty, hingegen besiegte er die Trübsal. „Denn", sagt Pestalozzi schön und richtig, „ein guter Mensch ist auch glücklich; ihm fließt aus dem reinen Herzen ein unerschöpflicher Quell harmloser Freuden." Wort für Wort paßt das auf den Besitzer von Wolowce, welcher ein guter Mensch war, ein Normalmensch, ein Mustermensch. Den Müßiggang haßte er glühend; ein vergähnter Nachmittag, ein verschnarchter Abend dünkte ihm mit Recht etwas Gräßliches. Darum hazardirte er am Nachmittag und am Abend bis in die Nacht hinein. Wer Macao spielt, der geht nicht müßig, er sitzt und thut etwas: er verliert sein Geld. Uebrigens gewann auch der Normalmensch zuweilen, sogar auffällig, und stand daher bald im ganzen Kreise im Rufe eines fleißigen, fingerfertigen Menschen ... Aber ärger noch als den Müßiggang haßte er alle geistigen Getränke, und sein Caeterum censeo war: „Der Schnaps ist des Menschen Fluch!" Darum vertilgte er ihn, wo er ihn traf, in unglaublichen Quantitäten, nicht minder Wein oder Meth. Allnächtlich schlug er die Schlacht gegen den Dämon Alkohol, allnächtlich ward er besiegt und sank im Morgengrauen unter den Tisch; aber gegen die Mittagsstunde erhob er sich wieder und begann düster und entschlossen die Schlacht von neuem. Er gab seinem Erbfeind keinen Pardon, er forderte keinen — es lag Größe in diesem guten Menschen, sittliche Größe... Aber diese Heldenseele war auch weich und zartester Empfindung

fähig: Herr Wincenty konnte kein Weib weinen sehen,
am wenigsten sein eigenes Weib. Denn er hatte bald
nach seiner Heimkehr aus Paris geheirathet, theils der
Trübsal, theils der Juden wegen. Eine reiche abelige
Erbtochter hatte er freilich nicht gefunden, nur eine Schul=
lehrerstochter. Aber keine gewöhnliche. War da nämlich
irgendwo in einem podolischen Städtlein ein Schullehrer,
der eine schöne Frau hatte, und ein Dominicaner-Kloster,
das einen stattlichen Prior hatte. Die Schullehrerin gebar
dem Schullehrer ein Mädchen, und als die kleine Aniela
heranblühte, erwies es sich, daß sie dem Prior ähnlich sah.
Darum liebte sie der Hochwürdige und bestimmte ihr eine
große Mitgift. Aber es fand sich kein Freier trotz der
Mitgift und trotz der rührenden Schönheit des armen
Kindes, welches aus seinen braunen Augen so scheu und
traurig in die Welt blickte, als müßte es die Menschen
um Vergebung bitten für das Schandmal, welches ihm
unverschuldet auf dem holden Antlitz brannte. Die Aehn-
lichkeit war zu groß — es fand sich kein Freier. Aber
ein Mustermensch kehrt sich an keine Vorurtheile, Herr
Wincenty heirathete die Aniela, und so lange die Mitgift
vorhielt und der Prior lebte, hatte die Aermste keine
Launen. Aber als der Hochwürdige starb, da kam Frau
Aniela auf sonderbare Einfälle: nur in einem eiskalten
Zimmer wollte sie schlafen, nur schimmeliges Brot als
einzige Nahrung genießen, und dazu geißelte sie sich täg-

lich so heftig, daß der arme junge Leib über und über
bedeckt war von blutigen Striemen. Ja! sie that sich das
Alles selbst an; so versicherte wenigstens Herr Wincenty
seine Spießgesellen, wenn selbst diese rohen Herzen etwas
wie Mitleid verspürten und ihm sagten: „Bruder, fürchte
dich vor Gott, nimm eine Hacke und mach's auf einmal
ab, aber quäle deine Thränenweide nicht so stückweise zu
Tode!" Die «Thränenweide»; denn die Frau weinte be-
ständig. Und der gute Wincenty konnte sein Weib nicht
weinen sehen. Darum jagte er sie einmal in eisiger
Winternacht zum Thor hinaus. Am nächsten Morgen
fand man sie erfroren auf der Schwelle ...

So ein Mustermensch war Herr Wincenty Barwulski.
Weitere Proben wären überflüssig; auch schreibt es sich
schlecht, wenn sich die Hand unwillkürlich zur Faust ballt.
Aber ein schöner Zug muß noch nothwendig hervorgehoben
werden, weil sich auf ihm diese Geschichte aufbaut. Herr
Wincenty war nicht schön, nein. Auf dem schwammig auf-
gedunsenen Körper, welchen zitterige Beinchen mühsam vorwärts schleppten, saß ein Kopf, ganz kahl, selbst ohne
Brauen, einem runden, gelblichgrünen Kürbis überaus
ähnlich. Nur allnächtlich zur späten Stunde, wenn sich
die Schlacht wieder einmal ihrem Ende und Herr Wincenty der Diele zuneigte, da flammte der Kürbis violett.
Schön also war er nicht; aber warm schlug sein Herz
für das Schöne. Darum war kein Weib und keine Dirne

in Wolowce vor ihm sicher; folgte sie nicht willig, so brauchte er Gewalt — wozu hat ein Edelmann Knechte und Stricke im Hause?! Anfangs liefen die armen Bauern nach Barnow und klagten dort dem «Schreiber» ihr Leid, dem allmächtigen k. k. Bezirksvorsteher, dem adeligen Herrn Teofil von Strusel, was zu Deutsch «Haus-knechtlein» bedeutet. Manchmal nahm der Mann die Klage zu Protocoll, manchmal auch nicht; der Effect blieb derselbe. In der That war es lächerlich, einem adeligen Polen zuzumuthen, daß er einer armseligen ruthenischen Dirne wegen einen andern adeligen Polen in's Zuchthaus bringe; es war höchst lächerlich! Das erkannten allmälig selbst die dummen Bauern und sparten sich den Gang in die Stadt. Auch wußten sie, daß Herr Wincenty ihnen schließlich ihre Weiber und Töchter wiedergab — in drei, vier, höchstens acht Tagen — der Gute konnte ja kein Weib weinen sehen!... Aber eine furchtbare Erbitterung sammelte sich allmälig in diesen sonst so stumpfen, gedul-digen Menschen, ein unsäglicher Haß....

Jählings sollte er zum Ausbruch kommen. Es ist eine Art Dorfgeschichte, freilich nicht in dem beliebten und lieblichen Idyllen-Genre. Da lebte nämlich zu Wolowce ein junger, stattlicher Bauer, Fedko Hawliuk. Ein präch-tiger Mensch, dieser Fedko, ein riesenstarker, schöner, ernster Bursche — wer ihn so ansah, mußte an die alten Helden-lieder dieses geknechteten Volkes denken; das war noch

eines jener «Falkenangesichter», vor denen einst Polen und
Tataren sich zitternd verkrochen. Er hielt auch etwas auf
sich und blickte sehr stolz in die Welt, erstens als der
Erbsohn des reichsten Bauerngutes im Dorfe, welches nach
dem Tode seiner Mutter an ihn fallen mußte, zweitens als
verabschiedeter k. k. Corporal von Nassau-Infanterie. Er
war Soldat gewesen, hatte Lesen und Schreiben gelernt
und war in den westlichen Provinzen auf die Entdeckung
gekommen, daß auch der Bauer ein Mensch ist. So hätte
sich dieser Mensch auch ohne besondere Ursache nicht glücklich fühlen können als Unterthan des Herrn Wincenty.
Es war aber auch noch eine besondere Ursache da.

Natürlich eine Liebesgeschichte. Xenia hieß das Mädchen und war ein hübsches, blondes Ding, dabei sehr arm.
Trotzdem machte sie der Fedko zu seiner Braut und nicht,
wie er wohl gekonnt hätte, zu seiner Metze. Er hatte sie
eben so recht mit dem Herzen lieb — zuweilen kommt
das auch bei podolischen Bauern vor. Ja, so sehr liebte
er sie, daß er, zum großen Staunen der ganzen Gemeinde,
sein wildes Blut im Zaume hielt, wenn er auf Urlaub zu
Hause war. „Meine Xenia muß mit dem Kränzlein im
Haar vor den Altar treten", pflegte er stolz zu sagen.

Aber als er nun endlich mit dem Abschied heimkam,
da war es nichts damit, nicht mit dem Kränzlein, nicht
mit der Hochzeit. Das hatte Herr Wincenty verschuldet
mit seinen Knechten und Stricken. . . .

Als der Fedko das hörte, wurde er todtenblaß, doch sagte er nichts. Nur ging er sogleich nach dem Schlosse und suchte den Herrn. Aber Wincenty war damals gerade im Bade Jwonicz. Dann ging der Bauer zu seiner Braut. Sie sah entsetzlich aus, um zwanzig Jahre gealtert. Aber sie wurde nicht ohnmächtig, als er kam; sie konnte ihm ruhig in's Auge blicken und erzählte ausführlich, wie sich die Unthat gefügt. „Du mußt ihn tödten!" schloß sie. „Natürlich muß ich das", erwiderte der Fedko. „Leider ist er nicht da, wir müssen warten. Wenn er kommt, dann erschieße ich ihn und lasse mich sogleich mit dir trauen. Und dann gehe ich nach Barnow und übergebe mich des Kaisers Schreibern ..."

Das stand fest in ihm, ganz fest.

Aber es kam doch anders. Da war ja außer der Xenia auch noch seine Mutter, die ihn in Todesangst an-flehte, sich nicht zu Grunde zu richten; da war der Pope, der ihm mit dem ewigen Feuer kam und den Höllenstrafen; da war sein Kamerad, der Ex-Gefreite Hritzko Barila, welcher ihm sagte: „Herr Corporal! was wird das Regi-ment sagen, wenn es hört, daß du als Mörder am Galgen gestorben bist? ..." Das wirkte auf den Fedko, vielleicht das Letzte am meisten. Vierzehn Tage ging er einsam umher und grübelte, dann kam er heim: „Ich will's ver-suchen zu leben." Und der Xenia sagte er: „Verachte mich, aber ich kann's nicht thun." — „Dann kann ich

auch nicht dein Weib werden", erwiderte sie. Und sie ging
aus dem Dorfe fort und verschwand spurlos.
Sie ist nie wiedergekommen. Es gibt tiefe, stille
Weiher auf unseren Haiden ...
Darauf vergingen drei, vier Jahre. Und während dieser Jahre verging keine Woche, in der nicht der Fedko einem
Heirathsvermittler die Thür gewiesen hätte. Denn durch
Zwischenhändler schließen alle Leute in Podolien die Ehe:
die Juden in den Städten, die Adeligen auf den Höfen,
die Bauern in den Dörfern. Man sieht darauf, daß das
Geld und die Familien einander ebenbürtig sind; die Herzen haben ja dann Zeit, sich zu finden, nach der Hochzeit ... Vielleicht wundert das Manchen und er denkt:
im rohen Osten, wo doch elementare Leidenschaft häufiger
unter den Menschen, sollte auch die Liebe oder mindestens
das sinnliche Begehren bei der Eheschließung ein größerer
Factor sein, als dies, scheußlich genug! im Westen der
Fall. Aber der vergißt, daß auch der Trieb nach Besitz
ein elementarer Trieb ist, just bei rohen Naturen am
stärksten — ein ganz verwünscht elementarer Trieb' ...
Darum ist es ein blühendes Geschäft, dieser Menschen-
handel, bei uns und in Podolien. Auch zum Fedko kam
endlich Einer, der nicht hinausgeworfen wurde. Aus verschiedenen Gründen nicht. Erstens hatte der junge Bauer
schon häufig über das Sprüchlein nachdenken müssen, welches in allen Zungen des Ostens klingt: „Eine Wirthschaft

ohne Frau ist wie eine Schänke ohne Schnaps." Zweitens handelte es sich da um eine sehr hübsche, sehr brave und sehr reiche Dirne. Und drittens mußte der Fedko, daß diese schwarze Hanusia aus Okulince ganz rasend in ihn verliebt sei. Vielleicht entschied dies Letztere. Denn dieser Bauer hatte ein Herz, ein schwärmerisches Herz sogar; er hat es auch später oft bewiesen bis zu jener Stunde, da die Kugel aus dem Rohre des krummen Michalko geflogen kam und dies stolze, unglückliche Herz durchbohrte . . . . Also: der glückliche Zwischenhändler kam und ging zwischen Wolowce und Okulince, und bald kam und ging auch der Fedko, und einige Wochen darauf war die Hochzeit.

In Wolowce wurde sie gefeiert, an einem Sonntag so um die Pfingstzeit herum, wenn der Frühling in Podolien anhebt. Denn in diesem Lande ist er ein später Gast, aber wenn er gekommen, dann ist er hold und wunderthätig, wie allüberall. Die öde Haide blühte, der Himmel lachte und die Lerchen sangen, und auf der Erde lachten und sangen die Menschen, daß der Frühlingstag zitterte. Am Vormittag war die Trauung gewesen, und weil das junge Paar sehr reich war, so hatte der Pope eine ungeheuer lange Predigt gehalten. Und während er bei Minderbemittelten zu schließen pflegte: „So möget ihr denn mit Gottes Hilfe recht glücklich sein!" schloß er dies- mal: „Ich weiß es bestimmt, es ist Gottes Wille, daß ihr sehr glücklich werdet." Es war dies etwas unvorsichtig

2*

von dem Manne, denn entweder wußte er es doch nicht
bestimmt oder änderte sich Gottes Wille binnen wenigen
Stunden — über Beider Haupt ist unsägliches Unglück
gekommen . . .

Nach der Trauung zog Alles zur Schenke, auch der
Pope, und trank und tanzte, auch der Pope, und sehr
Viele besoffen sich, auch der Pope. Es war eine Hochzeit,
wie sie das Dorf noch nie gesehen; drei Capellen spielten
auf, Juden, Czechen und Zigeuner, und außerdem noch
der alte Jacek. Und als die Dämmerung einbrach, da
konnte der kleine Moschko noch dreister betrügen als bisher
und den Schnaps zur Hälfte mit Wasser mischen — es
merkte doch kaum mehr Jemand, was er trank.

Zu dieser Stunde also, da bereits draußen dichte
Schatten lagen und nicht minder in den Köpfen, kam ein
unerwarteter Gast zu dem Feste. Ein guter Mensch nimmt
auch an fremder Leute Freude gern theil. . . . Von
draußen hörte man, wie die Zigeuner einen Tusch los-
ließen, aber jählings stockten, dann wie die Bauern
wirr durcheinanderriefen. Und durch die Reihen, welche
sich ihm zögernd öffneten, schritt, von den Nüchternen
scheu begrüßt, von den Trunkenen grimmig angeglotzt,
Herr Wincenty daher und in die Schänkstube an den Tisch
des Brautpaares. Er grinste freundlich, und als er bemerkte, wie Alles jählings verstummte und der Feßko entsetzlich bleich wurde, grinste er noch freundlicher. „Guten

Abend, ihr Leute! Ich komme dir meinen Glückwunsch zu
bringen, du glücklicher Bräutigam, von Herzen, von ganzem Herzen!" Der Vater der Braut erhob sich verlegen,
aber Fedko blieb sitzen und starrte seinen Todfeind finster
an. „Also das ist die Braut!" fuhr der Gute herzlich
fort und kniff die Hanusia in die Wange. „Wetter! Ist
das ein Prachtmädel! Das ist doch ein anderer Bau, als
bei der Xenia. An der war nicht viel b'ran, mein lieber
Fedko, glaube mir." Der junge Bauer sprang auf, alles
Blut schoß ihm in den Kopf, jählings tastete seine Hand
nach der Stelle, wo er sonst den Gürtel trug und das
breite Messer drin. Herr Wincenty bemerkte es, und
der gelbe Kürbis wurde noch gelber, soferne das überhaupt möglich war. „Also gute Unterhaltung, ihr Leute,
gute Nacht." Und rasch machte er sich aus dem Staube.

Es ist ungewiß, was er mit diesem Besuche vorge-
habt. Vielleicht wollte er sein Opfer noch einmal öffentlich höhnen, ehe er es in der Stille ganz vernichtete.
Vielleicht wollte er sich auch vorher die Hanusia ansehen,
ob sie des neuen, ungeheuren Frevels werth sei. Thatsache ist, daß dieser Frevel geschah.

Das frohe Lärmen war bald wieder losgebrochen,
nachdem Herr Barwulski gegangen. Nur Fedko saß still
und finster da, die Uebrigen tanzten und tranken weiter.
Und als die zehnte Stunde schlug, formirte sich Alles, was
noch die Beine bewegen konnte, zu einem fröhlichen Zuge.

Die Musikanten vorauf, mit Fackeln und Laternen gelei-
tete man die Neuvermählten in das Haus des Fedko. Dort
blieb das Paar allein zurück, alle Anderen zogen wieder
in die Schänke. Und weiter ging das Tanzen, Trinken,
und Johlen, aber schwächer und schwächer. Immer weniger
Füße tanzten, immer mehr Kehlen schnarchten. Drinnen
im dumpfigen Raum und draußen auf dem Anger lagen
die Schläfer dicht umher. Auch die Musikanten waren
eingenickt, und der kleine Moschko wankte vor Müdigkeit
und vergaß sogar das Mischen. Als der Morgen grau
und zögernd herankam, saß nur noch ein Haufe unver-
wüstlicher Zecher, darunter Hritzko Barila, um den Tisch
vor der Schänke, und der alte Jacek spielte ihnen unermüdlich auf, was ihm in die Finger kam.

Da brach er schrill ab und starrte auf die Dorfgasse,
als sähe er dort ein Gespenst. Im fahlen Scheine der
Dämmerung kam da langsam, sehr langsam eine Gestalt
herangewankt, auf die Schenke zu. „Jadwiga!" schrie der
Greis wild auf — wer weiß, welche Erinnerung dem
armen Wahnsinnigen im Herzen erwachte! — „Jadwiga!
meines Starosten Tochter!"

Aber der Hritzko erkannte es besser. Mit einem Angst-
schrei sprang er auf und auf jenes Weib zu, welches sich
da mühsam heranschleppte. „Hanusia! Was ist geschehen?
Wo ist der Fedko? . . ."

Sie starrte ihn an, als verstünde sie ihn nicht. Ihre Züge waren gräßlich verzerrt; Grauen und Schmerz lagen ihr auf dem Antlitz wie eingemeißelt. Sie war halb entkleidet; an Nacken und Armen die Spuren von Geißelhieben; die wenigen Kleider hingen ihr zerfetzt, blutgetränkt um den mißhandelten Leib. „Euer Herr!" stöhnte sie. „Der Fedko liegt gebunden . . . mich haben sie ins Schloß geschleppt . . . und jetzt hinausgestoßen" . . .

Sie brach ohnmächtig zusammen. „Tragt sie in die Schänke!" befahl der Hritzko und stürzte mit einigen Gefährten ins Haus des Fedko. Schwaches Stöhnen klang ihnen entgegen. In der Kammer lag auf der Diele der unglückliche Mann, einen Knebel im Munde, Hände und Füße mit Ketten und Stricken in einen Knäuel zusammengekoppelt. Sein Gewand war zerrissen, alles Geräthe in der Kammer zerschlagen, Blutspuren und Haarbüschel rings umher; der Mann mußte sich furchtbar gewehrt haben. Die Leute banden ihn los. Als sie ihm ins Gesicht blickten, erschraken sie sehr, sie glaubten, er sei wahnsinnig geworden. Er aber fragte vor Allem: „Sind die Leute noch Alle in der Schänke?" — „Ja, auch die Hanusia." — „Dann kommt!" Aber sie mußten ihn im Gehen stützen. Sie vermieden es, ihm dabei ins Antlitz zu sehen — es ward ihnen zu unheimlich dabei. Denn dies Antlitz war aschgrau und ganz starr, nur die Augen zeigten seltsam wechselnden Ausdruck: bald lohte es wild in ihnen auf, bald wurden sie starr, fast glasig, wie die eines Todten.

Um die Schänke war Alles wach. Drinnen mühten sich die Weiber wehklagend um die Hanusia. Vor der Schänke standen die Männer, keiner sprach laut, nur zuweilen ging ein dumpfes Flüstern durch die Reihen. Der Rausch war ihnen verflogen; es gibt Dinge, so furchtbar grell, daß sie selbst in das umnebeltste Hirn dringen und die Dünste daraus vertreiben.

Als der Fedko herankam, wurden nur wenige Zurufe laut — es liegt dies nicht in der Natur dieses Volkes, welches langsam und bedächtig ist und unsäglich zäh. Schweigend gaben sie ihm Raum, der Hritzko führte ihn zu einer Bank, darauf ließ er sich nieder. Dicht drängten die Bauern heran, es war eine dumpfe Stille unter den zweihundert Menschen. Nur ein Greis rief schluchzend: „Du armer, guter Mensch!" Aber die Anderen wiesen ihn zur Ruhe: „Jetzt hat nur der Fedko zu befehlen, wie es zu geschehen hat!" . . . .

Was geschehen mußte, war ihnen allen klar. . . . .

Der Fedko erhob sich. „Ihr Leute" — begann er. Aber noch konnte er nicht sprechen. Wie er so die geschmückten Leute ansah, geschmückt zu seinem Hochzeitsfeste, und bedachte, was nun gekommen und was er ihnen nun sagen müsse, da war's ihm, als presse eine eiserne Faust seine Kehle zusammen. Eine jähe, schwere Thräne brach ihm aus den Augen und rollte die Wange herab. Dann begann er wieder: „Ihr wißt Alles, Jenes von der Xenia und das Jetzige. Dieser Mensch ist ein wildes Thier, und wir sind ohne Schutz in seine Hand gegeben und ohne Recht; des Kaisers Schreiber ist ein Pole und sein Freund. Da müssen wir selbst uns rächen und vertheidigen; es ist nicht unsere Wahl, wir m ü s s e n. Wie wir uns zusammen- thun, den Wolf todtzuschießen, so wollen wir jetzt Alle hingehen und diesen Menschen aufhenken — es ist derselbe Fall. Wer thut mit?"

„Wir Alle!" scholl es ihm stürmisch entgegen.

„Dann kommt!" . . . Fast lautlos setzte sich der Zug in Bewegung und wälzte sich langsam durch die Dorfgasse. Hie und da blieb ein Häuflein stehen, Hacken, Sensen, alte Gewehre wurden herbeigebracht. Die Männer bewaff- neten sich. Sie blickten ernst drein; ihnen war wirklich zu Muthe, als zögen sie zur Wolfsjagd aus. Jeder weiß: „Es kann mein Tod sein." Aber Jeder weiß auch: „Es ist meine Pflicht."

So zogen sie in der rothen Morgenfrühe stumm auf das Schloß zu.

So begann der Aufstand von Wolowce.

. . . . Der Edelhof von Wolowce ist anders gebaut, als die meisten Herrensitze in Podolien. Das sind in der Regel große, stattliche Steinhäuser aus dem achtzehnten Jahrhundert, wo dieser Adel noch viel Geld hatte, oder kleine ärmliche Steinhäuser aus dem neunzehnten Jahrhundert, wo er wenig Geld mehr hat. Stylvolle Prachtbauten finden sich überaus selten, schier noch seltener alterthümliche Burgen. Es ist eben in alten Zeiten gar zu viel Sturm, Krieg und Noth über das arme Land dahingebraust. Da kamen Mongolen und Kumanen, Türken und Rumänen, Schweden, Tataren und Moskowiter und was der sauberen Gäste mehr waren. Was nicht niet- und nagelfest war, das stahlen sie, und was sich nicht in den Schnappsack stecken ließ, so Burgen und Stammwarten, das zündeten sie an. So steht in dieser Landschaft nur weniges aufrecht aus vergangenen Tagen. Und das Wenige läßt man — rascher als nöthig — verkommen.

Es ist unter den Polen, wie in jeder sinkenden Nation, wenig Pietät für die eigene begrabene Größe, wenig echte, werkthätige, thatfreudige Pietät — an Phrasen freilich, die nur ein bischen Athem oder Tinte kosten, herrscht gesegneter Ueberfluß, wie sonst vielleicht nur noch in Spanien. Und so hat mancher stolze Edelmann die Burg seiner Ahnen auf Abbruch verkauft, an den Juden . . .

Darum ist die alte, düstere Feste von Wolowce mit den geschwärzten Riesenmauern, den engen Fensterlein und Schießscharten, den drohenden Eckthürmen eine große Rarität im Lande. Es stecken in dem Bau viele gute große Quadersteine, eine seltene Waare in der Ebene, und Herr Wincenty hätte sie gerne versilbert. Aber noch stehen

die Steine zu feſt gefügt. Dieſen ſoliden Kitt der Alt-
vordern hat der Mann oft verwünſcht, nur in jenen
blutigen Tagen nicht, welche der Hochzeit des armen Fedko
folgten — da ward ihm dadurch das armſelige Leben gerettet. Freilich half dazu auch die eigenthümliche Lage
der Feſte. Hart, ganz hart an den Fluß hin iſt ſie ge-
ſtellt, an den Sereth. Das iſt ein trüber, langſamer
Geſelle; aus ſtillen Teichen windet er ſich zögernd hervor
und ſchleicht langſam ſeine freudeloſen Wege durch die
öde Haide und bleibt zuweilen gar ſtehen und bildet große
Sümpfe, bis ſich ſeine gelben Waſſer mit dem Blau der
Dnieſterwoge miſchen und raſch fortgeriſſen werden gegen
den Pontus zu. An einer der Stellen, wo der Träge
ſtehen bleibt, iſt die Feſte aufgerichtet, und ſo iſt ſie von
der Flußſeite her durch den Sumpf hinlänglich gedeckt.
Auf der Landſeite aber iſt ein breiter und tiefer Graben
gezogen, über den nur eine ſchmale Holzbrücke zum Thore
führt, und im Graben ſtehen dunkle, ewig ſtille Waſſer,
welche im Sommer bedenklich zum Himmel emporduften.
Aber in jenen Frühlingstagen haben ſich dieſer Sumpf
und dieſer Graben um den Hals des Herrn Wincenty
gleichfalls ſehr verdient gemacht. Das Hauptverdienſt freilich gebührt dem katholiſchen Pfarrer von Okulince oder
vielmehr nur zweien ſeiner Eigenſchaften, erſtens daß er
eine Nichte hatte, zweitens, daß er ein dicker Mann war,
welcher unmöglich raſch gehen konnte. Darum iſt Wincenty
Barwulski ſchließlich doch beim Leben geblieben.

Des Menschen Herz wird häufig von Ahnungen be=
schlichen, besonders des reinen, des feinfühligen Menschen
Herz. Darum befahl Herr Barwulski in jener Nacht
seinen Knechten, als es schon gegen Morgen ging: „Nun
geißelt mir das Weib noch ganz gehörig im Hof unten,
dann aber rasch hinaus mit ihr, sonst kommen am Ende
diese dummen Bauern und holen sie ab."... Darum
beruhigte sich sein Herz nicht, auch nachdem dies geschehen
war, und er rief wieder seinem getreuen Leibdiener, dem
krummen Michalko: „Der Milita soll die Braunen vor die
Britschka spannen, wir fahren nach Barnow." Und in
Gedanken fügte er hinzu: „Ich weiß nicht, aber mir
schwant, daß mir dieser Fedko am Ende sonst noch heute
hier Unannehmlichkeiten macht; hat schon gestern so selt=
sam dreingesehen, das Hundsblut." Aber ehe der Milita
wach ward und das Gefährte gerüstet, wurde es heller Tag.
Und als der Michalko mit zwei anderen Knechten die Riesen=
flügel des schweren, uralten, eisenbedeckten Thores öffnete, da=
mit die Britschka hinausfahren könne, da blieben sie entsetzt
stehen und schlugen dann eiligst die Flügel zu. In demselben
Augenblicke ward auch droben im Fenster des ersten Stock=
werkes der gelbgrüne Kürbiskopf des Herrn Wincenty einen
Moment lang violett und dann entsetzlich gelb. Denn da
wand sich schon der Zug der Bauern zwischen den Obst=
gärten des Dorfes hervor, auf die Haide hinaus, der Feste
zu. Langsam und lautlos schritten sie, wie das Verhäng=

niß schreitet, und das junge rothe Sonnengold umglitzerte ihre Sensen. . . .

„Da kommt der Tod!" . . . So durchzuckte es droben den Wincenty, so dachte unten in der Einfahrt der krumme Michalko. Aber während darauf der adelige Wicht nur die Hände zitternd vors Gesicht schlug und ein halbvergessenes Gebet zu lallen begann, handelte der Knecht kaltblütig und klug für sich und ihn. Denn ein Hallunke war dieser verkrüppelte Diener, ein Hallunke, der jedem Galgen zur Ehre gereicht hätte; aber ein Mann war er dabei, das bewies er in jener Stunde. Er befahl, die anderen Knechte gehorchten. Binnen wenigen Minuten war das Thor verrammelt, die Dienerschaft bewaffnet und an die Schießscharten vertheilt. Es waren mit dem Michalko vierzehn Mann im Schlosse; ferner einige Weiber, darunter Herr Wincenty, die bargen sich heulend unten im Erdgeschoß. . . . „Pfeife ich einmal, so schießt jeder zweite Mann und in die Luft; pfeife ich zweimal, so schießt ihr Alle und in die Menge!" So befahl der Krumme, öffnete die Mittelthür des Stockwerks und trat auf den kleinen Balcon ob der Einfahrt.

Auf etwa fünfzig Schritte von dem Brücklein waren die Ersten des Haufens bereits herangekommen. „Halt!" rief Michalko. „Was wollt ihr?" Stumm drängten sie vorwärts. „Halt! oder es ist euer Tod!" wiederholte er und pfiff; ein Knall aus sieben Büchsen, die Kugeln zischten über die Köpfe der Menge. Sie stutzte, wich einige

Schritte zurück. Der Michalko nützte den Moment.
„Brüder! Was wollt ihr denn eigentlich?! Lebend betritt
Niemand die Brücke, das sage ich euch! Aber vielleicht
vertragen wir uns im Frieden? Redet — was sucht ihr
im Schlosse?" Darauf erwiderte zuerst nur ein lustiges
Gefiedel — der tolle Jacel. Dann erhob ein Urlauber
in den letzten Reihen das Gewehr, zielte und schoß auf
den Knecht. Die Kugel bohrte sich ob dessen Haupt ins
Mauerwerk. Aber der tapfere Hallunke lachte: „Also um
meinetwillen gebt ihr dem Schlosse die Ehre? Oder war
es ein Irrthum? Haltet ihr mich für einen Andern oder
gar für einen Rehbock? So sprecht doch!..."

Derlei wirkt immer; es fand sich kein zweiter Schütze,
der auf den kleinen Menschen angelegt hätte, welcher sich
da oben auf dem offenen Balcon als Zielscheibe hinstellte.

Der Fedko berieth flüsternd mit seinem Adjutanten,
dem Hritzko. Sie hatten nicht daran gedacht, ob sie Widerstand finden würden oder nicht; es war ihnen auch gleichgiltig; den Wincenty mußten sie fangen und henken, das
stand ihnen fest. Und einige seiner Knechte dazu, daran
dachten sie so nebenbei. Nun sahen sie, daß die Sache
etwas schwierig sei. Das Thor war verrammelt, die Schießscharten besetzt. Wol hatten auch sie einige Gewehre, aber
was nützte das gegen die Mauern! Das Eisenthor mußte
eingerannt werden, das war klar. Aber die Büchsen der
Belagerten bestrichen den Zugang, das hölzerne Brücklein.

„Es muß sein!" sagte der Fedko seinen Leuten, „aber Einige von uns müssen sterben." — „Was liegt daran?" antworteten sie ihm, „wenn es eben sein muß ..." Es ist ein Zug des Fatalismus unter allen Slaven: bei diesem Stamme ist er ins Ungeheure gesteigert. „Ich falle ja doch nur, wenn es mir bestimmt ist", dachte Jeder. „Der Mensch muß eben seine Pflicht thun." ..

Aber der Fedko hatte Mitleid mit ihnen. Er selbst war vernichtet und zerschmettert wie vom Blitz der Baum, aber die Anderen sollten es nicht um seinetwillen werden. Der Wolf mußte freilich getödtet werden, aber vielleicht ging das, ohne daß Menschen ihr Blut vergossen. Es mußte versucht werden. Eine unheimliche eisige Ruhe war über den Mann gekommen, nur in einem Winkel seines Bewußtseins fühlte er sein wahnsinniges Weh lauern, wie eine Wolke.

Er ließ die Anderen zurücktreten, er allein trat vor, bis auf das Brücklein. „Höre, Michalko!" begann er. — „Ich höre!" — „Wir suchen den Herrn." — „Was wollt ihr von ihm?" — „Das ist unsere Sache." — „Aber meine auch; ich hüte ihm das Haus." — „Wenn du es wissen willst, wir bergen es nicht: wir wollen ihn henken!" — „Gut! aber da müßt ihr ihn in Barnow suchen, er ist in die Stadt gefahren." — „Du lügst!" — „Ich lüge nicht!" — „Du kannst es beschwören?" — „Ja!" — „So wahr deine Seele dem Herrn Christus

zugehören möge und nicht dem Teufel?" — Der Michalko
zauderte einen Augenblick; es ist ein furchtbarer Schwur.
Aber meine Seele gehört auch ohnehin unter jeder Be-
dingung dem Teufel, dachte er. „Ja!" erwiderte er laut.
„Du lügst!" sagte der Fedko kalt. „Du bist ein mein-
eidiger Hund, ärger wie ein Jude, ja sogar ärger wie ein
Pole. Aber ich spreche weiter mit dir, weil ich Menschenleben
schonen will. Du bist ein Galgenstrick, aber ein Ruthene
bist du doch! Michalko, ich frage zum letztenmal: Ist der
Herr da drin? Schwöre es mir, so wahr deine todte
Mutter Ruhe habe im Grabe! Wenn du auch da «Ja!»
sagst, so ziehe ich mit meinen Leuten ab und schlage den
Wolf in der Stadt todt! —"

Der kleine Mensch erblaßte; zu Allem auf Erden war
er fähig, aber seiner todten Mutter im Grabe die Ruhe zu
rauben, das bringt kein Sohn dieses Volkes über's Herz.
Zweierlei trägt dazu bei: ein sehr düsterer und ein sehr
lichter Zug dieses seltsam gearteten Volksgemüths — der
Aberglaube, welcher sich sehr viel mit den «Ruhelosen» beschäftigt, so daß just in diesem Stamme die Sage von den
Vampyren geboren ward und von da zu den Polen,
Moskowitern und Rumänen überging, und andererseits eine
rührende Kindesliebe.

Der kleine Schurke stritt einen schweren Kampf, aschgrau, wie die Steinwand, wurde sein Gesicht; „das kostet
mir den Hals", flüsterte er dumpf, dann aber rief er

gellend: „Du Narr, du Hahnrei, du glücklicher Bräutigam der Xenia, du glücklicher Gatte der Hanusia! — höre! Der Herr ist im Schlosse! Hole ihn, wenn du Muth hast!.."

Wild heulten die Bauern in Wuth auf, aber der Fedko stand unbeweglich und winkte sie zur Ruhe. Neben den Michalko war Mikita, der Kutscher, auf den Balcon getreten, ein junger schlanker Bursche. Er war sehr blaß, aus den weit aufgerissenen Augen starrte die Todesangst, und mit bebender, durchbringender Stimme schrie er: „Hört an, ihr Leute, hört an mit Barmherzigkeit, was euch alle Knechte sagen lassen. Sofern sich eure Rache mit dem Herrn allein begnügt, wollen wir sogleich das Thor öffnen und keinen Schuß thun. Aber schwöre uns, Fedko, daß wir bei Leib und Leben bleiben. Wenn ihr uns durchprügeln wollt, in Gottes Namen . . ." — „Du Hund!" schrie Michalko wüthend, „du verrätherische Milchfratze!" Er sprang an dem schlanken Jungen empor und rang ihn blitzschnell an der Gurgel nieder und spie ihm ins Gesicht. „Der Abhub von des Herrn Tische hat dir geschmeckt, und der Abhub von des Herrn Bette hat dir geschmeckt, und in der großen Noth willst du ihn verrathen? Geh' zu den Bauern, geh'!" Und mit übermenschlicher Kraft schwang er den Körper des Röchelnden empor und stürzte ihn über die Brüstung des Balcons hinab in die Tiefe. Auf dem Steinrande des Schloßgrabens schlug der Kopf

des Mikita auf und zerschellte, jäh stürzte der Körper in
die Fluth, daß sie hoch emporsprang, dann schlossen sich
die dunklen Wasser, und nur ein leichtes Kräuseln war
noch auf ihrem Spiegel. . . . .

Das war der erste Mensch gewesen, der im Aufstand
von Wolowce sein Leben lassen mußte.

Einen Augenblick stand Alles starr und athemlos.
Dann sprang der Krumme vom Balcon ins Gemach zurück, und im gleichen Momente kam aus einer der Schießscharten ein Blitz, ein Knall, ein leichtes blaues Wölkchen
und Fedko wankte. Die Flinte entsank seiner Hand, der
braune Serdak färbte sich dunkel. Das war der erste und
letzte Schuß gewesen, den Herr Wincenty selbst gethan.
Er hatte sich, als Alles stille geblieben, aus seinem Verstecke
hervor- und an die Schießscharte gewagt. Da sah er den
Todfeind so allein und nahe vor dem Schlosse stehen, so
recht zum Schusse bequem. Da hatte er's gewagt, loszu-
brennen, weil es Niemand merkte.

Des Führers Wunde entflammte die Bauern. „Urraha!
Urraha!" erhoben sie betäubend den uralten Schlachtruf
der Kosaken, und vorwärts stürmten sie über das Brücklein
und auf das Thor. Fürchterlich hallte der wüthende Schlag
der Aexte auf das Eisen, fürchterlich das Rufen, dazwischen
knatterte das Gewehrfeuer der Belagerten, das Aechzen, der
schrille Nothruf der Verwundeten, das Wehegeschrei der
Weiber und Kinder im Hintergrunde. Und dazwischen

immer und immer das Gefiedel des Wahnsinnigen. . . .
Aber über all dem Schlachten, Schreien und Streiten, über
all den unsäglichen Nöthen spannte sich tief und mild
leuchtend, wie ein ruhig sinnendes Auge, der lichte Früh=
lingshimmel. . . .

„Urraha!" scholl unablässig der Schlachtruf der
Männer, „Heilige Jungfrau, dich rufen wir!" klang unab=
lässig in ihrem Rücken der schluchzende, durchdringende
Ruf aus hundert Frauenkehlen. Aber nichts nützte das
Kampfgeschrei, nichts die Tapferkeit, nichts das Beten. Der
Kampf war zu ungleich. Auf Erden siegt, nicht wer
das bessere Recht, sondern wer die bessere Waffe hat. So
hat es sich allzeit und allorts und allimmer begeben, und
so begab es sich auch an jenem Frühlingstage in diesem
abgelegenen Winkel der Erde, da sich ein Häuflein Ge=
marterter gegen ihren Zwingherrn erhob. Der Kampf war
zu ungleich. Eisen vermag nichts gegen Eisen, und so
widerstand das Thor den Aexten. Die Bauern aber
wurden reihenweise durch die Salven niedergemäht. Auch
die vorderste Reihe, die dicht am Thor stürmte, stand nicht
ganz gedeckt, denn sie konnte aus den Schießscharten der
vorspringenden Eckthürme beschossen werden. Und so
mußten die Bauern endlich die todten oder verwundeten
Körper der Ihrigen aufladen und sich aus der Schußweite
zurückziehen.

Kaum eine halbe Stunde hatte das Schlachten ge=

währt, die sechste Morgenstunde war knapp vorbei; der
Thau blitzte auf den Gräsern mit den Blutstropfen um
die Wette, die Lüfte wehten kühl und duftig — ein wonniger
Lenzmorgen, und so viel Jammer auf der Erde! Kaum
eine halbe Stunde hatte das Schlachten gewährt, und acht
Menschen lagen erschossen und wol fünfmal so viele verwundet. Von den Knechten im Schlosse war einer todt,
einer verwundet. Beide hatte der Hritzko Barila gefällt.
Er war der einzige gute Schütze unter den Bauern, der
zugleich ein gutes Gewehr hatte. Da hatte er sich nun
vor das Brücklein hingekniet, das Gewehr im Anschlag,
und hatte scharf gelugt, aus welcher Scharte der Blitz her-
vorkam und das blaue Wölkchen. Und wie sie hervor-
kamen, so fuhr auch seine Kugel in die Scharte. So hatte
er einen Knecht ins Auge, den krummen Michalko ins
Schulterblatt getroffen. Die übrigen Todten und Verwundeten waren Bauern. Herzzerreißend scholl das
Jammern ihrer Schwestern, Weiber und Mütter. . . .

Herr Wincenty war ein schlechter Schütze gewesen;
Fedko hatte nur eine stark blutende, aber leichte Wunde im
Oberarm erhalten. Kaum litt er, daß man sie verbinde,
dann war er wieder ganz That. „Beleuchtet die Kirche,
wie am höchsten Festtag, bahrt dort die Todten auf, alle
in einer Reihe — für eine heilige Sache sind sie gestorben.
Die Verwundeten schafft in ihre Häuser. Gregori Barila,
des Hritzko Bruder, fährt nach Olulince um den Feld-

fcheer." Dann berief er die Aeltesten zum Kriegsrath.
„Tagüber können wir nichts ausrichten. Wir müssen die
Nacht abwarten, wo die Hunde auf die Stürmenden nicht
zielen können. Dann drauf und dran auf das Thor und
zugleich brennende Pechkränze in alle Fenster. Man er-
gibt sich doch lieber, ehe man verbrennt." Alle stimmten
zu. Dann schlug er vor, wie man die Zeit bis zur
Dämmerung nütze. „Einige winden mit den Weibern die
Pechkränze, Andere halten das Schloß im großen Halbkreis
umschlossen, daß sich die drinnen nicht mit den Barnowern
in Verbindung setzen. Der Rest reitet in die nächsten
Dorfschaften, sagt den Leuten, was hier geschehen ist, bittet
sie, uns zu helfen. Auch bei der Wolfsjagd im Winter
helfen sie uns, heute halten wir Wolfsjagd im Frühling.
Wir bedürfen Verstärkung, mir schwant, daß es des Kaisers
Schreiber in Barnow erfährt und mit den „Spitzhauben"
(Gendarmen) kommt. Zwei Bursche auf den Glockenthurm,
sie sollen die Nothglocke läuten, daß es die Leute in den
Einschichten hören."

So geschah's. Drinnen im Dorfe wurde das Brandgeräthe gefertigt und zugleich hallte jedes Haus von Jammer
über die Todten, die Sterbenden, die Verwundeten. Aber
draußen auf der Haide, die in der ersten Morgenfrühe von
so gräßlichem Lärmen widergehallt, war es jetzt todtenstill.
Im weiten Halbkreis um die Feste glitzerten die Sensen
der Bauernwache; auf der Flußseite wachte für sie der

Sumpf. Nur zuweilen kam neuer Zuzug singend gezogen. Oder der Jacel fiebelte urplötzlich einen Tanz. Oder die Nothglocke erhob wieder ihre Stimme, und die kurzen Schläge schrillten unheimlich durch die laue Luft. . . .

Gegen Mittag kam das Wort Gottes von Wolowce keuchend auf die Haide gelaufen. Vergebens hatte sich die Pfarrerin bemüht, es früher aus dem Bette zu bringen; das Wort Gottes hatte sich gestern bei der Hochzeit gar zu schwer besoffen. Jetzt freilich kam es so rasch als möglich und schlug schon von weitem die Hände über dem Kopf zusammen. „Jedko!" rief es von weitem, „das ist ja Empörung!" — „Nothwehr!" erwiderte dieser kalt. — „Aber Gottes Wille ist, daß man sich bei der Obrigkeit das Recht sucht!" — „Wenn man es dort kriegen kann! Im Uebrigen scheint es mir, Hochwürdiger, als wüßtest du Gottes Willen nicht immer ganz genau. Erinnere dich an die Schluß worte deiner gestrigen Traurede!" — „Aber du kannst ja noch glücklich werden!" — „Glücklich!" lachte der arme Mann bitter auf. Dann fügte er leise und dumpf hinzu, daß es wie ein unterdrückter Wehe schrei klang: „O wär' ich todt!" — „Geh' heim, Hochwürdiger!" befahl er dann. „Oder hilf die Kranken pflegen. Jedenfalls aber fahre heute nicht nach Barnow, es könnte dir unangenehm werden!" Verdutzt, sehr verdutzt ging das Wort Gottes von dannen.

Gleichwol erfuhr man in Barnow bereits um die

Mittagsstunde von dem Aufstand. Die erste unbestimmte
Kunde hatte ein Bettler gebracht. Dann kam ein Bote
der Belagerten, ein zehnjähriger Knabe. Er sah scheußlich
aus, ganz so, wie in der ruthenischen Sage der Moor-
teufel — über und über mit einer schwarzen Schlammkruste
bedeckt. Er hatte sich aus einem Fenster des Schlosses in
den Fluß gestürzt und war hindurchgeschwommen und hin-
durchgewatet; es war ein Wunder, daß er nicht erstickte.
Er brachte im Gürtel ein Schreiben des Wincenty an
Teofil von Strusek, den kaiserlich königlichen Herrn Bezirksvorsteher und Duodez-Tyrannen von Barnow. Fast
unleserlich waren die Schriftzüge, so sehr hatte dem Wicht
die Hand dabei gezittert. „Die Munition gänzlich verschossen ... das Thor aus den Fugen ... dreitausend
wüthende Bauern ... wenn nicht augenblicklich Hilfe
kommt, sind wir verloren." — „Verloren!" wiederholte
Herr Strusek und rannte in seinem Bureau umher, „verloren!" und verlor den Kopf. Dann raffte er endlich sich
und seine bewaffnete Macht auf. Es waren ganze vier
Gendarmen. Aber der Bezirksvorsteher Strusek liebte und
achtete den Menschen Strusek viel zu sehr, um ihn in eine
Gefahr zu stürzen. Er beorderte seinen Untergebenen, den
k. k. Bezirkscommissär Ladislaus Krapulinski. „Schaffen
Sie Ordnung im Dorfe!" befahl er kurz und bündig. Und
so stieg die Staatsgewalt, fünf Mann hoch, auf einen
Leiterwagen und rollte den «dreitausend» Bauern entgegen.

Es klapperten aber einem Fünftel der Staatsgewalt auf dem Wege die Zähne sehr bedeutend. War just kein Held, dieser Ladislaus Krapulinski. War überhaupt ein sonderbar Stück Menschheit, dieser k. k. Bezirkscommissär, werth, daß man es hier so im Vorbeigehen betrachte. Ein hoffnungsvoller Jüngling in den Vierzigen, eine langgestreckte plumpe Gestalt mit ungeheuren Händen und Füßen, die er komisch nach auswärts streckte, der Rücken gekrümmt von Milliarden und aber Milliarden Verbeugungen, die er im Leben gemacht, das Gesicht, in welchem eine röthliche Nase funkelte, unsäglich süßlich. Der Mann hatte nie studirt, war in seiner Jünglingszeit Laborant in einer Apotheke gewesen; wodurch war er k. k. Commissär geworden? Durch Verbeugungen! So war er Schreiber, so Kanzlist, so Bräutigam der ältlichen Schwester seines Chefs und Conceptsbeamter, durch weitere Verbeugungen — die lästige Brautschaft hatte er, nachdem der Zweck erfüllt war, natürlich als Ehrenmann abzuschütteln gewußt — endlich k. k. Bezirkscommissär geworden. Freuen wir uns, daß eine solche Carrière im heutigen Oesterreich nicht mehr möglich ist. Oder gäbe es noch heute im Osten solche Beamte? . . . An wen er sich sacht heranwand, dieser k. k. Bezirkscommissär Ladislaus Krapulinski, den Rücken gebeugt, das Antlitz sanft und süß schmunzelnd, der hatte das unheimliche Gefühl, als krieche da ein giftiges

Reptil an ihn heran. Freilich hatte leider nicht Jeder
ſogleich dies richtige Gefühl.

Aber der Feblo hatte es.

Kurz und draſtiſch war die Scene. Als dem Feblo
das Nahen der Fünf berichtet wurde, verſammelte er einen
Haufen ſeiner Leute um ſich und ließ die Staatsgewalt
herankommen. Es war ergötzlich — oder war es mehr
traurig? — w i e ſie herankam. Die vier Gendarmen
ſchritten, je zwei und zwei, langſam und ruhig daher.
Aber vor ihnen, dann neben ihnen und ſchließlich hinter
ihnen trippelte mit knickenden Beinen, das tobtenblaſſe
Antlitz ins Süßliche verzerrt, der k. k. Ladislaus. Als ſie
dicht vor dem Bauernführer ſtanden, mußte er freilich vor-
ſchleichen. Demüthig zog er den Hut und grüßte ergebenſt.
Dann begann er zitternd: „Mein lieber Herr Feblo . . .“
Aber haarſcharf ſchnitt ihm der Bauer das Wort ab. „Com-
miſſär, du weißt, daß ich kein Herr bin, und ich weiß, daß
ich dir nicht lieb bin. Spare deine guten Worte, ſie nützen
nichts. Der Wolf muß erſchlagen werden. Zu böſen
Worten wirſt du es nicht bringen, denn du ſcheinſt mir
ein bischen Furcht zu haben, aber auch das würde nichts
nützen. Geh' heim, ich rathe dir gut, geh' ſchnell heim!“

Krapulinski folgte, er drückte ſich vorläufig gehorſam
hinter die Gendarmen. Dem Poſtenführer, einem alten
Soldaten, ſtieg die Schamröthe ins Geſicht. „Im Namen
des Kaiſers —“ begann er.

Aber auch ihn ließ Fedko nicht weitersprechen. „Kamerad, du bist ein braver Kerl, aber sieh doch ein, daß du hier unnütz bist. Reden nützt nichts, und was das Handeln betrifft, so seid ihr Vier gegen Dreihundert. Was aber das Wort betrifft, welches du da gesprochen hast, das Wort, daß ihr in des Kaisers Namen hier seid, so möchte ich noch mit dem Furchtsamen darüber reden. Komm' nur heran, Pole, zitt're nicht so, ich beiße dich nicht. Höre an, was ich dir sage, und erzähle es dem Haupt= schreiber in der Stadt. Das Blut, das heute hier ge= flossen und fließen wird, i h r habt es auf dem Gewissen und gegen euch zeugt es vor Gott. Wenn ihr gewaltet hättet, wie es der Kaiser will, gerecht und gut, wenn ihr uns geschützt hättet gegen die Bestien, dann hätten wir uns nicht selbst schützen müssen. Pole! Du kommst an unserer Kirche vorüber, steige ab und sieh' dir die stillen Männer an, die dort liegen, sie sind heute früh noch sehr laut gewesen. Und denke dann auf dem Wege darüber nach, Pole, warum sie jetzt still sind, denke gründlich dar= über nach. Und nun — geh!"

Sie gingen und kamen in Barnow bei sinkender Sonne an. Auf der Treppe des Amtes erwartete sie Herr Strusek. „Es hat nichts genützt!" berichtete Ladislaus; „kein Imponiren und keine Drohungen. Sie haben sich vor mir gebeugt und den Saum meines Rockes geküßt, aber auseinandergehen wollen sie nicht, ehe sie Herrn Barwulski erſchlagen. Fünftauſend Mann ſind's beiläufig. Gegen mich, wie geſagt, waren ſie ſehr devot und haben mir ſogar einen Gruß an den Herrn Bezirksvorſteher auf die Seele gebunden, aber ſonſt ſind ſie ſehr wüthend. Da kann nur Militär helfen —"

Aber woher Militär nehmen? In Barnow ſtand keines; in der Kreisſtadt, welche ſechs Meilen fern war, eine Escadron Huſaren. So telegraphirte denn Herr Struſek an den Kreishauptmann: „In Wolowce und Umgegend ungeheurer Bauernaufſtand losgebrochen. Achttauſend Bauern zuſammengerottet, plündern und morden in allen Edelhöfen. Größte Gefahr für Stadt. Augenblicklich Regiment ſchicken."

... Wie ein blutrother Ball klebte die Sonne am weſtlichen Rande der Haide, und ſtumm blickten ihr die Aufrührer nach. Vielleicht zuckte es durch jedes Herz und Hirn: „Wer weiß, ob ich ſie morgen aufgehen ſehe?" ... Die Nacht brach ein, und es war eine furchtbare Nacht, eine Nacht der Gräuel und der Schrecken, und mancher Mutter Sohn hat an jenem Abend die Sonne wirklich zum letztenmale gegrüßt; als ſie wieder aufging, da lag er todt, erſchoſſen oder erſchlagen, erhenkt oder verbrannt. Es iſt Unmenſchliches geſchehen in jener Nacht, und ſchließlich würgte die Beſtie die Beſtie ab; es iſt Unſägliches geſchehen — ſollte es hier dennoch breit und behaglich geſagt werden?

Nur kurz, was unbedingt nöthig. Unter dem Schutze
der Nacht stürmten die Bauern noch einmal gegen das
Thor an. Wieder fruchtlos. Wieder wurden ganze Reihen
durch die Büchsen der Knechte niedergestreckt. Sie schossen
eben in die dunkle festgeballte Masse und trafen auch
so sicher, ohne zu zielen. Wieder wichen die Bauern
zurück.

Aber bald nahten sie wieder, mit Pechkränzen, Fackeln
und anderem Brandgeräthe. Das Dunkel wich grellem,
rothem Licht. Nun hätten die Knechte ihren Feind noch
sicherer niederschießen können. Aber ihr Feuer schwieg,
sie hatten sich verschossen. Das merkten die Bauern und
kamen dichter heran, und auf ein Signal flogen die Feuer-
brände an hundert Stellen zugleich, mit Steinen beschwert,
ins Schloß. Manche Fackel erlosch, in manchem Zimmer
löschten die Knechte, aber es war vergebliche Arbeit. Eine
halbe Stunde später schlug die helle Lohe zu jedem Fenster
heraus, zum Dache empor und in den dunkeln Nacht=
himmel hinein. Das Schloß und seine Bewohner waren
verloren, und schauerlich scholl das jubelnde „Urraha!"
der Sieger durch die Nacht.

Nur die beiden Eckthürme und das massive Geschoß
unmittelbar über der Einfahrt blieben vom Feuer ver=
schont. Letzteres war günstig für die Bauern; das Eisen=
thor gerieth nur in mäßige Gluth, und das Holzbrücklein
blieb erhalten. So konnten sie noch einmal gegen das

Thor heran, und diesmal ging es aus den Fugen. So stürzten sie durch Rauch und Flammen in die Feste.

Auf manchen Leichnam stießen sie, aber auf keine lebendige Seele. „Sucht nur in den Eckthürmen!" befahl Fedko. Er hatte richtig vermuthet. Aber auch in einem der Thürme waren die Geflüchteten bereits im Rauch erstickt. Es waren die Weiber, welche im Schlosse gewesen, dann drei Knechte, darunter der Michalko. Sie schafften die Leichen ins Freie, und siehe! der Michallo begann in der reinen Luft wieder zu athmen. Da banden sie ihn und schleppten ihn jubelnd auf die Haide.

Das war ihr erster lebendiger Gefangener. Im anderen Thurme fanden sie deren noch vier: drei Knechte und Herrn Wincenty. Er war vor Angst bewußtlos geworden. Die Bauern warfen sich auf ihn, als man ihn vorbeischleppte. Aber Fedko deckte ihn mit seinem eigenen Leibe. „Nicht von eines ehrlichen Menschen Hand, durch den Strick soll der Wolf verenden."

Sie verließen darauf das brennende Schloß und schaarten sich auf der Haide um ihre fünf Gefangenen. „Und darauf wurde leider viel Zeit vertröbelt", hat später der Hritzko Barila vor den Richtern gesagt. Da zimmerten sie zuerst fünf regelrechte Galgen. Dazu brauchten sie einige Stunden, und es wurde heller Tag darüber. Und dann henkten sie die Knechte nach einander auf, damit Herr Wincenty einen guten Vorgeschmack habe. Als Wincenty sah, daß er nur noch wenige Minuten zu leben habe, stürzte er vor Fedko nieder und bat, ihm einen Beichtvater zu gestatten. Und dieser Bauer hatte, wie er= wähnt, ein schwärmerisches Herz; er gewährte die Bitte und schickte um den katholischen Pfarrer im nahen Okulince. Inzwischen knüpften sie zum Zeitvertreibe den Michalko auf und schnitten ihn wieder ab, um das Spiel noch ein= mal wiederholen zu können....

Der Pfarrer von Okulince ließ lange auf sich warten. Denn er hatte eine Nichte und diese Nichte war zärtlich und wollte ihn nicht zu den wüthenden Bauern ziehen lassen. Und als sie ihn endlich aus ihren Armen ließ, da zog er langsam, denn er war dick. Und als er endlich ankam, da waren bereits andere Leute früher gekommen.

Das war gegen die neunte Morgenstunde. Die Bauern hatten den Michalko zum zweiten Male vom Gal= gen geschnitten und machten Miene ihn zum dritten Male aufzuhängen. Da dröhnte der Boden — erst fern, dann näher und näher — dumpf hallend wie ein schweres Wetter — helle Fanfaren erklangen drein — die Husaren waren da.

Der Kampf war kurz und eigentlich kaum ein Kampf zu nennen. Ein panischer Schreck hatte die Bauern er= griffen, sie warfen die Sensen fort und liefen davon. Nur einer brauchte sein Gewehr, der Fedko, der erschoß einen Husaren.

Das war der letzte Todte im Aufstand von Wolowce. Rudelweise wurden die Bauern gefangen, die Untersuchung begann, ein hartes, sehr hartes Geschick ereilte die Unseligen, aber ein Todesurtheil ward nicht ausgesprochen. Der Einzige, dem der Strick zugedacht war, war entkommen. Der Fedko hatte sich ins Hochgebirg geflüchtet. Er wurde ein «Hajdamak», wie die Räuber in den Karpathen heißen. Aber ein sonderbarer Räuber: was er den Reichen nahm, gab er den Armen.

Darum verehrten ihn die Bergbewohner abgöttisch und alle Versuche, ihn zu fangen, waren vergeblich. Alle Preisausschreibung nützte nichts — den Fedko verrieth keiner. Er war ja «unser Rächer!»

Aber er trieb es doch nicht lange. Der Michalko hatte einen Schwur gethan, ihn zu tödten und er hielt den Schwur. Freilich! — er hatte diesen Schwur an einer ernsten Stätte gelobt — am Galgen. So schlich sich denn der tollkühne Mensch ins Gebirge, lauerte dem Räuber auf und erschoß ihn.

Michalko und unser Herr Wincenty lebten in tausend Freuden fort. Der Erstere lebt noch heute. So viele gute Menschen mußten sterben und verderben — nur diese Beiden nicht. Denn die Tugend wird auf Erden gelohnt und das Laster gebührend bestraft. . . .

. . . Das war der Aufstand von Wolowce und diese traurigen Geschichten gingen mir durchs Herz, als ich an jenem Sommertage, fünfzehn Jahre später, im Schatten der Birken lag neben dem „schwarzen Kreuz", wohin mich die Schalmeien gezogen, die in der Ferne so zauberisch getönt.

Die Burschen saßen noch immer da. Ich erhob mich und trat auf sie zu. „Wie gehts denn jetzt dem Herrn Wincenty?" fragte ich.

„Jetzt geht's ihm endlich schlecht", erwiderte der Aeltere und lachte.

„Wo ist er denn jetzt?"

„„In der Hölle.""

„Also ist er todt?"

„„Seit fünf Jahren.""

„An welcher Krankheit ist er gestorben?"

„„Es war so der Schnaps. . .""

„Und wer ist jetzt Euer Herr?"

„„Der Armenier —""

„Welcher Armenier?"

„„Der Bogdan.""

„Wie heißt er sonst noch?"

„„Sonst heißt er die Wanze.""

„Also seid ihr nicht zufrieden?"

„„O ja!" erwiderte der Junge, „der Vater sagt immer: Die Wanze beißt, der Wolf zerreißt. Und, sagt er, ein Engel wird doch nie Gutsherr in Podolien . . ."

Engel brauchten es nicht zu sein, dachte ich, wenn es nur Menschen wären!

Dann ging ich langsam wieder der Stadt zu. Die weite Haide schwamm im warmen Roth der Abendsonne, nur das «schwarze Kreuz» hob sich dunkel vom leuchtenden Hintergrunde.

Es ward aufgerichtet, da die Hörigkeit von den Leibern dieser armen Menschen fiel. Wann kommt der Tag, da sie von ihren Seelen fällt?

Armes, armes Volk, wann kommt dein Tag?!

———

Jüdische Polen.

―――――

Sie sprechen sonst im Städtlein wenig über Politik. Wie sollten sie auch? Das armselige düstere Nest liegt abseits der Schienenwege, abseits der Heerstraße, nahe der Grenze der beiden Kaiserreiche. Mitten in die große Ebene des Ostens ist es hingestreut, ringsumher ergießt sich die unendliche Haide, und darüber wölbt sich die ungeheure Glocke des Himmels. Und mitten darin leben und weben die Leute von Barnow in dem kleinen, armseligen Städtlein ihr kleines armseliges Leben. Der große Strom der Bildung und Gesittung, der stolz und herrlich alle Lande durchfluthet, hat hieher kaum versprengte Tropfen geworfen. Hier ist noch Alles, wie es vor Jahrzehnten war. Diese Menschen werden im Düster geboren und leben und sterben im Düster, aber sie merken es nicht, denn ihr Blick haftet am Allernächsten. Und Wien und der Reichsrath liegen sehr weit; darum auch die Politik und das Bewußtsein, Staatsbürger zu sein, noch dazu Bürger eines konstitutionellen Staates! . . .

Manchmal freilich kommen doch diese beiden Dinge, die Politik und das Bewußtsein, in die Leute von Barnow

gefahren, nur geſchieht bies in etwas eigenthümlicher Art.
Vor Jahren geſchah es nur von amtswegen und aus
Gehorſam gegen die Obrigleit. Da kam nämlich an ben hoch-
ebelgebornen Herrn Wladislaus von Witocki, welcher Bezirkshauptmann zu Barnow iſt, eines ſchönen Tages ein
Schreiben mit dem großen Amtsſiegel der Lemberger Statthalterei, welches feſtſetzte, daß an dem und dem Tage die
Landtagswahl im Städtchen ſtattfinde. Und dicht hinter
dieſem Schreiben her kam zu Herrn Wladislaus in höchſt-
eigener Perſon ber noch weit höher und edler geborene
Herr Graf Alexander Robzicki gefahren, der bisherige Abgeordnete dieſes Bezirkes, und die beiden Herren hatten
eine Conferenz. Am Schluſſe dieſer Conferenz brückten
ſich Beide gerührt die Hände, und der Beamte ſagte:
„Ich gratulire im voraus; denn das halbe Dutzend
Ruthenen ſchadet uns nicht, und was die Juden anbelangt
— dafür laſſen ſie nur unſeren Janko ſorgen.“ Unſer
Janko aber ſtand inzwiſchen unten am Wagenſchlage des
Herrn Grafen und ſtrich ſich ſtolz, wie immer, den Schnurr-
bart. Denn Janko iſt immer ſtolz und hat auch allen
Grund dazu. In ſeiner Jugend iſt er ein ruhmvoller
Krieger geweſen, und in der Lombardei hat er einmal als
Feldwebel, auf ausdrücklichen Befehl des Marſchalls Ra-
detzky, die ganze Armee zu einem herrlichen Siege geführt.
Da war nämlich einmal «ba unten in Italien» ein ſo
heißer Tag, „daß man Eier nur wenige Secunden lang

in die Sonne zu legen brauchte, um sie gesotten zurück-
zuziehen", und die ganze Armee lag in ihren Zelten; da
kamen just «diese verdammten Piemontesen» angerückt. Der
greise Marschall berief schnell alle seine Generale und sagte
zu ihnen: „Ich alter Mann kann euch nicht selbst anführen, denn ich würde in dieser Hitze binnen einer Minute ohnmächtig vom Pferde fallen. Aber ruft mir den
Janko Czupka, den Feldwebel von «Nassau» — das ist
nach mir der tüchtigste Soldat des Kaisers, und wenn er
sich zusammennimmt, so trifft er es vielleicht noch besser
besser als ich..." Und Janko hat sich zusammengenommen und hat es richtig, „mindestens eben so gut" getroffen, und die Piemontesen sind gelaufen, „wie die
Schafe, sag' ich euch", und — was die Wahrheit dieser
Geschichte anbelangt, so wäre es Niemandem in Barnow
und Umgegend zu rathen, daran zu zweifeln. Denn Herr
Czupka nimmt jetzt auch im Civilstande eine achtunggebie-
tende Stellung ein: er ist Amtsdiener im Städtchen, der
einzige Mann dieses Standes, der dem Bezirksgerichte,
dem Steueramte und der Bezirkshauptmannschaft zugleich
seinen starken Arm leiht und seine würdige Repräsentation
dazu. Wenn er «wir» sagt — und er sagt immer «wir»
—· so ist darunter die Macht und Wucht der drei ver-
einigten Obrigkeiten zu verstehen, und wenn er in der
Schänke sitzt — und er sitzt sehr oft in der Schänke —
so rückt Alles ehrfurchtsvoll beiseite und lauscht aus respect-

voller Entfernung seinen Erzählungen. Und ein solcher
Mensch sollte nicht stolz sein? . .

Unser stolzer Janko steht also unten am Wagenschlage
und reißt ihn demüthig auf, wenn der Herr Graf von
der Conferenz herunterkommt. Dieser aber bleibt leutselig
stehen und sagt: „Janko, du bist ein verläßlicher Mensch,
und ich verlasse mich ganz auf dich." — „Zu Befehl,
Herr Graf", erwidert Janko stramm militärisch, und der
Edelmann drückt darauf dem Amtsdiener sogar einen
Augenblick lang die Hand und fährt davon. Janko aber
lächelt selig und hält die Rechte geballt, wahrscheinlich um
die Wärme des gräflichen Händedruckes länger nachzu-
fühlen, und geballt versenkt er sie in die Tasche, und
wie er sie ausgebreitet wieder hervorzieht, lächelt er noch
seliger. . . .

Unter diesen freundlichen Auspicien beginnt die Wahl-
bewegung in Barnow und nimmt einen überaus einfachen
Verlauf. An mehreren Straßenecken prangen polnische
Placate, welche von Amtswegen ankündigen, daß am zweit-
nächsten Montag im großen Gasthaussaale des Aaron
Rosenstock die Landtagswahl stattfinde. Aber diese Placate
liest im Grunde nur Einer: der ruthenische Pfarrer Herr
Wladimir Worobaykiewicz, und der ärgert sich darüber
und beschließt, nicht hinzugehen. Die Juden aber lesen
sie nicht, denn es gibt vielleicht nicht drei unter ihnen,
welche die «christliche Schrift» lesen können, und vielleicht

nicht einen, der mit dieser christlichen Wissenschaft auch zugleich die Kenntniß des Polnischen vereinigt. Aber dieser
Hauptmasse der Wähler vermittelt Janko mündlich den
Inhalt des Placats. Er trägt die Wahl-Legitimationen
aus und das Erscheinen des gefürchteten Repräsentanten
der drei Obrigkeiten wird mit sehr gemischten Gefühlen
begrüßt. Aber Janko lächelt freundlich. „Dummer
Moschko", klärt er den ängstlichen Staatsbürger über seine
konstitutionellen Rechte auf, „warum erschrickst du? Ich
komme heute weder vom Bezirksgericht, noch vom Steuer-
amt, sondern wir haben festgesetzt, daß am nächsten Montag der gnädigste Herr Graf Alexander Rodzicki nach
Lemberg gewählt werden soll, damit die Steuern kleiner
werden. Du wirst also Montag mit diesem Papier zum
Aaron in den Saal kommen, und wenn du von der
hohen Commission vorgerufen wirst, so wirst du den
Namen des Herrn Grafen sagen, und dann kannst du
wieder laufen."

Nach dieser einfachen Anordnung vollzieht sich denn
auch der Wahlact. Nur daß vorher noch zwei kurze Reden
gehalten werden. Zuerst versichert der Candidat, daß er
ein guter Patriot sei und darum für immer an der Resolution festhalte. Die Juden schweigen, denn sie wissen
nicht genau, was das Ding bedeute; aber Janko schreit
«Bravo!», und zwar theils aus innerer Ueberzeugung,
theils in Folge eines Mißverständnisses. Er verwechselt

nämlich «Resolution» mit «Propination», und daß an der nicht gerüttelt werden darf — das versteht sich, denn wie soll sonst der Mensch seinen Durst löschen? ... Zum Schlusse aber sagt der Herr Graf: „Und was unsere jüdischen Mitbürger anbelangt, so kennen sie mich ja auch nach langjährigem Verkehre." Das ist auch die Wahrheit, der Herr Graf ist nicht stolz, und vielen Juden hat er sogar Stammbuchblätter geschrieben in Form von schön lithographirten länglichen Papierstreifen und versehen mit seiner eigenhändigen Unterschrift. Die zweite, noch kür-zere Rede hält der Herr Bezirkshauptmann. Er verliest die einschlägigen Gesetzesbestimmungen und betont besonders den Paragraph, welcher den Regierungsorganen jede Wahl-beeinflussung verbietet, in nachdrücklichster Weise. Dann schließt er mit dem erhebenden Zuruf: „Und nun, ihr Juden, wollen wir den Herrn Grafen wählen!" Und die Juden thun es, und am nächsten Tage liest man in den Lemberger Blättern: „Im Städtewahlbezirke Barnow-Wyczkowa-Solince wurde einer der entschiedensten Ver-treter der Resolution, Graf Alexander Rodzicki, einstimmig zum Landtags-Abgeordneten gewählt. Dieses Ergebniß war bei der bewährten nationalen Gesinnung und politi-schen Reife der dortigen Wählerschaft leicht vorauszusehen. Möge diese Thatsache dazu beitragen, den Wiener Centra-listen, besonders Herrn v. Lasser über die wahre Gesinnung unserer Bevölkerung die Augen zu öffnen." ...

Aber, wie bereits oben erwähnt, diese Schilderung
gilt von Tagen, die vergangen sind, für immer vergangen!
Ein neues «Bewußtsein» und eine neue «Politik» sind in
Barnow eingezogen. Im Jahre 1873 war's, bei Gelegenheit der directen Reichsrathswahlen. Da war Alles
anders, und zwar zunächst durch den Umstand, daß nicht
ein Brief in Wahlsachen nach Barnow kam, sondern vier
Briefe.

Der erste trug wieder das Lemberger Amtssiegel und
enthielt nichts als die Aufforderung an die politische Behörde, die Listen zusammenzustellen und die Wahl an
einem bestimmten Tage zu veranlassen. Und gleich hinter-
her kam auch Herr Graf Rodzicki zu Herrn v. Witocki gefahren, und die beiden Herren hatten auch diesmal eine
lange Conferenz. Aber sie sahen minder fröhlich drein,
als sie schieden. „Täuschen wir uns nicht", sagte der
kaiserlich königliche hochedelgeborene polnische Wladislaus,
„so leicht wie sonst werden wir es diesmal nicht haben.
In diese verdammten Juden ist ein sonderbarer Geist gefahren. Bei den Listen läßt sich freilich Einiges thun,
auch bei den Zustellungen; aber dabei muß man sehr vorsichtig zu Werke gehen — Sie wissen ja, was für ein
Ministerium wir jetzt leider haben. Freilich geht zum
Glück Alles über Lemberg, aber man muß doch immer
auf der Hut sein. Also — was an mir liegt, wird geschehen. Dann können wir auf den Janko zählen und

vielleicht gewinnen Sie auch den Chaim Kratzer, den Winkelschreiber, der für Geld zu Allem zu haben ist. Aber, wie
gesagt, Herr Graf, täuschen wir uns nicht; es wird heiß
hergehen."

Und dies prophetische Wort erfüllte sich — noch dazu
in weit höherem Grade, als der pflichteifrige k. k. Prophet selbst geahnt. Ehe eine Woche ins Land gegangen
war, hatten sich in Barnow vier Wahlcomités gebildet.
Zwei hievon wirkten für den Grafen, die beiden anderen
für den Advocaten Dr. Max Rosenblatt aus der nächsten
Kreisstadt. Comités, Programme, Agitationen, Wahlreden
— es war etwas Unerhörtes, Unglaubliches, aber es war
da. Und es verdient, gebührend geschildert zu werden.

Das erste Wahlcomité war das der Polen. Sein
Candidat war natürlich Graf Rodzicki, und sein Programm
hieß: «Resolution» oder, wie der Hauptagitator des Comités,
Herr Janko Czupka, hartnäckig sagte: «Propination». Es
bestand, da weder der Candidat noch Herr v. Witocki, der
k. k. Beamte, nominell Mitglieder sein konnten, aus dem
katholischen Pfarrer, den beiden Lehrern an der Volksschule,
dem polnischen Schuster und dem polnischen Schneider von
Barnow. Mehr Mitglieder konnte das Comité nicht
haben, weil sein Programm leider auch nicht mehr Anhänger hatte. Ganz dasselbe traf bei dem zweiten Comité
zu, welches für denselben Candidaten wirkte, den der
«israelitischen Polen», dessen Feldgeschrei war: «Resolution

und Judenthum!» Es bestand aus Herrn Chaim Kratzer,
Winkelschreiber zu Barnow — der einzige Mann war
Partei, Comité und Hauptagitator zugleich. Ein seltener
Mann, dieser Chaim Kratzer, überaus gesetzeskundig und
überaus uneigennützig! Er that keinen Schritt, für den
er nicht bezahlt wurde, und seine juristischen Kenntnisse
erstreckten sich nicht blos auf das Bürgerliche Gesetzbuch,
aus welchem er seine Clienten berieth, sondern auch auf
das Strafrecht, in welchem er die Theorie mit der Praxis
sehr wirksam verband, denn er war bereits dreimal wegen
Betruges abgestraft. Bisher hatte er sich, die Zuchthäuser
abgerechnet, wenig mit öffentlichen Dingen beschäftigt,
höchstens daß er zuweilen bei den Assentirungen kleine Ge=
schäftchen vermittelte; nun aber warf er sich mit glühendem
Eifer auf die Politik — selbstverständlich aus innerster,
lauterster Ueberzeugung. Er hatte nämlich (das zweite
Schreiben, welches in Wahlsachen nach Barnow geflattert
kam) vom Grafen Rodzicki hundert Gulden zugeschickt be=
kommen mit dem Versprechen eines gleichen Betrages im
Falle des Wahlsieges. Und außerdem erhielt der ehren=
werthe Mann die Befugniß, jedem Wähler fünf Gulden
zu versprechen. . . .

Das dritte und vierte Schreiben in Wahlsachen, beide
lithographirt und unverschlossen, hatten die beiden gegne=
rischen Comités ins Leben gerufen, welche für Dr. Max
Rosenblatt wirkten. Da war zuerst ein Aufruf der «Rada

ruska», welcher das «Comité der Ruthenen» geboren. Es
bestand aus seiner Hochwürden Herrn Wladimir Borobay-
kiewicz, dem ruthenischen Pfarrer, einem sehr dicken Manne
mit sehr großem Barte, gesegnet mit einer überaus stattlichen Gattin und zahlreicher Nachkommenschaft, und ferner
noch aus drei Männern von den zwanzig wahlberechtigten
Ruthenen von Barnow. Se. Hochwürden hatten in der
ersten (und letzten) Sitzung des Comités nachfolgende Rede
gehalten: „Also, Brüder, was man uns aus Lemberg
schreibt, habt ihr gehört. Also, wir werden Alle zur Wahl
kommen und für den Rosenblatt stimmen. Also, dafür
helfen die Juden anderswo unseren Brüdern. Also, natürlich wird Keiner fehlen. Und was etwa noch nöthig ist,
also, das wird euch der Basil sagen." Basil Chymko aber
war der junge Lehrer aus dem nahen Dorfe, ein blasser,
magerer Mensch mit langen Haaren und dunklen Augen,
in denen es seltsam glühte und blitzte. Er war ein
Schwärmer, ein Phantast, und zwei wahnsinnig starke
Gefühle bewegten ihn: unsäglicher Haß gegen die Polen,
unsägliche Liebe für sein armes Volk. Und aus ganz ähnlichem Holze war auch der Agitator des vierten «verfassungstreuen jüdischen Comités» geschnitten. Schlome Barrascher
hieß er und war gleichfalls ein seltsamer Mensch. In
seiner Jugend hatte er studiren wollen, 'es war umsonst;
man hatte seine Pläne zertreten und damit sein Leben.
Aber eine rührende Sehnsucht nach dem Wissen blieb in

ihm wach und ein selten seines Gefühl für die Schmach,
welche seine Glaubensgenossen täglich, stündlich erdulden
mußten. Darum griff er mit Begeisterung jeden Versuch
auf, sie aus ihrer Niedrigkeit zu erheben, darum hatte er
sich schleunigst mit den Lembergern in Verbindung gesetzt
und in Barnow den Dr. Tulpenblüh, den Stadtarzt, sowie den reichen und halbwegs «aufgeklärten» Aaron Rosenstock bewogen, mit ihm zu einem «verfassungstreuen
Comité» zusammenzutreten. Und aus den dreien bestand
auch die ganze Partei. Die Hauptmasse der Wähler, die
orthodoxen Juden, gehörte keiner Partei an. Was
wußten sie von der Verfassung, was konnten sie davon
wissen?

Man sieht, dem Eifer und dem Geschick der vier Agi-
tatoren waren hier ein weiter und günstiger Spielraum
geboten. Und sie nützten ihn auch — jeder nach Geschick
und Eigenart. Der langhaarige Basil ging unermüdlich
von einem Juden zum andern und schüttelte ihnen die
Hand und versicherte sie, Ruthenen und Juden seien jetzt
Brüder. Zur Bekräftigung erzählte er ihnen lange, wirre
Geschichten von den Großthaten der Kosaken, wobei seine
Augen unheimlich aufglühten, und brach plötzlich ab mit
den Worten: „Also — Dr. Rosenblatt!" Aber die Juden
sahen ihm verwundert nach und schüttelten den Kopf. . . .
Und dann schlich der ehrenwerthe Kratzer von Haus zu
Haus und ließ sein Lockied ertönen. Aber er war just

kein allzu geachteter Mann in seiner Gemeinde, und man ging ihm am liebsten ganz aus dem Wege. Fand er aber auch hie und da gleichgestimmte Seelen, so half das doch nicht viel, denn er konnte ihnen ja die fünf Gulden nur — versprechen.

Da hätte unser Janko durch seine kräftigen Reden schier noch mehr ausgerichtet. Denn diese bestanden aus lauter wirkungsvollen Antithesen und lauteten — mutatis mutandis — beiläufig also: „Dummer Moschko, wen willst du wählen? Natürlich unseren gnädigsten Herrn Grafen und nicht diesen Federfuchser, diesen Schwindler, diesen — Juden! Wählst du den Grafen, so werden die Steuern kleiner, wählst du den Rosenblatt, so verschwindelt er mit den anderen Juden dem Kaiser das Geld an der Börse und da der Kaiser doch leben muß, so mußt du dann nochmals Steuern zahlen. Wählst du den Grafen, so werden «wir» machen, daß du deinen Prozeß mit dem Voczkowski gewinnst; wählst du den Rosenblatt, so verlierst du den Prozeß und zahlst obendrein so viel Kosten, daß du schwarz wirst. Wählst du den Grafen, so bekommst du Schnaps; wählst du den Rosenblatt, so bekommst du von den gräflichen Knechten Prügel, und dann schau' auch zu, ob dein Haus versichert ist. Und darum — sei gescheit, Moschko — hoch die «Propination!»“ . . . Aber am unermüdlichsten ging Schlome Barrascher von Haus zu Haus und sprach zu den Leuten.

Er sprach sehr seltsam.

„Sieh' den Polen an", sprach er zu diesen armen Menschen, die so tief, so unsäglich tief begraben waren in Schmach und Dunkel, daß sie sich schon daran gewöhnt, „sieh' den Polen an und dann sieh' dich an. Seid ihr nicht Beide Menschen, hast du nicht Fleisch und Blut, so wie er? Warum darf er dich höhnen, wie ihm beliebt, und dir ins Antlitz speien, wenn's ihm gefällt, und seinen Witz an dir prüfen und seine Peitsche? Und wenn er dich drückt und du gehst zum Gericht und verklagst ihn, warum findest du so spärlich dein Recht? Ist denn das Recht nicht wie das Licht und die Luft und für Alle gemeinsam? Warum ist dir dein Glaube zum Fluch? Denke nach, du armer, beladener Mensch, ob das Gott wollen kann, ob das der Kaiser wollen kann, ob das das Gesetz wollen kann? Nein! — nur der Pole will's! Und nun denke daran, wie es vor vierzehn Jahren war — da hatten wir deutsche Beamte, die unsere Sprache verstanden und uns schützten, wenn uns der Pole trat! Es war deshalb doch keine gute Zeit, und jetzt ist eine lichtere, bessere Zeit für alle Völker und für alle Länder, nur nicht für Galizien, denn hier herrscht nur der Pole. — Willst du seine Herrschaft noch ferner, willst du seine Macht noch mehren — dann bist du für die Resolution und wählst den Grafen! Willst du dasselbe Recht, wie die anderen Menschen in Oesterreich — dann bist du für die Verfassung und wählst den Doctor! Und nun gehe hin und thue nach deinem Willen!" . . .

Diese Worte wirkten. Vergeblich ließ Janko die gräflichen Knechte und den rothen Hahn in seinen Reden in immer einladenderem Lichte erscheinen; vergeblich wurde die k. k. Behörde plötzlich so vergeßlich, daß ein Drittheil der Wahlberechtigten nicht zu seiner Legitimation kam. Der Wahltag kam und entschied für den Advocaten. Was nützte es, daß die Knechte des Grafen den Eingang besetzt hielten und die hohe Commission drinnen tobte, schimpfte und schrie? Freilich wurden die Juden geprügelt vor der Wahl, während der Wahl, nach der Wahl; aber deshalb war der Graf doch durchgefallen und der Advocat gewählt.

Seitdem sind lange Monde vergangen und die Schlacht ist halb und halb vergessen. Sie leben wieder im kleinen, armseligen Städtchen ihr kleines, armseliges Leben. Nur einmal ist seitdem wieder ein bischen «Politik» nach Barnow gekommen und ein bischen «Bewußtsein». Das war, als die Abgeordneten aus Galizien im Reichsrathe sprachen. Besonders das geflügelte Wort, das Herr Mendelsburg gesprochen, das Wort von dem «jüdischen Polen» — das hallte auch im Städtlein nach. Alle Politiker von Barnow gaben ihr Urtheil darüber ab. Und wie es lautete, das soll hier auch nicht verschwiegen sein!

Da war also zuerst der Graf Alexander Rodzicki, der jetzt in unwillkommener Muße auf seinem Schlosse sitzt. Der las seiner Gemalin zuerst jene Rede vor und dann die Notiz von dem Bankette der polnischen Abgeordneten, bei dem Herr Mendelsburg als «erster Pole jüdischer Confession» so begeistert gefeiert wurde. Dann ließ er das Zeitungsblatt sinken und sagte: „Das begreife ich nicht!" — „Was? daß der Jude eine solche Rede gehalten hat?" — „Nein! das ist seine Sache." — „Oder daß unsere Herren ihm Beifall klatschten?" — „Auch das nicht! er hat ja in ihrem Sinne gesprochen, sondern —" — „Nun?" — „Daß sie sich mit dem Juden an einen Tisch gesetzt haben!...."

Hingegen meinte der Herr Bezirkshauptmann beim Gabelfrühstück in Rosenstock's Weinstube: „Diese Krakauer Erfindung einer neuen Species von Polen verdient eifrigst gepflegt zu werden. Lassen wir uns von diesen guten Leuten in der Erstrebung unserer Forderungen unterstützen und gestatten wir ihnen immerhin, sich bis dahin «jüdische Polen» zu nennen. Haben wir aber unsere Wünsche erreicht, dann werden wir schon dafür sorgen, daß aus den «jüdischen Polen» hübsch wieder — polnische Juden werden."

Minder ergötzlich kam die Sache dem Schlome Barrascher vor, und dieser seltsame Mensch sagte zum Stadtarzt: „Lachen Sie nicht — es thut doch weh! Kennen

5 *

Sie die schöne talmudische Sage vom Birkenholz? Vom
Eisen läßt es sich lautlos zerfleischen, aber wenn ein Keil
aus ebendemselben Birkenholz eingetrieben wird, dann
ächzt es schmerzlich auf!" Auch Herr Chaim Kratzer wurde
tiefsinnig und sagte: „Warum ich ein «jüdischer Pole»
geworden bin, das weiß ich; aber warum er, ein reicher
und ehrlicher Mann, es geworden ist?" . . .

Und zum Schluß mag noch Herr Janko Czupka sein
Sprüchlein sagen: „Jüdische Polen — das ist ein Unsinn.
Polenblut ist edles Blut, Judenblut ist Hundsblut. Mischen
läßt sich Beides nicht. Also — ein Unsinn — eine Un-
möglichkeit!"

Und damit seien die Weisheitssprüche der Politiker von
Barnow geschlossen. Daß sie wirklich so gelautet, davon
könnt ihr überzeugt sein, auch wenn ihr den Namen Barnow auf der Landkarte Galiziens nicht findet. Aber ihr
trefft dort so viele Namen auf «ow» und «cze», wählt euch
einen beliebigen heraus — was hier gesagt worden, paßt
so ziemlich auf alle! . . .

Schiller in Barnow.

Es giebt, Alles in Allem, deutsch und polnisch, fünf Exemplare im Städtchen. In der einzigen Bibliothek freilich, jener der Dominicaner, findet sich keines. Aber das hat seine guten Gründe. Erstens war Schiller kein Katholik. Zweitens sind die «Räuber» bekanntlich sehr unmoralisch. Drittens gibt es keine gute polnische Uebersetzung. Und viertens können die meisten Klosterleute nicht lesen. Aber andere Leute besitzen diese Werke: der Herr Graf Alexander Robzicki und der Stadtarzt Herr Dr. Arthur Tulpenblüh, die Frau Bezirksrichterin Casimira v. Lozinska und Schlome Barrascher. Letzterer kann hier nicht «Herr» genannt werden, weil das nur die Edelleute und die Officiere thun, und das auch nur, wenn sie ihn anpumpen wollen. Sonst nennen sie ihn «Jud», da er nämlich einen Kaftan trägt und sich gar keinen Luxus erlaubt: nicht einmal „Salomon" nennt er sich. . . . . Das wären also vier. Was aber das fünfte Exemplar betrifft, ein einziges Bändchen, die Gedichte, so ist dies eines der merkwürdigsten Bücher, welche man finden kann, und nicht blos in Barnow bei Tarnopol in Oesterreichisch-

Podolien. Schlecht gedruckt ist es und schlecht gebunden, viel Tintenflecke sind daraufgefallen, und manche heiße, schwere Thräne, hastig weggewischt, hat den schlechten Druck noch undeutlicher gemacht. Wenn ein Antiquar fünf Kreuzer dafür geben würde, so wäre er nicht gescheit, und dennoch ist dieses Büchlein der theuerste Schatz dreier Menschen. Gemeinsam besitzen sie es, und vielleicht gäbe Jeder lieber sein Herzblut dahin, als seinen Antheil an diesem Büchlein. Wie könnt' es auch anders sein! Die Drei waren im Dunkel und haben sich nach Licht gesehnt, sie waren in der Wüste und haben nach einem Quell gedürstet. Gesehnt und gedürstet — kein Wort sagt, wie sehr, wie bang! Und was von Licht und Labung in ihrem armen, dunklen Leben leuchtet und quillt, ist ihnen aus diesen löschpapierenen Blättern gekommen. Ach! was wißt ihr Gebildeten in den großen Städten, was unter Umständen in einem armseligen, abgelegenen Winkel der Erde ein Band von Schiller's Gedichten werth sein kann!

Von diesem erbärmlichen Büchlein will ich hier erzählen und nebenbei von den anderen vier Exemplaren. Und heute will ich davon erzählen*), wo sich der Tag von Schiller's Geburt wieder einmal jährt. Nur dieser Tag wird gefeiert, und es ist recht so, denn was geht uns Schillers Tod an? Er ist uns nur geboren, gestorben ist

---

*) Zum 10. November 1875 geschrieben.

er nicht und wird nicht sterben, so lange nicht das Sehnen und Dürsten unter den Menschen endet. Vielleicht kommt einmal die satte, die gräßlich satte Zeit, da Schiller todt ist; manches Zeichen spricht dafür, manches dagegen; jedenfalls ist diese Zeit noch sehr ferne. Heute lebt er noch für Millionen und wird jährlich neu geboren in tausend und abertausend Herzen und erhellt diese Herzen und wird ihnen ein rechter Heiland und Erlöser, der sie aus der Tiefe der Vorurtheile und dumpfer Noth herausführt zu den Höhen freien Menschenthums. Wie sich dies bei jenen drei Leuten von Barnow gefügt, mag ein bescheiden Gedenkblatt füllen zum Weihetage des Genius.

Aber vorher von jenen vier Exemplaren.

Was also zunächst den Herrn Grafen Alexander Rodzicki betrifft, so besitzt er die schöne, zwölfbändige Ausgabe von Cotta. Nicht aus literarischem Interesse hat er sie angeschafft, obwol er selbst einer der eifrigsten galizischen Schriftsteller ist; er schreibt sehr viel für die Juden, Kleinigkeiten, die eigentlich nur als Autogramme Werth haben; sondern nur deshalb hat er sich vor zehn Jahren die Bücher aus Tarnopol kommen lassen, weil die Comtesse Wanda von ihm genau so geliebt sein wollte, wie Schiller die Laura geliebt. Genau so und um kein Tüpfelchen anders. Nun lag ihm aber an dieser Dame sehr viel; er sagte oft: „Entweder heirathet sie mich, oder ich schieße mich todt!" und nicht blos zu Anderen sagte er

dies, sondern auch zu dem einzigen Menschen, den er
nicht belog, zu sich selbst. Denn er war ruinirt, daß ihm
kein Hembknopf mehr gehörte, und liebte darum die Mitgift der Comtesse mit einer so rasenden Leidenschaft, daß
selbst die «Geschichte berühmter Liebespaare» kaum Aehnliches
zu berichten weiß. Freilich befand sich Wanda in gesetzten
Jahren, aber «trente ou quarante» — die Ziffern
waren ja dem Grafen noch von Homburg und Monaco
her geläufig. Und wol hatte Wanda in den letzten fünf
Jahren mit fünf großen Husaren-Officieren fünf kleine
Unglücksfälle erlebt, aber diese Unglücksfälle wurden in
Lemberg erzogen, die Officiere befanden sich weiß Gott
wo, und wenn ein edles Herz wahrhaft liebt, so setzt es
sich über solche unmündige Kleinigkeiten hinweg. Also
Alexander wollte und auch die schwärmerische Wanda
wollte, aber vorher wollte sie Proben jener literar-histo-
rischen Leidenschaft. Das brachte den Grafen in nicht
geringe Verlegenheit, denn er wußte von Schiller nur,
daß er «so ein deutscher Dichter» sei; aber wie dieser
Dichter seine Laura geliebt, wußte er nicht. Nun, eben
darum kaufte er sich schweren Herzens die Gesammt-Aus-
gabe. Was er darin gefunden und wie er es verwerthet,
ist sein Geheimniß. - Genug! Wanda reichte ihm Hand
und Mitgift; die letztere gab er weiter, die erstere ist ihm
verblieben. Das ist die sonderbare, buchstäblich wahre
Historie, wie einst des edelsten Dichters Werke in des un-

sauberſten Menſchen Beſitz gekommen. Nun ſtehen die
ſchön gebundenen Bände in einem Winkelchen des öden,
leeren Zimmers, welches man im verfallenden Schloß zu
Barnow die «Bibliothek» nennt, und vermodern langſam
neben dem — «Caſanova», den der Graf auch nicht mehr
leſen mag. Dieſe Memoiren ſcheinen ihm heute viel zu
honnet-langweilig. Aber es naht der Tag, da die ganze
«Bibliothek» ihre Auferſtehung feiert, indem ſie unter den
Hammer kommt. Denn der Graf iſt ein viel zu fleißiger
Schriftſteller, und ſeine Werke erleben gar zu viele Zahlungs-
Auflagen.

Anders hat es ſich mit der gleichen Ausgabe gefügt,
welche im Beſitze des Stadtarztes iſt, des Dr. Arthur Tulpenblüh. Kein Stäubchen liegt auf den ſauberen Büchern;
ſie werden nur ſelten geleſen, aber dann üben ſie auf ein
Gemüth, dem ſonſt nicht leicht beizukommen, eine Wirkung,
an der wol ihr großer, gütiger Schöpfer ſeine Freude
hätte. Er iſt ein eigenthümlicher Menſch, dieſer Stadtarzt,
und doch im Grunde eine typiſche Figur. Aus bitterſter
Armuth hat er ſich emporgerungen, der arme Schneiders-
ſohn aus Brody, und vierzehn Jahre lang war eine
traurige Gefährtin bei ihm; auf dem mühſeligen Weg von
«mensa, mensae» bis zum Doctordiplom hat ſie ihn keinen
Tag lang verlaſſen, ob er ſich noch ſo ſehr mühte. Dieſe
Gefährtin war die Noth. Und Noth macht hart. Der
Aaron Tulpenblüh war ein armer Junge, er hatte nicht

das nöthige Brot. Und darum kannte er nicht den Leicht-
sinn der Jugend und nicht ihre Schwärmerei; er hatte
nie einen Dichter gelesen, außer in den deutschen Schul-
stunden am Gymnasium; der Rausch der ersten Flasche
war ihm ebenso unbekannt geblieben, als der Rausch der
ersten Liebe — ein entsetzlich armer Junge war der Aaron
Tulpenblüh. Nun kam der dreißigjährige Doctor endlich
wieder in die Heimat. Das Erste war: einen Posten
suchen; der fand sich in Barnow. Das Zweite: ein Weib
zu wählen; zu suchen brauchte er es nicht, dafür sorgten
die Vermittler. Zehntausend, zwanzigtausend, fünfund-
zwanzigtausend Gulden — könnt ihr es dem Manne ver-
argen, daß er das reichste Mädchen wählte? Nur Eines
kümmerte ihn, ob sie brav sei; ihr Aeußeres lag ihm
wenig am Herzen. Auch fragte er nicht, was in ihr vor-
ging, als sie neben ihm unter dem Trauhimmel stand.
Und was ging in ihr vor? Nun — Melanie Feiglstock
war ein echtes, rechtes, gebildetes Judenmädchen des Ostens
und darum sehr sentimental. Sie hatte viel gelesen und
viel geträumt, sie hatte vielleicht sogar einmal einem Dichter, der sie besonders gerührt, einen überschwänglichen
Brief geschrieben und sein lakonisch-höfliches Antwort-
schreiben jahrelang am Herzen getragen. Aber diese Mädchen sind nicht blos sehr sentimental, sondern auch sehr
brav, und auch die Vernünftigkeit ist nur latent in ihnen,
aber sie fehlt nicht. Dr. Tulpenblüh entsprach nicht ihrem

Ideal; aber sie beschloß, ihm ein braves Weib zu werden, und hat es ehrlich gehalten. Nur zwei Bitten stellte sie als Braut an ihn, die so einigermaßen romantisch waren. Er möge sich Arthur nennen und nicht mehr Aaron. Er willfahrte lächelnd. Und dann, er möge ihr gestatten, eine kleine Bibliothek zu kaufen und mitzunehmen, vor Allem Schiller, Börne, Heine. Er bestärkte sie in dieser Absicht; vielleicht dachte er: „Mögen ihr die Bücher bieten, was ich ihr nicht zu bieten vermag." Aber während der Ehe kam es anders, ganz sonderbar kam es. Frau Melanie las zuerst wenig in ihren Lieblingen und dann gar nicht mehr, die Wirthschaft nahm sie zu sehr in Anspruch, die Kinder, die Kaffeevisiten. Höchstens las sie noch die «Illu-strirte Frauenzeitung» und manchmal das Feuilleton der «Neuen Freien Presse». Aber ihr Gatte kam einmal in einer seiner wenigen Mußestunden an die Etagère und griff nach einem Bande von Schiller und begann zu lesen. Er hatte dergleichen stets bei Anderen als eine Zeitverschwendung ge-rügt, aber nun las er selbst zwei Stunden und legte den Band nur aus der Hand, weil er mußte. Nicht etwa, daß der erste Eindruck ein bezaubernder gewesen; eigentlich hatte der arme Mann, der nie jung gewesen, nur ein Gefühl des Staunens. Er hatte da in eine Welt geblickt, deren Existenz er nicht geahnt, die ihm überaus fremd war. Als er wieder Muße hatte, griff er nach demselben Buche, dann nach einem zweiten und dritten. Die Frau konnte sich nicht genug wundern, was ihr Mann plötzlich für ein eifriger Leser geworden, und neckte ihn damit. Er aber schüttelte dann nur still lächelnd den Kopf — vielleicht über sich selbst. Denn es ging mälig eine große Wandlung in ihm vor: er lernte jene Welt begreifen, die ihn anfangs so sehr befremdet; er erkannte, daß es im Grunde dieselbe Welt sei, die e r kennen gelernt, nur mit so ganz anderen Augen angeschaut! Wenn er Schiller las, dann war ihm zu Muthe, als setze er, der sonst Kurzsichtige, eine Brille auf und könne nun an denselben Dingen, die ihm mit freiem Auge todt oder häßlich erschienen, eine Menge des Schönen und Lebendigen entdecken. Und in der That, wie Herrliches konnte er da gewahren, den Quell der Begeisterung sah er fließen und die Rosen der Liebe blühen und die schattige Laube einer stolzen, edlen Weltanschauung sich wölben. Und wenn er sich anfangs nur erstaunt gefragt: „Ist denn dieser Mensch auf Wolken geschritten? Hat denn ihn das Leben nie hart angerührt?“ so begriff er allmälig, warum Schiller so unsäglich gut und ewig jung geblieben, obwohl so viel Kampf, Leid und Noth in seinem Leben gewesen. Es ist gar nicht zu sagen, was der Doctor von Barnow Alles aus seinem Schiller lernte, den er im vierzigsten Jahre zu lesen begonnen. Ein Gefühlsmensch wurde er darüber nicht, auch kein Idealist, aber ein besserer und glücklicherer Mensch. Wol faßte es ihn zuweilen wie leise Wehmuth um seine Jugend,

in der er so entsetzlich alt gewesen; aber dann sänftigte
sich wieder sein Herz, und ihm war's, als blühten ihm aus
den Versen seines Lieblingsdichters Rosen im September,
nachdem ihm die Rosen des Mai versagt geblieben....

Rosen dufteten der Frau Casimira v. Losinska wohl
nicht entgegen, wenn sie in ihrer schlechten Warschauer
Uebersetzung den «Sziler» las. Das war auch nicht nöthig,
denn sie war selbst eine Rose, eine Klatschrose nämlich.
Als sie einst, nachdem sie aus dem Kloster getreten, dem
Herrn Hippolyt v. Losinski angetraut worden, da war sie
vielleicht noch nicht schlecht, vielleicht hatte sie sogar damals
ein Herz. Aber der Herr Bezirksrichter hatte leider selber
keines und darum auch kein Ohr für die Stimme eines
fremden Herzens. Und so wurde das allmälig eine wahrhaft erbärmliche Ehe. Der weiche Filzhut des Herrn Hippolyt deckte gewaltige Hörner, aber der Mann trug sie
wie einen Schmuck. Es war für die schöne Casimira ein
Glück, daß ihr Gatte so erbärmlich war; man beurtheilte
sie darum viel milder, wohl auch aus Furcht vor ihrer
giftigen Zunge. Aber vielleicht war es in der That nicht
allein ein gemeiner Trieb, der dies Weib mit dem üppigen,
schmiegsamen Schlangenkörper und den mattschimmernden
Augen schier Jahr um Jahr einem Andern in die Arme
trieb. Vielleicht sehnte sie sich wirklich nach einem Herzen.
Denn sie war ja eine Polin, und bei diesem Volke ist
alles Gefühlsleben in den Frauen, die Männer scheinen

leer ausgegangen. Auch die sonderbare Art, wie sie
Schiller las, mag dies bestätigen. Bald las sie unter
Thränen irgend ein recht herzbewegliches Gedicht, «Re-
signation» zum Beispiel, und declamirte sehr gefühlvoll,
daß auch ihr des Lebens Mai abgeblüht. Aber gleich
darauf blätterte sie in den «Räubern» die Erzählung von
der Erstürmung des Klosters auf und genoß sie mit ver-
ständnißinnigem Lächeln. Dann dachte sie, wer ihr dies
Buch geschenkt: ein junger, blonder Adjunkt deutscher Ab-
kunft, der bald darauf an der Schwindsucht starb, und
weinte. Weinte bitterlich und griff zum Paul de Kock
und lachte wieder. Denn dieses Buch hatte ihr kürzlich
ein brauner Husar geschenkt, und der lebte noch und war
ungeheuer gesund.

Da hielt es Schlome Barrascher mit seinem Schiller
anders, schier so, wie es der König von Thule mit seinem
Becher gehalten. «Es ging ihm nichts darüber», und auch
seine Augen haben sich oft genug über diesen Büchern ge-
feuchtet. Ein sonderbarer Mensch — so gütig, so wirr,
so unglücklich! Er war ein Schwärmer und die Feder in
ihm sehr dünn und elastisch, zu dünn; als die Faust des
Schicksals täppisch niedergesaust, ist die Feder zerbrochen.
Er ist sehr reich und klagt niemals, und dennoch mag sein
Geschick tiefes Mitleid wecken. Sein Vater war ein
«Rendar», ein Branntweinschänker, und hatte ein ungeheures Vermögen erworben. Und weil der Alte kaum im

Gebetbuch lesen konnte, darum sollte der Junge eine
Leuchte werden in Israel. So wurde Schlome ein Tal-
mudist, obwohl er viele andere Talente zeigte, besonders
für eine Kunst, die sonst den Juden verschlossen ist: das
Zeichnen. Das trieb man ihm aus; aber etwas Anderes
konnten ihm weder die Schläge des Vaters, noch die
Tractate des Talmud austreiben: sein tiefes Gemüth und
in diesem Gemüth ein großes Dürsten. Mit achtzehn
Jahren war er verheirathet, mit neunzehn Vater eines
Bübchens, mit zwanzig ging er aus Barnow durch und
wurde Schüler der ersten Lateinclasse in Czernowitz. Zwei
Jahre ist er dort gesessen, aber in die dritte Classe ist er
nicht mehr aufgestiegen: seine Mutter und sein liebes
Bübchen waren in den Ferien gestorben — die Feder
war zerbrochen.... Ein zweiundzwanzigjähriger Schüler
der zweiten Gymnasialclasse, der deßhalb nicht in die dritte
aufsteigt, weil inzwischen sein Sohn gestorben — du lieber
Himmel! welche tragikomischen Erscheinungen treten doch
in jenem Kampfe zu Tage, welcher eben im Osten begonnen, im Kampfe zwischen dem nationalen Judenthum
und der Cultur! ... Schlome war unterlegen. Er lebte
wie die Anderen, er machte sogar Wechselgeschäfte. Nur
daß er daneben auch gern Schiller las, sehr gern, noch
viel lieber, als es der Stadtarzt that. Denn dem Schlome
ging es gerade umgekehrt; die Welt des Dichters war ihm
bekannt und vertraut; in die Wirklichkeit aber starrte er

mit scheuen Schwärmeraugen hinein. Und diese Augen
werden nicht schärfer, selbst wenn er seine große Horn-
brille aufsetzt. Denn diese Brille sitzt immer auf seiner
Nase, wenn ein Wechsel bei ihm unterschrieben wird, und
dennoch haben ihn der Graf Rodzicki und der Lieutenant
Domossy stark betrogen. Seht, so seltsam ist diese Welt,
daß sich sogar ein polnischer Jude darauf findet, der in
Wechselsachen von Schlachzizen und Officieren betrogen
wird! Es bleibt aber dem Barrascher noch genug übrig;
er kann seinen Schiller ohne Sorgen lesen. Und wie
liest er ihn! Kein Wort sagt wol, was dieser Dichter
diesem Menschen ist. Ihm duftet kein Lenz, ihn erquickt
keine Liebe, ihn labt und stählt kein muthig Leben und
Streben — armer Mann! Aber wenn er so in diesen
Büchern liest, dann glänzt sein Aug', dann hebt sich sein
Haupt. Und sein Antlitz röthet sich, wenn er wieder einmal die Apostrophe an die Begnadeten halblaut vor sich
hinspricht:

> Wie sich in sieben milden Strahlen,
> Der weiße Schimmer lieblich bricht,
> Wie sieben Regenbogenstrahlen
> Zerrinnen in das weiße Licht,
> So spielt in tausendfacher Klarheit
> Bezaubernd um den trunk'nen Blick,
> So fließt in einem Bund der Wahrheit
> In einen Strom des Lichts zurück!

Dann ist er kein müder, vereinsamter, gescheiterter
Mensch mehr, sondern ihm selbst gilt jenes begeisternde

Wort, und er ist ein Glied in der Kette jener Guten und
Edlen. Glücklicher Mann!

... Was endlich jenes Büchlein betrifft, so muß vor
Allem wiederholt werden: kein Antiquar gibt fünf Kreuzer
dafür, wenn er gescheit ist. Ein schlechter Wiener Nach=
druck aus der Greiner'schen Officin und so zerlesen und
befleckt! Dazu finden sich noch im Buche Bleistiftzeichen,
und auf der Rückseite des Titelblattes stehen vier In=
schriften. Zuerst in ganz feiner, kritzeliger Mädchenschrift:
„Ihrem lieben Cousin Franz. Josephine." Darunter ist
ein Kreuz gemalt und in fester Schrift die Worte: «Sus-
tine et abstine», und die Unterschrift: „Franciscus".
Dann in rohen Umrissen ein Beil und darunter die
Unterschrift: „Basil Woyczuk." Und schließlich findet sich
da etwas wie eine Fackel mit Tinte hingezeichnet, und
darunter steht in sehr ungelenker Handschrift: „Dises
Puch geher auch dem Jsrael Meisels, weil ihm das seine
guten Freind erlaupt haben."

Und das ist zugleich die Geschichte des Büchleins;
man muß sie nur noch erläutern.

Die Josephine war ein sehr schönes Mädchen. Sie
hatte große, blaue Augen und dazu braunes, lockiges Haar,
und wenn sie lachte mit ihrer tiefen, prächtigen Stimme,
so konnte Niemand widerstehen und mußte mitlachen, so
herzlich klang es. Auch ihr Cousin, Franz Lipecki, lachte
mit, obwohl dies gar nicht in seiner Natur lag; er war

6 *

ein stiller, scheuer Junge. Aber als er älter wurde, so
in den obersten Classen des Gymnasiums, da lachte er
nicht mehr. Seine Cousine wurde immer hübscher und
er immer häßlicher. Dann verlernte auch die Josephine
das Lachen; ihr Vater, welcher k. k. Hilfsämter-Directions-
Abjunctens-Substitut zu Lemberg war, starb, und sie kam
mit ihrer Mutter in große Noth. Der Franz hatte sonst
ein mitfühlendes Herz und half auch den beiden hilflosen
Frauenzimmern, so weit dies ein armer Student der
Rechte vermochte, und weit über seine Kräfte hinaus;
aber eine seltsame Heiterkeit kam wieder über ihn; schier
war's, als freute er sich, daß seine Cousine so arm geworden. In jener Zeit schenkte sie ihm zu seinem zwei-
undzwanzigsten Geburtstage das armselige Büchlein, welches
sie im Nachlasse des Vaters vorgefunden, aber sie gab ihm
dazu so helle Worte und Blicke, daß es das schönste Geschenk war, womit ein Mensch den andern erfreuen kann.
Und drei Monate darauf verlobte sich die Josephine mit
einem reichen Gastwirth. Franz gratulirte ihr herzlich,
wie es sich unter Verwandten gebührt, zuerst. schriftlich,
dann mündlich. Nur daß er dabei etwas gelb aussah
und darum noch viel häßlicher als sonst. Der glücklichen
Braut fiel es nicht auf, aber ihre Mutter fragte ihn besorgt, ob er krank sei. Ein wenig allerdings, erwiderte
er, aber er stehe im Begriffe, eine Curmethode einzuschlagen,
von der er sich vielen Erfolg verspreche. Und zwei Wochen

darauf trat er in das Kloster der Dominicaner zu
Lemberg.

Aber es war eine schlechte Curmethode gewesen. Sein
armes, zertretenes Herz that ihm in seiner Mönchszelle
ebenso bitter weh, als früher in seinem Stubentenstübchen.
Wol hatte er das Kreuz und jenen büsteren Mahnspruch
des Augustinus nicht blos auf das Buch der Geliebten
geschrieben, sondern auch tief in sein Herz. Aber man
entsagt nicht so leicht, wenn man zweiundzwanzigjährig
ist; das arme, junge Herz fährt fort, zu klagen und anzuklagen. Dazu kam ein ander Leib. So lange er die
Institutionen des Justinian studirt, war er auch gläubig
gewesen, so nebenher, weil ihn der Glaube nicht viel beschäftigt. Aber nun war dieser Glaube der einzige Fels
gewesen, dem er vertraute, nachdem Alles um ihn her
gebrochen und gefallen. Und nun fühlte er, fühlte entsetzt,
wie auch dieser Fels wanke.... Es ist selten mehr Leid
über ein Menschenherz gekommen, als über jenes des
Franciscus. Da lag er in seiner Zelle und rang und
rang: Balsam für seine Wunden hatte er gesucht, und
Gift hatte er gefunden. Franciscus ging nicht wieder aus
dem Kloster, aber nur beßhalb, weil er dachte: „Es ist
nicht mehr der Mühe werth, es dauert nicht mehr lange;
ob ich bleibe, ob nicht, das entscheidet höchstens über die
Formen meines Begräbnisses." Er war immer blässer
und schwächer geworden und hustete viel. Das sahen die

Oberen und beschlossen, ihn in das Ordenskloster zu Barnow zu schicken, weil dort die Luft besser oder weil ein
Todesfall im Kloster viel Ungelegenheiten macht.

So war der Mönch Franciscus nach Barnow gekommen, um da zu sterben. Aber vielleicht war da die
Luft wirklich heilkräftig oder die während Zeit linderte die
Schmerzen seiner Seele, genug — er genas. Und nicht
blos sein Körper. Er konnte nicht mehr gläubig werden,
aber seinen Gott errettete er sich und verehrte ihn in der
vorgeschriebenen Form und Satzung. Es muß wohl der
rechte Gott gewesen sein, auf den er da traf, denn sein
Herz ward milder, nicht glücklich, aber ruhig. Und nun
verstand er auch erst recht jenes Wort des Augustinus,
vielleicht quoll ihm sogar ein tieferer Sinn daraus, als
dem Manne, der es ausgesprochen. Er erkannte, wie viel
Elend auf Erden sei, und daß es nur Ein Licht gebe, all'
das Dunkel zu erhellen, das Licht im eigenen guten, mit-
leidigen Herzen. Und in dieser Stimmung fand er den
Muth, der Vergangenheit in's Antlitz zu schauen und
wieder einmal jenes kleine Büchlein aufzusuchen und darin
zu lesen.

Der Eindruck war ein ungeheurer, den er da empfing.
Was sich so stammelnd aus seinem armen, kämpfenden
Herzen emporgerungen: das Evangelium reiner Begeisterung, das Evangelium der Menschenliebe, hier scholl es
ihm voll und prächtig in bezaubernd schönen Worten ent-

gegen. Schiller ist so recht ein Dichter der Armen und
Beladenen. Von jener Stunde an war der junge Mönch
Franciscus nicht mehr einsam, wie er es bisher, schier
sein Lebenlang, gewesen. Nun hatte er einen Freund, der
zu ihm sprach. Und mit welchen Stimmen!

Aber dieser Freund sollte ihm noch zwei Andere zu-
führen, rechte Herzensfreunde, die bisher, so wie eben er,
im Dunkel getastet und in der Wüste gedürstet. Da war
der Mönch einmal an einem Septembertage hinaus=
gegangen auf die Haide. Einsam und ziellos schritt er
dahin; es war kein Klang um ihn, als das Wehen des
Windes. Auf der Haide starb der Sommer, aber es
war ein mildes Sterben. Langsam erblich das Gras,
still lösten sich die Blätter vom Gesträuch, und fern, fern
verhallte in den Lüften das Abschiedslied wandernder
Sommervögel. . . .

Dem blassen jungen Mönch ward es gar still um's
Herz. Er ließ sich im Haidekraut nieder und schloß die
Augen. Ihm war's, als könnte er sich in's Herz sehen,
wie sich dort sacht die letzte Spur der Bitterkeit sänftige
und löse.

Da hörte er plötzlich Stimmen. Es mußten zwei
Menschen sein, die da über die Haide gingen und seltsam,
monoton vor sich hinsprachen. Bald sprach der Eine, bald
der Andere, dann Beide zusammen. Es waren fremd=
artige Laute. Und als sie näher gekommen, konnte Fran-

ciscus diese Laute verstehen: die beiden Wanderer conju-
girten lateinische Verba.

Erstaunt öffnete er die Augen: es waren recht sonderbare Studenten. Ein trotziger vierschrötiger Bursche in
Bauerntracht und ein junger Jude in armseligem Kaftan.

Er richtete sich auf; die beiden gewahrten ihn und
blieben stehen, ganz starr, wahrscheinlich aus Schreck, daß
man sie belauscht. Aber der junge Mönch trat gütig auf
sie zu und fragte nach ihren Namen und welche Bücher
sie da gebrauchten.

Der Jude blickte ihn scheu an und schwieg, aber der
junge Mensch in Bauerntracht erwiderte trotzig: „Das
geht Sie nichts an.“ — „Warum?“ — „Weil Sie ein
Pole sind, ein katholischer Mönch.“ — „Aber daneben ein
Mensch“, sagte Franciscus. „Und ist denn so viel Theilnahme auf der Welt, daß man sie sich verbitten müßte?“

Es war wohl etwas in seiner Stimme, was die
Milde dieses Wortes noch unterstützte. „Warum sollten
wir es nicht sagen“, begann der Jude. — „Dieser hier
heißt Basil Chymko und ist der ruthenische Schulmeister
von Koczince. Ich aber bin, wenn der gnädige Herr erlauben, ein Barnower Jud' und heiß Israel Meisels.
Wir haben uns zusammengethan, weil wir Beide etwas
lernen wollen. Aber wir haben keinen Lehrer und nur
dieses einzige Buch hier.“ Er wies ihm die lateinische
Schulgrammatik von Stefan Wolf.

„Und was treibt Euch zum Lernen?" fragte der Mönch.

„Wir haben nur so gedacht", war die Antwort „warum sollen wir nicht lernen?! Wir möchten gern viel lernen, Alles! Uebrigens will der Basil ein Abgeordneter werden, nämlich ein Führer gegen die Polen. Ich aber möchte gern Medizin studiren."

Von jener Stunde ab hatten die beiden Schüler einen Lehrer. Und einen Freund dazu. Nicht blos in den Gymnasial-Gegenständen unterrichtete er sie, sondern auch in vielen anderen Dingen, welche sich aus keinem Buche schöpfen lassen, sondern nur aus der Tiefe eines edlen Herzens.

Anfangs hatte er ihnen die Lectionen auf der Haide gegeben, im Winter aber in der Stube des Basil in Koczince. Es war ein weiter Weg, aber der Jude und der Mönch gingen ihn gerne.

Als sie so recht seine Freunde geworden, da theilte er mit ihnen auch seinen größten Schatz, die Gedichte des Friedrich Schiller. Er las sie mit ihnen, und es ist kaum zu sagen, was der Dichter diesen armen Menschen geworden.

Weil sie ihn geistig gemeinsam besaßen, sollte sich dies auch äußerlich ausprägen. Der Basil durfte seinen Namen in das Büchlein schreiben und dazu das Beil, das Merkzeichen des freien Ruthenen. Und dann schrieb Israel sein Theil dazu, demüthig und dankbar.

Das geschah ein Jahr nach ihrer ersten Begegnung,
am Abend des zehnten November und · in der Stube des
Basil. Dann lasen sie das «Lied an die Freude» und
dann drückten sie einander die Hand, und Thränen standen
in ihren Augen.

Das war die einzige Schiller-Feier, welche jemals in
Barnow abgehalten wurde. Wer kennt eine schönere?!

———————

Von Wien nach Czernowitz.

„Bitte, mein Herr, ift die afiatifche Grenze fchon paffirt?"

Sie fprach es mit einem eigenthümlichen Lächeln und jenem fonderbaren heiferen Timbre, welches dem Kenner beweift, daß fein Gegenüber nicht leicht etwas übelnimmt. Wer fie war, hatte ich auf den erften Blick weg: eine Dame, die im Often ihr Glück verfuchen wollte, nachdem fie im Weften fehr viel Glück gegeben und empfangen. Uebrigens nicht ohne Witz und Bildung, wahrfcheinlich ein gefallener Bildungsengel, eine ausgeglittene Gouvernante.

„Wo denken Sie hin — erft am Ural . . ."

„Ja — wie diefe Geographen fagen. Aber blicken Sie doch hinaus . . ."

Das that ich. Es war hinter Lemberg. Der Zug wand fich durch ödes, ödes Haideland. Zuweilen war ein abfcheuliches Hüttchen zu fehen; das modrige Strohdach ftand dicht über der Erde auf: eine rechte Troglobyten- Höhle. Zuweilen ein Ochs vor einem Karren oder ein Haufe halbnackter Kinder. Und wieder die unendliche Oede der Haide, und der graue Himmel hing troftlos darüber.

„Wir sind bereits in Asien“, wiederholte sie mit größter Bestimmtheit. „Ich könnte drei körperliche Eide darauf schwören ...“ Und sie begann sich im Waggon einzurichten, als ob wir in Asien wären.

... Das war vor vier Jahren. Unmittelbare Folgen hatte es nicht, daß wir damals bereits in Asien waren. Ich benahm mich auch ferner gegen sie, als wären wir in Europa. Aber indirecte Folgen hatte es: diese Zeilen. So oft ich wieder nach Osten fuhr, fiel mir die galante Asiatin ein, und nun treibt es mich, auch einmal mit der Feder in der Hand zu untersuchen, inwiefern sie Recht gehabt.

Daß «diese Geographen» Unrecht haben, steht fest. Das weiß Jeder, der jemals die Steppe zwischen Don und Wolga durchmessen. Geographisch und ethnographisch gehört dieser unendliche Tummelplatz von Nomaden zu Asien. Von dem westlichen Anland Sibiriens gilt dasselbe.

Also westwärts zurück mit den Grenzpfählen des kleinsten Welttheils! Aber wie weit?! Darüber sind verschiedene Menschen sehr verschiedener Ansicht. Alexander Herzen meint, bei Eydtkuhnen stehe der Grenzpfahl Europas ... „es ist Zeit, der geschickten Lüge des Czars Peter ein Ende zu machen.“ Dem Fürsten Metternich erschien der Linienwall von St. Marx als Schranke — das dürfte etwas zu eng sein; es war überhaupt eine

Eigenthümlichkeit des Mannes, zu enge Schranken auf-
zurichten. . . . In einem südslavischen Feuilleton habe ich
einmal gelesen, Wien sei ein asiatisches Babel; freilich
können wir nicht Alle so gebildete Europäer sein, wie die
Morlaken. . . . Die polnischen Geographen lassen im äußersten Falle den Don als Grenze gelten, und in der
Klosterschule zu Barnow in Podolien habe einmal ich oder
vielmehr eine ansehnliche Partie von mir einige Unannehmlichkeiten erduldet, weil ich der Ansicht war, daß
Moskau in Europa liegt. „In Asien!" rief der Pater
Marcellinus und applicirte mir einigen polnischen Patriotismus an jene Körperstelle, welche er wahrscheinlich für
dies Gefühl besonders empfänglich hielt. . . . .
Wenn «diese Geographen» und die galante Asiatin,
Pater Marcellinus und Fürst Metternich, ja sogar ein
südslavischer Feuilletonist ihre eigenen Hypothesen haben
dürfen, so ist wol auch noch Raum für den Flügelschlag
meiner geographischen Ueberzeugung. Nach meiner Ansicht
laufen die Grenzen beider Welttheile sehr verwickelt incin-
ander. Wer zum Beispiel den Eilzug von Wien nach Jassy
benützt, kommt zweimal durch halbasiatisches, zweimal durch
europäisches Gebiet. Von Wien bis Dzieditz Europa, von
Dzieditz bis Sniatyn Halbasien, von Sniatyn bis Suczawa
Europa, von Suczawa bis zum Pontus oder zum Ural Halb-
asien, tiefes Halbasien, wo Alles Morast ist, nicht blos die
Heerstraßen im Herbste. In diesem Morast gedeiht keine

Kunst mehr und keine Wissenschaft, vor Allem aber kein
weißes Tischtuch mehr und kein gewaschenes Gesicht.

Wie gesagt, zweimal trifft man da auf Europa, zweimal auf Halbasien. Und dabei braucht man nirgendwo
Halt zu machen. Der Blick aus dem Coupéfenster genügt,
höchstens auch noch das Betreten der Bahnhof-Restaurationen
und der Genuß der landesüblichen Speisen und Getränke. Ein
Genuß übrigens, der meist wahrhaftig kein Genuß ist. Ich
habe diese «Culturstudie im Fluge» unzähligemale in Wirklichkeit gemacht. Warum nicht auch einmal auf dem Papier?

Nordbahnhof zu Wien. Halb 10 Uhr Vormittags.
So lehrt die Uhr in der Halle. Freilich ist es derzeit nirgendwo so viel an der Zeit, weder in Wien, noch sonst
wo. Es ist die «mittlere Ortszeit». Eine recht sinnige
Anordnung des Dr. Banhans, da er noch Handelsminister
war. Sie bewährt sich vorzüglich, insbesondere werden sehr
viele Menschen von voreiligen Reisen abgehalten, indem
sie den Zug versäumen.

Also: Halb 10 Uhr. Einsam leuchtet der marmorne
Rothschild in das stille Treppenhaus hinab. Einsam
wimmelt vor dem Eingang ein Lastträger hin und her.
Die beiden Damen in der Nachbarschaft Rothschild's, die
junge, welche Zeitungen verkauft, und die alte, welche
Schlüssel vermiethet, unterhalten sich. Man hört es bis
an den geschlossenen Schalter, bis in die verödete Gepäck-
halle hinein. . . .

Ein Wagen kommt herangerollt, der elegante Mieth=
wagen eines großen Hotels. Was darin liegt, ist minder
elegant, wenigstens die Emballage ist es nicht. Zuerst sieht
und riecht man nur sehr viel Schafpelzwerk. Dann wird
eine unförmliche Gestalt sichtbar, ein blasses weitläufiges
Gesicht, geschlitzte Aeuglein, welche mißtrauisch die fünfund=
zwanzig Packträger anblinzeln, die urplötzlich wie aus dem
Boden herausgewachsen sind. «Podwoloczysk», sagt die
Gestalt, dies einzige Wort aus dem gesammten Sprachschatz
der Menschheit scheint ihr geläufig. Darum wiederholt sie
es aber auch recht häufig. Ein Großgrundbesitzer aus Süd=
rußland, der wie ein dickes Mammuth nach Marienbad ge=
gangen und wie ein etwas dünneres Mammuth zurückkehrt.

Ein Fiaker. Sehr viele Koffer und Schachteln darin.
Ueberdies zwei Damen. Blaue Kleider, grüne Mäntel,
rothe Hüte, gelbe Handschuhe. Oder gelbe Kleider, rothe
Mäntel, grüne Hüte und blaue Handschuhe. Ein Regen=
bogen ist gegen diese Anzüge ein monotones Ding. Die
eine Dame ist überaus dick, gelbes Gesicht, schwarze Augen.
Die andere überaus dünn, gleichfalls gelb und schwarz.
«Itzkany» sagen sie und steigen die Treppe empor. Was
dabei an Unterröcken sichtbar wird, mag vielleicht zuletzt im
Jahre des Heiles 1873 gewaschen worden sein. Sie setzen
sich in die Restauration, trinken Kaffee und rauchen Ciga=
retten. Dabei werfen sie sehr begehrliche Blicke. Es ist
zwar Niemand im Saale, als ein Bierjunge, die Buffet=

dame und das Mammuth aus Südrußland. Aber sie
thun es auch nur der lieben Gewohnheit wegen oder um
nicht aus der Uebung zu kommen. Im Uebrigen zwei
rumänische Bojarinnen, die aus Franzensbad heimkehren.
Ein Einspänner kommt mühsam herangeleuchtet. Drinnen
sehr viel Gepäck und vier Personen, ein Herr und eine
Dame, ein Knabe und ein Mädchen. Alle Vier lang,
blond, mager. Der Herr feilscht auf Tod und Leben mit
dem Kutscher. Aber es handelt sich auch um eine Differenz
von zwanzig Kreuzern. Zehn Kreuzer zahlt er endlich,
aber er schimpft dabei gewaltig auf das verlotterte Oesterreich. Dann gibt er dem Lastträger fünf Kreuzer für den
Transport ebenso vieler Koffer. Das leuchtet dem Manne
nicht ein. Der Herr feilscht mit ihm auf Tod und Leben.
Endlich gibt er ihm weitere fünf Kreuzer, aber er schimpft
dabei auf das verlotterte Oesterreich. Am Schalter will er
Karten dritter Classe lösen. Aber der Eilzug führt nur
zwei Classen. Der Herr löst Karten zweiter Classe, aber
er schimpft dabei auf das verlotterte Oesterreich. So schimpft
er noch einigemale, bis er sich auf den Perron durch-
schimpft. Die Familie unterstützt ihn kräftig. Vielleicht
sind die armen Leute nur deshalb so mager, weil sie sich
so viel über Oesterreich ärgern. Im Uebrigen sind es
Berliner und reisen nur zu ihrem Vergnügen.

Die Omnibusse! ... Da sind Handlungsreisende,
die nach Rußland gehen, nach Preußen, nach Rumänien.

Dieser Zug ist stets sehr stark mit solchen Herren gesegnet. Da gibt es Mercure, die in Seide machen oder in Papier, oder in Tuch, oder in wollenen Strümpfen und Glanz-leder. Oder besonders häufig solche, die in Wein machen. Die Herren sind sehr verschieden, arm oder wohlhabend, kurz oder lang, dünn oder dick, aber in Einem gleichen sie einander: sie Alle sind sehr geistreich und sehr jovial, und es giebt keinen, der nicht mindestens 23757 Anekdoten wüßte. Aber mindestens so viel!

Mit dem Omnibus kommen auch polnische Juden, bessarabische Ochsenhändler, russische Getreidemäkler, schle-sische Kaufleute. Vielleicht kommt auch hie und da ein Mädchen mit diesem bescheidenen Gefährt zum Krakauer Eilzug — ein blondes, blasses, schüchternes Mädchen in ärmlicher, dunkler Kleidung. «Jtzkany», sagt sie, indem sie ihr kleines Kofferchen aufgibt. — Armes Kind, welches die Noth zwingt, sein kümmerliches Brot als Erzieherin in wildfremdem Lande zu suchen, wie wird es dir ergehen?! Armes Kind!

Mehr als eine Stunde ist vergangen, und der Portier stimmt in höchst eigenthümlichem Rhythmus und mit über-aus gewaltiger Stimme sein Lied an: «Oderberg-Krakau-Podwoloczysk-Jtzkany.» Und noch einmal und zum drittenmale. Die Passagiere werden in die Waggons gepackt. Nirgendwo ist man mit Waggons sparsamer, als bei diesem Eilzug. Vielleicht geschieht es nur, um die Geselligkeit unter den Reisenden zu befördern. Wir sind ja in Europa!

Und wir bleiben's, auch wenn sich der Zug in Bewegung setzt. Fabriken, stattliche Wohnhäuser fliegen an uns vorbei. Das Riesenwerk des neuen Donaubettes. Dann gesegnete Felder, so üppig, wie sie selten der Blick erschauen kann, jede Scholle unendlich fleißig ausgenützt. Das ist das Marchfeld. Stattliche Dörfer, blühende Gärten. Und in Gänserndorf Frankfurter Würste und Schwechater Lager. Ja, wir sind in Europa! . . .

Sanft hügelt sich das Gelände; wir brausen nach Mähren ein. Das ist aber nur eine neue Provinz, kein neuer Welttheil. Ueberall die lichten Spuren der Cultur. Da rauscht der wohlgepflegte Wald, da gedeiht auf den Fluren die reiche Saat. Der Berliner sieht sich's an und sagt wahrscheinlich zu seiner besseren Hälfte: „Ja, das Land ist gesegnet! Wenn nur die verlotterten Oesterreicher etwas arbeiten wollten. Es wächst hier nämlich Alles von selber!"

— „Von selber!" sagt sie, „o diese Oesterreicher." . . . Aber das sind ja Vergnügungs-Reisende und daher müssen sie sich ärgern.

Die Fabriken mehren sich, Schlot an Schlot, in den Lüften schwimmt dichter Kohlendunst, was wol für die Nase kein lieblicher Duft ist, desto mehr jedoch für den Verstand. Wie Schlösser sehen die Fabriken und wie Städte die Dörfer aus. Jede zehnte Minute saust irgend ein Zug vorbei: Paſſagiere, Kohlen, Ochſen, Kohlen, Waaren, Kohlen — die Kohle iſt der häufigſte und beliebteſte Paſſagier der Nordbahn, und dieſem rußigen Geſellen wird darum auch auf dieſer Bahn große Achtung erwieſen.

Auf das Mammuth aus Südrußland iſt hingegen weit weniger Rückſicht genommen worden. Es iſt mit fünf anderen Herren in ein Coupé eingepackt. Das Mammuth ärgert ſich, aber vielleicht hätten ſeine fünf Mitdulder weit mehr Grund dazu. Denn ihnen hat Gott den Leib nicht ſo wunderbarlich geſtaltet, auch haben ſie ſich in ein anderes Gewand gehüllt, als in friſchbuſtendes Schafpelzwerk. Darum ziehen auch vier von ihnen ſchiefe Geſichter. Aber der fünfte lächelt, ſeine Naſe leidet fürchterlich, aber das geſchniegelte Männchen ſchmunzelt. Denn das unförmliche Stück Menſchheit ihm gegenüber ſieht ſtark danach aus, als könnte man ihm ſtraflos mindeſtens hundert Anekdoten verſetzen. . . .

Das Mammuth ahnt nichts von der Gefahr. Harmlos blickt es auf das blühende Dorf, an dem der Zug vorüberſauſt, und dann auf ſein Gegenüber. „Sehr — ſchöner — Stadt", bemerkt es in ſehr ſchlechtem Deutſch. „Eine Stadt!" Das geſchniegelte Männchen lächelt überlegen. „Sie irren — ein Dorf. Aber Irren iſt menſchlich. Wiſſen Sie, welcher Irrthum einmal mir paſſirt iſt? Da komme ich in ein ungariſches Schloß. Die wunderſchöne Gräfin —"

„Dorf?" Das Mammuth wundert sich. „So —
großer — Dorf! Hier Deutsche?"

„Czechen!" tönt es stolz aus einer Ecke und hinter
einer Nase hervor, die stark gegen Himmel gerichtet ist.
„Aber — Sklaven — Czechen?!" stammelt das Mam=
muth. Es erinnert sich, sehr oft gehört zu haben, wie
arm und unglücklich die Czechen in Oesterreich sind. Und
nun wohnen diese Heloten in Häusern, wie sie in Südrußland kaum ein Adeliger hat. Es sind Fenster darin,
wirkliche, leibhaftige, gläserne Fenster.

... Auch die beiden schwarzgelben Damen in den
geschmackvollen Toiletten wundern sich. Wo der Zug hält,
da gehen Weiber und Kinder die Wagen auf und ab und
halten Wasser, Früchte, Würste feil u. s. w. Im Osten
kommt Niemand auf solche Gedanken. Und dann: diese
Weiber und Kinder sind vollständig bekleidet und tragen
sogar Schuhe. Schuhe! Bauernkinder, welche Schuhe
tragen! In der «süßen Heimat», in Rumänien, kommt
solcher Unfug nicht vor. Dort tragen sogar die Kammer-
zofen keine Schuhe, und manchmal sogar die — Bojarinnen
selbst ...

Prerau! Fünfzehn Minuten Aufenthalt!

Dich grüß' ich in Ehrfurcht, ragende Halle, dir beuge
ich mein Haupt, dicker Zahlkellner von Prerau, der du
der letzte Pfeiler europäischer Speisecultur bist für Jeden,
welcher den Krakauer Eilzug benützt. Hier sind noch die

Tischtücher weiß, die Gläser rein, die Speisen genießbar.
Und darum wird hier durch eine Viertelstunde gewüthet
— «nicht eine Schlacht, ein Schlachten ist's zu nennen».
Der dicke Südrusse leert fünf, die magere Rumänin sechs
Schüsseln. Nur eine Reisende hat nicht den Waggon verlassen. Da sitzt die blonde, schmächtige Gouvernante und
ißt betrübt ein Stücklein Wurst und ein groß Stück Brot.
Wurstessen ist keine poetische Thätigkeit, und doch! —
wenn ich das arme, todtbange Kind so recht hinzumalen
verstünde, dem härtesten Menschen müßte das Auge sich
feuchten. . . .

Weiter geht's durch's blühende «Kuhländchen» — nach
Oderberg. Hier ist der Aufenthalt zu kurz, sonst wäre
hier vielleicht in einem andern dicken Zahlkellner ein anderer
Eckpfeiler deutscher Cultur zu entdecken. Aber diesmal
sicherlich der allerletzte.

Hier verlassen die Berliner Vergnügungsreisenden das
verlotterte Oesterreich. Alles Uebrige läßt sich durch die
gesegnete schlesische Ebene gemächlich vorwärtsschleppen.
Schon vor Dzieditz verschwinden auf den Stationen die
Verkäufer. Daß ein Reisender Hunger und Durst haben
könnte — auf diesen sonderbaren, unerhörten Gedanken
kommen hier die Leute nicht mehr.

Dzieditz — ein kleines Nest, aber als Grenze Europas
bemerkenswerth. Hier führt ein Schienenstrang nach
Bielitz und Biala. In dieser letzteren Stadt, welche durch

eine boshafte Laune des Zufalls zu Galizien gehört, wohnen liebe, muthige, deutsche Menschen, welche um die
Wahrung ihres Volksthums einen Kampf ausfechten müssen,
wie man ihn sechs Jahre nach Sedan und fünf Jahre
nach Besiegung Hohenwart's kaum für möglich halten
sollte. Sie stehen einsam in diesem Kampfe und machen
nicht viel Aufhebens von ihrem Heldenthum. Wir können
uns vorläufig noch auf sie verlassen, auf die wackeren
deutschen Bürger von Biala und auf ihren Bürgermeister
Rudolf Seeliger. Gäbe es einen Kranz für deutsche Bür-
gertugend, dieser Mann verdiente ihn, wie Wenige innerhalb der schwarzgelben Schranken. Er hält treu aus auf
seinem Posten und auch seine Krieger verlassen ihn nicht.
Aber sollen wir fortfahren, thatlos zuzusehen, wie hier
ein vorgeschobener Posten des Deutschthums langsam von
polnischem Uebermuthe zu Grunde gerichtet wird?! . . .

In Dziebitz fängt «Halb-Asien» an. Nur zögernd
habe ich mich zur Schaffung dieses eigenthümlichen geographischen Terminus entschlossen. Er ist aber nothwendig.
Manches erinnert in Galizien allerdings an Europa: zum
Beispiel das wahrhaft kunstvoll ausgebildete System der
Wechselreiterei, das nicht minder kunstvolle Steuersystem
und was solcher Cultursegnungen mehr sind. Aber ein
Land, in welchem man auf so schmutzigen Tischtüchern ißt,
von anderen Dingen ganz abgesehen, kann man unmöglich zu unserem Welttheile rechnen. . . .

Krakau!

Die Italiener geben jeder Stadt einen klingenden
Beinamen, Genova la superba, Firenze la bella und
so weiter. Wäre diese Sitte auch in Halb-Asien gebräuch-
lich, dann könnte das heilige Krakau nicht anders heißen
als «Cracovia la stincatoria» ... Pardon, verehrte
Leserin, aber der Name würde passen. Ich habe nie in
dieser Stadt geweilt, ohne mir einen ausgiebigen Schnupfen
zu wünschen, um dieses Duftes nicht gewahr zu werden.
Uebrigens war dies ein bescheidener Wunsch, welcher erfüllt wurde; der Duft war so stark, daß ich den Schnupfen
bekam. Daß die Menschen, welche in dieser Stadt zu
leben verdammt sind, nicht alljährlich von einer Epidemie
decimirt werden, ist wahrhaftig ein besonderes Wunder
Gottes. Warum es in Krakau so fürchterlich duftet, darüber
sind die Bewohner verschiedener Ansicht, und zwar je nach
ihrer Confession. Die Juden behaupten, das sei Schuld der
Klöster, insbesondere der Bettelmönche. Die Christen
behaupten, das jüdische Proletariat mit Kaftan und
Schmachtlöcklein sei daran schuldig. Der Streit könnte
wahrlich ruhen, denn sie haben Beide Recht ...

An heißen Sommertagen duftet es aus der Stadt
bis in den Bahnhof hinein, in den übrigen Jahreszeiten
bestreitet der Bahnhof seinen Odeur aus Eigenem. Jene
würdige Dame, welche im Wiener Nordbahnhofe in der Nähe
Rothschild's ihren Sitz hat, hat in Krakau keine Collegin...

In der Restauration sieht es wesentlich anders aus, als in Europa. Wol tragen die Kellner noch Fräcke, sogar recht ehrwürdige und durch ihr Alter Respect einflößende Fräcke; aber wahrlich, es wäre besser, sie trügen keine. Denn ein Frack läßt sehr viel von der sonstigen Beklei= dung und besonders von der Wäsche sehen . . . Es ist vielleicht ein frommer Wunsch, aber er ringt sich mir ungestüm aus der Brust empor: „O, möchten die Kra= kauer Kellner doch lieber in dichtgeschlossenen Oberröcken serviren!"

Für reisende Geographen werden die Tischtücher von Interesse sein; sie finden darauf alle erdenklichen Grenzen in verschiedenen Saucen ausgeführt. Wen etwa der Ab= gang des Zuges an eingehenden Studien hindert, der mag sich trösten: er wird nach drei Monaten, wenn er wieder hier sitzt, dasselbe Tischtuch mit denselben Saucen wiederfinden!

Die Verkehrssprache ist die polnisch=deutsche. Zum Beispiel: „Befehlen Sie poledwica?" — „Prosze Bier oder Wein?" — „Rynski und zwanzig Kreuzer!" Auch das Publicum, welches hier neu hinzukommt, den Eilzug bis Lemberg zu benützen, spricht zum großen Theil diesen Mischmasch. Seit die Polen die deutschen Bildungsan= stalten vergewaltigt, sprechen sie statt eines guten Deutsch ein erbärmliches Deutsch. Das ist der einzige Unterschied zwischen Einst und Jetzt. Denn Deutsch sprechen sie auch jetzt noch, sie fühlen instinctiv, daß es ein Wahnsinn, ein geistiger Selbstmord wäre, sich dieser Cultursprache zu verschließen.

Wer in der Krakauer Bahnhof = Restauration dicht an der Thür sitzt, hört draußen ein verworrenes Lärmen, Toben und Jammern, wie es etwa Dante vernahm, als er sich der Hölle näherte. «Ausgang» steht über dieser Thür geschrieben, aber passender wäre jenes: „Lasciato ogni speranza . . .“ Weh' dir, der du, ein harmloser Reisender, in die Vorhalle dieses Bahnhofes trittst! Ur= plötzlich umgibt dich ein Knäuel streitender, schmeichelnder brüllender, flüsternder, stoßender, zerrender Gestalten. Juden in Kaftan und Schmachtlöcklein, so fürchterlich schmutzig, daß du kaum begreifst, warum sie nicht an ein= ander kleben bleiben, sobald sie zusammenstoßen. „Sie Alle sind erschienen, dich herrlich zu bedienen", wie's im Studentenlied heißt. Es sind «Factoren», zu Deutsch Vermittler. Der Eine erzählt dir von einem wunder= vollen Hotel, der Zweite von einem eleganten Wagen, der Dritte von Krakaus Königsgräbern, der Vierte von Wieliczka, der Fünfte will dir Thaler wechseln, der Sechste Geld auf deine Uhr leihen. Und wenn du dies Alles nicht brauchst, dann beginnen sie flüsternd das Sirenenlied von einer jungen Krakauer Dame, welche vor Sehnsucht brennt, dich in ihren Salons zu empfangen.

Halb-Asien! In Europa hätte doch wol die Polizei
der schamlosen Kuppelei im Bahnhofe zu steuern gewußt.
Die Glocke läutet zum drittenmale. Der Zug geht
nach Lemberg ab. Es ist 9 Uhr Abends, im Morgengrauen sind wir in der galizischen Hauptstadt. Wahrlich,
es ist überaus menschenfreundlich von der Karl-Ludwigbahn,
daß sie den Eilzug Nachts gehen läßt. Denn einen trost-
loseren Anblick hat man kaum aus dem Coupé irgend
einer Bahn des Continents. Oede Haide, spärliches Ge-
fild, zerlumpte Juden, schmutzige Bauern. Oder irgend
ein verwahrlostes Nest und auf dem Bahnhofe ein paar
gähnende Local-Honoratioren, einige Juden und einige
andere Geschöpfe, denen man kaum noch den Titel Mensch
zuwenden kann. Wer auf dieser Bahn, welche übrigens
derzeit sehr gut administrirt ist, bei Tage reist, wird vor
Langeweile sterben, wenn er nicht vor Hunger stirbt. Wol
gibt es einige Restaurationen auf dieser Strecke ... aber der
Mensch begehre sie nimmer und nimmer zu schauen. ... Ich
selbst habe in Przemysl einmal das allersonderbarste Kalbsschnitzel meines Lebens gegessen. Es war ein gefülltes Kalbsschnitzel, und zwar fand ich da: einen Nagel, stark ver-
rostet, eine Stahlfeder und einen Büschel Haare. Als ich
dem Restaurateur die Corpora delicti unter die Nase
hielt, meinte er höchst gleichmüthig: „Ich weiß nicht, warum
Sie sich so ereifern. Habe ich Ihnen gesagt, daß Sie
sollen essen das alte Eisen? Sie sollen essen das Fleisch!“

Aber wir machen ja die Reise Nachts. Wir verschlafen alle Schrecken dieser Landschaft und dieser Kalbsschnitzel. Erst im Morgengrauen weckt uns der Ruf: „Lemberg!" Ein fahler, grauer Herbstmorgen lugt in die hohen, von Schmutz erblindeten Bahnhof-Fenster. Vielleicht ist dies das einzig passende Licht für diese trostlosen Räume. Ich habe selten irgendwo einen so verwahrlosten Raum ge-funden, als die Restauration zu Lemberg. Und diese ver-schlafenen Kellner, die in ganz unsäglichen Toiletten ver-drießlich einherschlurfen! Und diese Tassen, aus denen man den Kaffee trinken muß! Man kämpft wahrhaftig, bis endlich das Bedürfniß siegt, etwas Warmes in den Leib zu bekommen.

Die Leute um uns scheinen freilich nichts von solchen Scrupeln zu empfinden. Es ist ein lebhafter Verkehr in dieser Station, und das Bild verdient wol minbestens in flüchtigen Strichen fixirt zu werden.

Freilich ist das Gewühl noch größer, wenn hier zu Mittag gespeist wird. - Da drängen die Menschen durch-einander, wie bei einer Recrutirung oder einem Jahrmarkt oder vielleicht am richtigsten wie bei einem Fastnachtsballe. Himmel, was für Menschen kann man da sehen, und wie speisen sie zu Mittag! In der Restauration drinnen, da sitzen an den wackligen Tischen, welche gleichfalls, wie in Krakau, mit Landkartentüchern bedeckt sind, die vor-nehmen Reisenden und werden von schmutzigen Schlingeln

mit ölgetränkten Haaren bedient. Da sitzen Bojaren aus
der Moldau mit schwarzen verschmitzten Gesichtern, schweren Goldringen und Uhrbehängen und mit ungewaschenen
Händen. Da sitzen feine, glatte, elegant gekleidete
Herren, welche drei Brote nehmen und eines ansagen
und dann vielleicht einen Gulden Trinkgeld geben. Da
sind herrliche, dunkeläugige Frauen in schweren Seiden-
kleidern und schmutzigen Unterröcken. Dazwischen civilisirte
Reisende aus Deutschland und England, emancipirte polnische Juden, welche gern jüdische Polen sein möchten
und in der Speisekarte vor Allem nach dem Schweine-
braten suchen; langbärtige ruthenische Popen in fettglän-
zenden Kaftanen, elegante Husaren-Officiere, abgeblühte
Cocotten, die nach Bukarest und Jassy gehen, um dort
«ihr Glück zu machen». Und sie Alle essen à la carte
aus der französischen Hexenküche des jüdischen Restaurants
und zahlen ein Heidengeld dafür.

　　Draußen ist das Gewimmel noch größer. Jüdische
Obstweiber preisen schreiend die saftigen Früchte der Ebene,
kleine Judenmädchen betreiben einen schwunghaften Handel
mit Wasser und kleine Judenknaben desgleichen mit Süßig-
keiten. Sie sind sehr regsam. Aber glotzend und theil-
nahmlos stehen die russinischen Bauern und Kleinbürger
hinter ihren Verkaufsständen, wo sie Früchte feilbieten
oder Brot und Wurst. Dazwischen drängen lange, magere,
zerlumpte Jungen, die aus großen grünen Flaschen in

kleinen grünen Gläschen Schnaps feilbieten. Derartiges
genießen die Reisenden der dritten Classe: schmutzstarrende
polnische Juden mit langen Bärten und Hängelöckchen,
unter denen euch oft in typischer Schärfe ein edler Christus-
kopf in die Augen sticht oder ein grinsender Judaskopf;
streitende, schreiende italienische Bahnarbeiter; stumpfe,
gleichmüthig vor sich hinstarrende podolische Landleute. An
den Thüren aber stehen die Elegants von Lemberg und
näseln Bemerkungen über die Damen. Polnische Gepäck=
träger schleppen kleine Kofferchen unter Aechzen und Stöhnen ab und zu; jüdische Lohndiener preisen die prachtvollen
Hotels des Ortes, und jüdische Lohnkutscher ihre überaus
vortrefflichen Wagen. Dazwischen brüllt eine volhynische
Ochsenheerde, die man eben nach Wien verladet. Kurz
— ein Hexensabbath und ein Höllenconcert.

... Heute, im Morgengrauen ist es weit stiller.
Das Ungeziefer, welches den Reisenden in der Krakauer
Vorhalle anfällt, die «Factoren», fehlen gänzlich. Auch
bei Tage sind sie in Lemberg minder sichtbar. Lemberg
ist auch in dieser, wie in jeder anderen Beziehung rein=
licher als Krakau. In der galizischen Hauptstadt liegt
wenig Unrath in den Straßen. Desto dichter ist er leider
in den Spalten mancher Blätter aufgehäuft, die in Lemberg
erscheinen.

... Der Eilzug geht nach Czernowitz ab. Die Fahrt
ist trostlos langweilig, und was zwischen Krakau und

Lemberg die Nacht milde verhüllt, das zeigt hier in Ostgalizien der Tag erbarmungslos klar: die kahle Haide, die
ärmlichen Hütten, den Mangel jeglicher Industrie und
Cultur. Es ist gut, wenn man sich in Lemberg mit Lectüre versorgt. Freilich ist die Auswahl, welche man dort
im Bahnhofe treffen kann, eine sehr beschränkte. Es werden zwei Sorten Literatur feilgeboten: Obscönitäten und
Hetzschriften gegen die Juden. Man hält eben auf Lager,
was Absatz findet! Aber wie charakteristisch ist der kleine
Broschürenschatz für die Verhältnisse in Halb-Asien!

Auch auf dieser Strecke kann man sich im Hunger
üben. Ein österreichischer General und ich, wir waren
bereits in gelinder Verzweiflung, als wir endlich in Stanislau einfuhren. Aber auch da bekamen wir nichts, als
ein Glas Branntwein und ein Stück Brot. Noth lehrt
Schnaps trinken.

Das ist aber auch. die letzte Prüfung. Die Haide
bleibt hinter uns, den Vorbergen der Karpathen braust
der Zug entgegen und über den schäumenden Pruth in
das gesegnete Gelände der Bukowina. Der Boden ist
besser angebaut und die Hütten sind freundlicher und reiner.
Nach einer Stunde hält der Zug im Bahnhofe zu Czernowitz. Prächtig liegt die freundliche Stadt auf ragender
Höhe. Wer da einfährt, dem ist seltsam zu Muthe: er
ist plötzlich wieder im Westen, wo Bildung, Gesittung und
weißes Tischzeug zu finden. Und will er wissen, wer

dies Wunder vollbracht, so lausche er der Sprache der Bewohner: sie ist die deutsche. Und er sehe zu, zu welchem
Feste sie rüsten: zu einem Feste des deutschen Geistes *).

Der deutsche Geist, dieser gütigste und mächtigste
Zauberer unter der Sonne, er — und er allein! — hat
dies blühende Stücklein Europa hingestellt, mitten in die
halbasiatische Culturwüste! Ihm sei Preis und Dank!!

*) Geschrieben im September 1875, vor der Czernowitzer Jubi-
läumsfeier. Vgl. die Stizze „Ein Culturfest".

Zwischen Dniester und Bistrizza.

„Zwischen Dniester und Bistrizza . . ." wer weiß, wer das alte Jubellied ersonnen und zu welches Woben Ruhm? Sein Angedenken ist verklungen, sein Name steht nicht eingeschrieben in der Welt Geschichten, verrauscht ist längst der Jubel, aber noch singen sie, droben auf den felsigen Höhen, zwischen denen der wilde Czeremosz schäumt, und in der grünen Wüstenei des Lungul und drunten im lachenden Sereth-Thal:

Zwischen Dniester und Bistrizza
Freu'n sich alle braven Leute,
Und in Waffen geh'n die Männer
Und in Seide geh'n die Frauen,
Geh'n in Seide und in Blumen,
Und sie rufen: Heil uns, Heil!
Preis und Dank dem großen Woben,
Der uns aus der Noth gerettet. . .

War's Polennoth? War's Türkennoth? Und wer war der große Wode? . . . Unverstanden, inhaltlos klingt das Lied durch den Karpathenwald, durch die Buchenhaine der Niederung. Aber heute*) ist wieder einmal ein Tag,

----

*) Die Skizze ward zum 7. Mai 1575 geschrieben, zum hundertsten Jahrestage der Vereinigung der Bukowina mit Oesterreich.

da das alte Lied wieder zu schöner Wahrheit wird, da
neuer Geist und Sinn in die alten Reime kommt! Denn
heute ist ein Tag des Gedächtnisses, an dem in der That
Alle, Alle, die drüben im schönen entlegenen «Hochland
im Ost» in Licht und Frieden wohnen dürfen, aus ganzem
Herzen rufen: „Heil uns, Heil!" Alle, nicht etwa blos
ergebenste Loyalitätsmenschen, sondern jeder Vernünftige,
der seine Augen zum Sehen gebraucht, der Umschau hält
in der eigenen blühenden Heimat und dann über die
Grenze hin, nach Ost und Süd: in's veröbete, verdumpfte
Bessarabien, in's entnervte, unglückliche Rumänien! . . .
Ja, Preis und Dank dem «großen Woden», der seine
Hand über dieses Land gestreckt und es aus der Noth der
Barbarei gerettet, dem Herrscher, der in der That ein
großer, edler Mensch gewesen, dessen eiserne Hand „den
Völkern eine Rose bot" — Preis und Dank dem «Woden»
Josephus! Seines Namens war er der Zweite, seines
Herzens und Geistes für alle Zeit der Erste! Lebendig
gilt er der Sage, und sein Gedächtniß wird nie ersterben;
aber inniger denkt Niemand seiner, als die «braven Leute
zwischen Dniester und Bistrizza»! Und nun gar heute!
Denn heute sind es hundert Jahre, da des Herrschers
Mühen und Ringen um diese Landschaft endlich Abschluß
und Erfolg gefunden: am 7. Mai 1775 ist die Bukowina
an Oesterreich gekommen.

In Allem ist das uralte Lied wieder neu und giltig

geworden, nur in Einem nicht: heute gehen drüben am
Pruth und der Suczawa die Männer nicht im Waffen-
schmucke, die Frauen nicht in «Seide und Blumen» — es
ist eine stille Feier, und laut und prächtig soll sie sich erst
in jenen Tagen entfalten, da das Reich der Provinz
nachträglich zu ihrem Festtage das Ehrengeschenk darbringt,
das schönste und nützlichste, das man auszusinnen vermocht:
die neue deutsche Hochschule im Osten, die «Universitas
Czernoviciensis!»... «Prächtig», sagte ich, würde das
Fest jener Herbsttage sein, und ich weiß doch gut, daß das
ferne Hochland wohl schön ist, aber nicht eben reich und
gar so abgeschieden von der großen Welt, daß die armen
Leute beim besten Willen nicht solchen Prunk und Glanz
aufbringen können, wie sie sicherlich gerne möchten! Aber
das Wort nehme ich nicht zurück. Denn eine Feier, bei
der sich jede Brust stolz hebt und jedes Auge freudig leuchtet,
bei der kein Hochruf erzwungen ist und kein begeistertes
Wort erlogen, eine solche Feier darf man wohl prächtig
nennen, ohne Rücksicht auf die Zahl der Teppiche und
Fahnen! Und solcher Geist wird durch jene Herbsttage
wehen; dieses Land ist dankbar und treu und verdient
seine Bezeichnung als «Tirol Ostösterreichs» nicht blos
seiner landschaftlichen Schönheiten wegen.... Wol gibt
es Menschen im Lande, welche anders denken und der
Säcularfeier die Todtenfeier für irgend einen balischen
dunklen Ehrenmann demonstrativ entgegenstellen; zwei

ganze Dutzend dürften es sein — «nationale Politiker»
nennen sie sich selbst; «Hochverräther» werden sie von den
Anderen genannt. Aber beide Namen scheinen mir überaus unpassend. Ein nationaler Politiker ist ein achtungs-
werther Mann, der beharrlich und besonnen ein Edelstes
und Höchstes erstrebt: Sicherung und Blüthe seines Volksthums — und selbst zu einem ganzen Hochverräther gehören ganze fünf Sinne! Aber wer heute, im Jahre des
Heils 1875, ernstlich anstrebt, daß die deutsche Cultur in
der Bukowina ausgerottet werde, daß das Land an Rumänien falle, der ist kein Hochverräther, welcher Strafe verdient, der ist von Gott gestraft genug und verdient im
Gegentheile eine tägliche ausgiebige Douche und den
kostenfreien Aufenthalt in der einsamen Zelle eines nützlichen sanitären Instituts, zu dem es das Buchenland
freilich leider noch nicht gebracht hat. . . .

Eine Landes-Irrenanstalt also haben sie drüben noch
nicht, aber ein schönes Culturleben haben sie und Rechts-
sicherheit und geordnete Sitte und bürgerliche Freiheit!
Wie · eine Oase liegt dies Ländchen mitten in der Wüste
östlicher Uncultur. Wahrlich, wenn der Bukowinaer so
dankbar und so treu ist, so hat er auch allen Grund dazu — mehr Grund, sag' ich offen, als der Bürger eines
anderen Kronlandes! Nicht etwa, daß hier die k. k. Verwaltung durchwegs von besserem Geist erfüllt gewesen als
anderwärts — auch hier blieb sie sich gleich in ihren ge-

ringen Vorzügen und großen Schwächen. Aber zwei Dinge
gibt's, für welche der Bukowinaer dem österreichischen
Staate allzeit verpflichtet bleiben muß: Erstens für — den
7. Mai 1775! Ja, schon die Thatsache, daß dies Land
nicht bei der Moldau blieb, sondern an Oesterreich kam,
wiegt schwer genug! Zweitens für die treffliche Art, in
der Kaiser Joseph das Land colonisirt, für den genialen
Blick, mit dem der große Monarch das Verhältniß der
Nationalitäten festgestellt. Die Bukowina ist ein kleines
Ländchen, und was Joseph dafür gethan, steht in keinem
Geschichtsbuch zu lesen, aber wer sich in die vergilbten
Acten aus jener Zeit vertieft, in die Berichte der k. k.
Militär-Verwaltung und des Herrschers Entscheide hier-
über, dem tritt es fast überwältigend entgegen, wie weit,
wie scharf, wie weise diese Kaiseraugen geblickt . . .

Das kann man von den Augen der k. k. Verwalter,
der Herren Kreishauptleute und Landes-Chefs freilich nicht
immer sagen. Einiges haben sie gefördert, Manches wol
auch gehindert — die Hauptarbeit haben sie wahrhaftig
nicht gethan! Es war dies auch zum Glück nicht nöthig,
denn wenn es nöthig gewesen wäre, dann — siehe Ostgalizien, siehe Oberungarn . . . Aber hier war ein rich-
tiger Grundstein gelegt, und die Erbgesessenen und die
Colonisten schafften selber fröhlich weiter, und es war
Segen über ihrem Werke, weil sie dabei Frieden hielten
und sich nicht um Glauben oder Sprache die Köpfe blutig

schlugen. So war das Jahrhundert, welches heute voll
wird, für die Bukowina eine Zeit emsigsten, gesegnetsten
Fleißes, eine Zeit währenden, wachsenden Gedeihens. Und
so mag der Bürger dieses Landes heute dankbar jenes
Tages gedenken, da für die Bewohner ein menschenwür-
diges Dasein begann, aber noch dankbarer der Arbeit seiner
Ahnen und Väter, und stolz der eigenen Arbeit. Wol wird
sich auch die ferne, düstere Vergangenheit vor sein Auge
stellen, und dann, wie sich jener 7. Mai 1775 gefügt,
aber lieber wird er bei der schöneren Gegenwart verweilen.
Und genau so will ich's halten in diesem Gedenkblatt zum
Festtag des schönen, merkwürdigen Berglandes ...

Düster und traurig ist die ferne Vergangenheit des
Gaues zwischen Dniester und Bistrizza, der «oberen
Moldau» — der Name «Bukowina» wird auch just heute
erst hundert Jahre alt. Düster und traurig! Unsäglich
viel ward auf diesem Boden gedrängt und geschlagen; hier
ging die große Völkerstraße von Ost gegen West. Hier
wanderte — wer mißt, seit welchen Tagen? — das sar-
matische Nomadenvolk der Skythen von Trift zu Trift,
bis die Geten, germanisches Kriegervolk, sie schützend und
knechtend zugleich unter ihnen Wohnsitze nahmen — die
«Königsskythen» Herodot's. In diesem Hügellande staute
sich die wüste grimme Völkerwelle der Bastarner, immer
wieder in römisches Gebiet herabfluthend, dann eingedämmt,
endlich spurlos verfluthend im Völkermeere des Weltreiches.

Das hatten zuerst oberflächlich die Waffen der Legionen bewirkt, dann gründlich jene der Cultur. Wo dem Cäsaren-staate die Marken gestanden, ob dies oder jenes Stücklein noch dazu gehört, darüber wird noch heute mit großer Galle und Gelehrsamkeit gestritten; gewiß ist, daß mindestens die Landschaft südlich des Hierasos — Pruth heißt heute der rasche, blaue, wilde Bergfluß — dem Einfluß römischer Cultur nicht entrückt gewesen. Freilich war es nur dünner Firniß, den die Weltgebieter schlau, rasch und energisch den Unterjochten aufgebrückt, und er barst und fiel ab, als nun von Osten her, dröhnend, verderbend, reinigend wie ein Gewitter, die neuen Herren der Welt gezogen kamen — die Germanen, die Gothen. Zu «Suozawe» (Schönau) hielten ihre Könige Hof, das Christenthum erblühte und mit ihm auf dem Boden eines starken unverderbten Volks-thums mälig eine neue Cultur. Aber sie endete jäh und gräßlich unter den Hufen der Hunnenrosse, und was nun vom vierten bis ins vierzehnte Jahrhundert folgt, ist eine Kette unsäglicher Gräuel: ein Volk drängte und mordete das andere, bis es selbst ertränkt ward von einer neuen Völkerwelle von Osten her. So sind Gepiden und Avaren, Bulgaren und Chazaren, Magyaren und Petschenegen, Kumanen und Uzen, Mongolen und Tataren gekommen und gegangen; wie eine einzige, ewig lange, grauenvolle Nacht liegt dies Jahrtausend dem Blicke des Spätgeborenen von einem kümmerlichen Lichtblitz erhellt: dem helden-

müthigen, selbstlosen Kampfe des deutschen Ritter-Ordens
für Bildung und Christenthum. Aber über die Trümmer
seiner Burgen zu Niamtz und am Zezin, über die Leichen
der Ritter flutheten die Horden der Mongolen. Als sie
sich verlaufen, da war das Land eine Wüste, überaus spärlich bewohnt von Ueberbleibseln all der Völker, welche
diesen Boden mit ihrem Blute gedüngt. Doch den Herren-
losen kamen bald, diesmal von Westen her, neue Gebieter:
rumänische Hirten und Jäger stiegen aus der Marmaros
in das Thal der Moldava hinab und gründeten hier unter
Dragosch, dem Häuptling ein neues, von Felsen umfrie-
betes Gemeinwesen. Aber die Ebene lockte sie, aus den
Hirten wurden Krieger, das Völker-Bruchgestein am Sereth
und Pruth konnte ihnen nicht widerstehen, und so entstand,
anfangs genau in den heutigen Grenzen der Bukowina,
ein streitbarer Staat: die Moldau, der bald mächtig gegen
Ost und Süd wuchs. Unter Stephan dem Alten erreichte
der Rumänenstaat die größte Blüthe, welche ihm bisher
gegönnt gewesen, und so mag sein Volk diesen Fürsten
immerhin den Großen nennen: er schlug den Feind in
Nord und Süd, in Ost und West — dem Polen und dem
Türken, dem Ungar und dem Kosaken war der «Kara
Bogdan» (der «schwarze Stephan») gleich fürchterlich.
Aber auch in Dingen des Friedens war er stark und weise,
er vollendete muthig alles Gute, was die Ahnen schüchtern
begonnen, er mehrte die Bevölkerung seines Landes durch

Aufnahme von Armeniern, Pokutiern und Zigeunern, er
gab Gesetze und handhabte sie gerecht. Seine Regierung
ist der Glanzpunkt rumänischer Geschichte, und einsam ragt
aus diesem unglücklichen Volksthume diese groß, kühn und
stolz geartete Heldengestalt, furchtbar einsam! — so sehr
es dieses Volk bedurft hätte, ein „Stefan cel mare" ist
ihm nicht wieder geboren worden!.... Was der gewaltige
Mann geschaffen, hat kurz gewährt; unter seinen nächsten
Nachfolgern schon brach Alles zusammen: die Moldau ward
zur türkischen Provinz, die Landschaft zwischen Dniester
und Bistrizza zum Schlachtfeld, auf dem sich der Türke
mit dem Polen maß oder der abgefallene tatarische Hospodar mit seinem osmanischen Zwingherrn. Oder es erhoben sich einige Bojaren, zogen vereint gegen Suczawa,
die Fürstenstadt, schlachteten vereint den Hospodar ab
sammt Weib und Kind, schlugen sich dann aber grimmig und
getrennt herum, wer nun Hospodar sein, zu deutsch: wer nun
das Land aussaugen und zertreten dürfe. Denn ärger als
die Kriegsnoth war jene des Friedens, das scheußliche, ent-
nervende, durch und durch verderbte und verderbende
Walten der eingebornen, im Namen des Sultans gebieten-
den Machthaber. Jede Zeile in den Geschichten jener Tage
kündet unsägliche Gräuel, es war ein beispielloses Morden,
beispiellose Verderbniß. Alle Bande des Volksthums, alle
Bande der Familie lösten sich, es war ein Wüthen Aller
gegen Alle. Grauenvolle Nacht lag über dem Lande. Da

brach jäh und unverhofft ein Lichtstrahl herein: die Besetzung durch die Oesterreicher.

Das war am 1. October 1774. Zunächst schafften
sie mit eiserner Hand Ordnung, steuerten dem Rauben
und Morden, schützten die Sicherheit des Besitzes. Sieben
Monate darauf folgte die formelle Erwerbung: vor hundert
Jahren, durch den Vertrag zu Konstantinopel, abgeschlossen
zwischen dem Großvezier Izzed Mechmet Pascha und dem
Gesandten Freiherrn v. Thugut. Dieser listige Diplomat
hat damals, wie überhaupt während seines Wirkens am
Goldnen Horn seinem Namen Ehre gemacht; später freilich und zu Wien hat er's verdient, daß ihn der Volks-
mund den Thunichtgut taufte.

Diese Besetzung und diese Erwerbung — es ist eine
etwas eigenthümliche Historie. In solcher Art, wie die
Bukowina, ist kein anderes Land an Oesterreich gekommen. Und es gibt überhaupt in aller Geschichte nicht
viele solche Fälle! Denn daß befreundete Souveräne einander im Frieden Pferde oder Edelsteine bescheeren, kommt
vor; aber daß einer dem anderen ohne jegliche äußere Ver-
anlassung einhundertunbachtzig Quadratmeilen schenkt, ist
doch etwas curios. Die Bukowina ist ein Geschenk des
Sultans an Joseph, selbst nach strengster juristischer Defi-
nition ein Geschenk, weil ganz freiwillig gegeben, aber —
es ist doch eine eigenthümliche Historie, so recht eine Staats-
action im Geiste jenes Säculums. . .

Man weiß, damals rangen mit einander zwei Richtungen der Politik in Oeſterreich, beide durch groß angelegte
Herrſchernaturen repräſentirt; rückſichtsvoll rangen ſie, aber
es war doch ein ewiges Ringen zwiſchen der großen Kaiſerin
und ihrem größeren Sohne. Maria Thereſia hing an den
alten Traditionen und dem alten Haß; Joſeph erkannte,
daß im Bündniß mit Preußen, in der Verſtändigung mit
Rußland die Gewähr für das Erſtarken Oeſterreichs liege,
und vor Allem für deſſen Vergrößerung. Vor Allem hiefür: nach Mehrbeſitz ſtand ſein Sinn aus Stolz wie aus
Staatsraiſon. Heute denken wir anders; nicht in der
Zahl, in der Harmonie der Maſſen und ihrer Homogenität
liegt uns der Quell der Macht, und gewaltig ſchreitet die
Idee der Nationalitäten durch unſer Jahrhundert. Dem
großen Kaiſer lag ſie ferne — ſehr begreiflich, weil er ein
Oeſterreicher war; hatte ſie doch auch der Preuße nicht,
der große König ganz und gar nicht, wenn auch heute
ſehr viele Hiſtoriker ſehr Vieles über Friedrich's nationale
Politik zuſammenfabuliren. Aus Stolz wie aus Staatsraiſon, ſagt' ich, ſtrebte Joſeph nach Mehrbeſitz, und überdies lockte die leichte Gelegenheit. Da lag im Südoſten
der ohnmächtige Osmanenſtaat, da lag im Oſten das
doppelt ohnmächtige Polen, nur noch durch die Eiferſucht
der drei Nordmächte im elenden Daſein geſchützt. Heftig
rangen Mutter und Sohn, bis Joſeph die Theilnahme
an Polens Theilung erſtritt. So kam Halicz und

Wlodimir an Oesterreich, das bergige Pokutien dazu und ein Stück Poboliens.

Aber anders dachte der Kaiser bezüglich der Mittel, türkisches Gebiet zu erlangen. Nur bezüglich der Mittel! — er hat später mit dem Schwerte um Bosnien gekämpft und schon in den Siebziger-Jahren erstrebte er zuerst das Tiefland an der Aluta, später jene Landschaft, deren Er= werbung allerdings sehr wünschenswerth geworden, da sie sich wie ein Keil zwischen Siebenbürgen und das neu= gewonnene Dniesterland einschob, eben die Bukowina. Hatte er Galizien durch den Bund mit Rußland und Preußen erworben, so erlangte er die Bukowina durch den Bund mit der Türkei, auch diesmal wieder mühsam der Mutter Einwilligung erringend. Als Katharina II. 1768 den Krieg gegen die Osmanli begann und ihre Heere Sieg auf Sieg erfochten, da gönnte Maria Theresia im frommen Herzen den Ungläubigen ehrlich alle die Hiebe, indeß Joseph in schwerer Besorgniß den mächtigen Rivalen siegen sah. Darum suchte er Friedrich zu bestimmen, mit ihm vereint bei Katharina für die Vielgeschlagenen zu interveniren. Aber nach langwierigen Verhandlungen ver= sagte Preußen endgiltig seine Hilfe. Indeß war die Ge= fahr immer drängender geworden, die russischen Hiebe immer wuchtiger. Denn wol waren die Feldherren der Czarin erbärmliche Strategen, aber die ihrer Gegner noch viel erbärmlicher — den «Krieg des Einäugigen mit dem

Blinden» hat es Friedrich II. ſpöttiſch genannt. Es hat
da Facta gegeben, die wie Märchen klingen; ſo ergab ſich
z. B. die ſtärkſte Feſte des Oſtens, Chotin, mit 184 Ge-
ſchützen armirt, an — acht Koſaken. Aber Joſeph nahm
mit Recht dieſe luſtigen Facta ſehr ernſt und ſchloß am
6. Juli 1771 mit der Türkei ein geheimes Schutz- und
Trutzbündniß, welches ihr den Beſitz der Moldau und
Walachei garantirte. Die fromme Mutter entſetzte ſich
über den Bund mit den Ungläubigen, aber Joſeph hatte
recht gehandelt; der Tractat war ein Meiſterſtück, er ver-
pflichtete die Türkei zur Dankbarkeit, ohne daß Oeſterreich
Opfer brachte. Denn am 21. Juli 1774 kam zu Kutſchuk-
Kainardſchi der Friede zwiſchen Rußland und der Türkei
zu Stande; die Türkei behielt die Donaufürſtenthümer, die
Ruſſen räumten die Moldau. Aber kaum daß ſie abgezogen,
rückten die Oeſterreicher ein. Stillſchweigend rückten ſie
ein, ohne Proclamation, vielleicht weil ſie ohnehin nur
Wenige im Lande hätte leſen können, vielleicht weil es —
ſonſt ſeine Schwierigkeiten gehabt hätte . . . Und nun
arbeitete Thugut raſtlos, dem Fait accompli geſetzliche
Form zu geben. Was mehr auf den armen Jzzed Mechmet
gewirkt, ob die Vorſtellung, daß die Dankbarkeit eine ſchöne
Tugend, ob jene, daß die öſterreichiſchen Soldaten recht
zahlreich — gleichviel! die Türkei trat die Bukowina freiwillig an Oeſterreich ab, und aus dem Beſitz ward Eigenthum. Ganz freiwillig, im erſten Artikel des Vertrages

steht es klar und deutlich: Pour donner une preuve non
équivoque d'amitié, d'affection et de bon voisinage la
Sublime Porte donne et abandonne et cède à la cour
impériale les terres contenues d'une part entre le
Dniester, le confin de Pocutie, de Hongrie et de
Transylvanie." Man sieht: ganz klar und deutlich steht
es da. Und wann hätten je diplomatische Schriftstücke
gelogen! . . .

Sehen wir uns nun die „preuve non équivoque"
näher an. Einhundertundeinundachtzig Quadratmeilen
waren's, und so mag das Höflichkeitswort des guten Izzeb
Mechmet immerhin als Wahrwort gelten. Aber das Land
war eine Wüste, die spärliche Bewohnerschaft roh und ver-
wildert, die Hauptstadt Suczawa eine Trümmerstätte, das
uralte Sereth veröbet, das junge Czernowitz ein Haufe
Lehmhütten. Es fehlte an Gesetzen und Aemtern, an
Straßen und Schulen, nur an Noth und Räubern war
Ueberfluß. Besonders aber fehlte es an — Bewohnern. . . .

An Allem fehlte es, und für Alles sorgte Joseph, und
trefflich kam die Militär-Verwaltung seinen Aufträgen
nach. Ganz genau kann man dabei verfolgen, was dem
großen Monarchen vorschwebte; nicht blos aus der Barbarei überhaupt wollte er das Land reißen, sondern es
auch als würdiges Glied für das Zukunftsreich gestalten,
welches er plante. Kein deutscher Nationalstaat sollte
Oesterreich werden, aber ein deutscher Culturstaat und alle

Nationalitäten sollte ein versöhnendes Band umschlingen: eine gleichartige Bildung. Darum schaffte er zunächst deutsche Schulen und deutsche Colonisten ins Land. Da- neben kamen aus allen Windrichtungen auch andere Leute daher, Leute jeder Sprache und jedes Glaubens. Allen ward die Wohlthat der Steuer- und Militärfreiheit bis ins neue Jahrhundert hinein; willkommen war Jeder, der arbeiten wollte und dem Gesetze gehorchen und seine Kinder in die Schule schicken. Czernowitz ward Hauptstadt und als solche Sitz der höchsten Bildungsanstalt des Landes, einer — vierclassigen Normalschule (1778 gegründet). Kurz — Alles, was das Land heben konnte, geschah rasch und weise. Sogar für einen geordneten — Adel ward gesorgt, denn das gab's vorher nicht im Lande; «Bojar» nannte sich jeder Reiche, jeder Ochsenhändler und Guts- besitzer, wie dies ja auch heute noch in Rumänien üblich. Nun erhielten einige dieser Bojaren den österreichischen Adelsbrief und ein Wappen dazu. Auch später sind noch einige reiche Ochsenhändler vom Kaiser Franz geadelt worden. Daher wird es auch erklärlich, warum die Söhne und Enkel dieser guten Leute mit solcher Beharrlichkeit hochfeudale Politik treiben. Sie können nichts dafür: das Blut spricht in ihnen! Noblesse oblige. . . . .

Unsäglich viel dankt die Bukowina der Militär-Ver- waltung, weniger, wie erwähnt, der Civil-Administration. Hauptsächlich war es Ein Umstand, welcher die volle Ent-

faltung des Ländchens verhinderte: seine Anschweißung an
Galizien. Wol war es damals noch das deutsch und ver-
nünftig administrirte Galizien, in welchem noch polnischer
Uebermuth nicht seine Allotria treiben durfte. Aber beide
Länder sind doch so grundverschieden, daß bei einer ge-
meinsamen Verwaltung unbedingt das kleinere leiden mußte.
Darum war es immer ein stiller Herzenswunsch der
Bukowinaer, von Galizien loszukommen. Erst im Jahre
1848, wo ja alle stillen Wünsche laut wurden, kam auch
dieser zum Ausbruck. Im «tollen Jahr» waren ja die
Revolutionen in Mode, und so machten auch die «guten
Leute zwischen Dniester und Bistrizza» ihre Extra-Revo-
lution. Etwas eigenthümlich war diese Erhebung und ganz
unblutig, nämlich so: Einige setzten eine Petition auf und
Alle unterschrieben sie, und das Schriftstück ging nach
Wien. Und was forderten sie darin, etwa Preßfreiheit
und Volksbewaffnung? Ach nein! Nichts forderten sie.
sondern sie baten ergebenst: erstens, der Kaiser möge sie
gefälligst künftig nicht auf dem Umwege über Lemberg re-
gieren, sondern direct von Wien aus und durch einen
Landes=Chef in Czernowitz; zweitens, er möge dem Lande
einen Titel und ein Wappen geben, und drittens — hier
erheben sie sich zu drohenbem Drängen — er möge doch
in seiner Huld geruhen, diesen Titel dem seinen beizufügen
und das Landeswappen in das Reichswappen aufzunehmen.
Das gaben sie recommandirt auf die Post, steckten das

Recepisse in die Tasche, und die Czernowitzer Revolution
von 1848 war zu Ende. Die Leute bekamen auch, um
was sie gebeten: einen Landes-Chef nach Czernowitz und
für die Bukowina den Titel «Herzogthum» und als Wappen jenes der Moldau: den goldenen Stierkopf im blau-
rothen Felde. Seitdem heißen auch Oesterreichs Monarchen
«Herzoge der Bukowina», und im Reichswappen findet
sich auch der goldene Stierkopf. Alles haben sie bekommen.
Ja, wenn man sich so gründlich aufs Revolutioniren und
Rebellischsein versteht. . . .

Und dann kamen und gingen einige Landes-Chefs,
und dann ging Einer, welchem keiner mehr folgen sollte;
so plante es Herr Graf Agenor Goluchowski. Aber die
ganz unsinnige und ungerechte Maßregelung, die Anket-
tung an Galizien, dauerte nur so lange, als die Minister-
Herrlichkeit des Herrn Grafen; er ging, und im Februar
1861 kam wieder ein Landes-Chef. Mehrere sind seitdem
wieder gekommen und gegangen, aber nur Einer verdient
hier dankbar hervorgehoben zu werden, der aber voll und
ganz: der Freiherr v. Myrbach. Denn er waltete ebenso
weise als gerecht und energisch, er war mehr als ein
pflichteifriger Chef der Verwaltung, er war ein wahrer
Vater für das Land und hat der Regierung mehr Sympathien erworben, als alle seine Vorgänger und Nachfolger
zusammengenommen. Auch von dem gegenwärtigen Leiter
hört man Gutes, und ich bin gerne bereit, es zu glauben;

ich weiß aus eigener Anschauung, daß Herr v. Alesani
im Trentino ebenso taktvoll als energisch gewaltet

Das wäre in nuce des Ländchens Geschichte. Und
wer dies Hochland, ob auch nur eiligen Fußes, durchstreift,
dem tönt diese Geschichte auf Schritt und Tritt entgegen,
die ferne wie die nahe, die dunkle wie die lichte, nicht
aus todten Denkmalen — die Wucht ewigen Kriegssturms
hat die alten hinweggefegt und neue sind nicht errichtet
worden — sondern aus Sprache und Typus der Bewohner. Seltsam, in unerhörter Mannigfaltigkeit, für welche
die Völkerkunde kaum ein ähnliches Beispiel bietet, setzt sich
diese Bewohnerschaft mosaikartig aus dem Bruchgesteine
all der Nationen zusammen, welche einst über diesen Boden
gezogen. Hier sitzt, als der jüngste und fleißigste Bürger,
als Handwerksmann, Kaufherr und Gelehrter in den
Städten, als Bauer, Winzer und Bergmann in den
Dörfern der Deutsche aller Stämme: aus der Zips und
vom Königsboden, vom Neckar und vom Niederrhein, aus
der Pfalz und vom baierisch-böhmischen Grenzwald. Hier
haust, an Kopfzahl am stärksten, der Russine (Ruthene),
immer mehr nach Süden hinabrückend und schrittweise der
einst zahlreichsten Nationalität des Landes, den Rumänen,
das Wohngebiet beschränkend. An diese beiden Haupt-
Nationalitäten schließen sich, mit ihnen eins in der Sprache
aber so verschieden in Typus und Sitte, daß nur beschränkte
Eitelkeit diese Besonderheit zu leugnen vermag: an die

Ruſſinen das rauhe Bergvolk der Huzulen, der alten Uzen
räthſelhafte Söhne, an die Rumänen Volksſplitter der
Tataren und Mongolen. Ferner in compacten Maſſen
Moskowiter und Magyaren, zahlreich, aber zerſtreut
Armenier und Zigeuner, auch Polen; ebenſowenig fehlen
Griechen und Türken, Bulgaren und Slovaken. Und
ſchließlich iſt noch, von kleinen Häuſlein anderer Nationen
abgeſehen, ein Theil der Juden, die Orthodoxen, nicht
blos als Religions-Genoſſenſchaft zu erwähnen, ſondern
auch als Nationalität. Wer ſich die ethnographiſche Karte
des Ländchens anſieht, dem flimmert's bunt genug vor den
Augen, aber noch bunter ſind die Wege, auf denen dieſe
halbe Million Menſchen dem ewigen Heil zuſteuert —
— römiſch-, griechiſch-, armeniſch-katholiſch; armeniſch- und
griechiſch-orientaliſch; augsburgiſch, helvetiſch und calviniſch;
türkiſch und jüdiſch, kurz nach jeglicher Façon wird man
hier ſelig, oft nach ſonderbarer, wie Popowzen, Unitarier
und Bezpopowzen beweiſen, oft nach gar keiner — es
giebt unter den Zigeunern im Süden erklecklich viele
Heiden!

Wunderbar mannichfaltig wie die Leute iſt auch das
Land. Das baumloſe, weiherreiche Tiefland zwiſchen Dnieſter
und Pruth und die Urwaldnacht der Luczyna, die frucht-
bare Ebene am Sereth und das wildſchöne Waldthal der
Putna, das ſanft gehügelte Gelände um Suczawa und
die unheimliche Felſenöde des Rareu und Dzumaleu —

selten mag größerer Gegensatz in gleich enge Grenzen gebannt sein! Aber nicht blos die äußere, auch die innere
Gestaltung der Erdrinde ist unerhört wechselnd; von dem
ausgebrannten Krater des Dujchor im äußersten Süden
bis zu den Kalkbergen, welche an der Nordgrenze den
Lauf des Dniester geleiten, fehlt kaum irgend eine hervor-
ragende Gesteinsart oder Formation. Selbst Gold findet
sich da und jegliche Gattung edlen Metalls. So ist die
Bukowina auch geognostisch eine Musterkarte.

Wer all dies zusammenfaßt, wird wol selbst zu dem
Schlusse gelangen, daß sich im Laufe dieser Geschichte auf
solchem Boden und bei solchem Völkergewirr Leben und
Verkehr, Sitte und Gesinnung höchst eigenartig gestaltet.
Aber das warmlebendige Leben übertrifft auch hier, wie
allimmer und allerorts, jegliche Vorstellung, und die Bukowina ist — ich spreche dieses Wort wohlerwogen aus —
vielleicht in culturhistorischer Beziehung das interessanteste
Land in Europa. Man kann nicht sagen, daß sich die
einzelnen Volkswellen hier in einen einzigen, seltsam
schillernden Strom vereinigt — im Gegentheil! jede hat
ihre Besonderheit festgehalten. Aber wenn sie sich auch
nicht in einandergemischt, so haben sie sich doch ineinander-
gefügt, und eigenartige Form, eigenartige Färbung des
socialen Lebens ist hiedurch entstanden. Und zwar sind
im Ganzen und Großen Form und Färbung erfreulich und
gedeihlich, so unbehaglich, ja faul auch Einzelnes daran

sein mag. Freilich hätten sich die widerstrebenden Elemente nicht so friedlich ineinandergefunden, freilich würde das Ländchen nicht, wie jetzt der Fall, seine Nachbarn rings umher in jeglicher Richtung menschlichen Strebens überragen, wäre nicht Ein Factor hiebei rastlos spornend, klärend und veredelnd thätig gewesen: das Deutschthum. Es ist in gewissem Sinne das herrschende Element des Landes; es unterdrückt die anderen Nationalitäten nicht, aber es bietet ihnen den versöhnenden, bildenden Einigungspunkt. Es mag auf den ersten Blick erstaunlich sein: Deutsch sind in dem entlegenen, zwischen slavischen und rumänischen Nachbarn eingekeilten Ostländchen Amt und Schule, Deutsch ist ausnahmlos unter allen Gebildeten die Sprache des Verkehrs, und wer an den Ufern des Pruth und der Suczawa den Drang verspürt, zu dichten — und es verspüren hier auffallend Viele diesen Drang, Berufene und Unberufene — der thut's in deutscher Sprache. «Hier muß kräftig germanisirt worden sein», wird Mancher denken. Aber mit Unrecht, sofern man unter «Germanisirung» das Erdrücken eines Volkes versteht oder gar jene traurige k. k. Polizei-Arbeit, welche anderwärts, z. B. in Ungarn, den Namen des Deutschthums geschändet. Wäre das Deutschthum hier auf denselben faulen Grundlagen errichtet gewesen, es wäre auch hier zusammengebrochen wie in Ungarn. Aber hier ruht es auf ethischer und darum unverrückbarer Grundlage, auf ernster, steter, selbstloser Culturarbeit. Manches mag fördernd eingewirkt haben, so insbesondere daß es keine allzu mächtige Nationalität, keine allzumächtige Kirche im Lande gab. Aber die Hauptsache war doch, daß hier die Deutschen selbst gearbeitet, für sich und für die Anderen, und nicht sie allein, sondern mit ihnen alle Guten und Verständigen der anderen Stämme.

... Es war mir liebe Aufgabe, eine rechte Herzensfreude, von dem Lande meiner Jugend, von meiner geliebten zweiten Heimat so viel Schönes und Lichtes berichten zu können. Wol wäre noch Manches hinzuzufügen. Wol wäre es lustig und erbaulich, zu schildern, wie sich in den Köpfen dieser so überaus verschiedenen Menschen ihr Verhältniß zu Land und Reich spiegelt, und auch die neue Hochschule verdiente ausführliche Würdigung. Aber man soll nicht Alles auf Einmal sagen wollen. Nur ein Wort, nur einen Wunsch will ich hier noch beifügen. Wenn wir auf die Vergangenheit dieses Landes zurückblicken, so quillt uns daraus sicherlich eine wohlberechtigte freudige Zuversicht für die Zukunft. Möge diese Zuversicht nicht trügen! Mögen all die Gaben und Gnaden, welche in dieser Landschaft und in diesen Menschen schlummern, zu voller Entfaltung kommen! Mögen all die guten Geister, die es bisher behütet, auch ferner darüber sein: der Friede, die Arbeit, der deutsche Geist! ...

Ein Culturfest.

Das schöne, von äußerem Glanz, wie von innerer Begeisterung erfüllte Fest, welches die entlegene Ostmark Oesterreichs, die Bukowina, in der Oktoberwoche 1875 gefeiert, hat weit über die schwarzgelben Grenzpfähle hinaus Beachtung und warme Würdigung gefunden. Man darf wohl ohne Ueberschwenglichkeit sagen, daß jene ganze schöne, stille Gemeinde, deren Glieder durch Raum und Sprache geschieden, aber im Geiste geeint sind, daß alle Gebildeten dieser Feier ihre herzlichen Sympathien geschenkt. Und mit Recht! Denn das Czernowitzer Oktoberfest galt jener lichten, sieghaften Macht, der alle Guten gern dienen, der Cultur, und jenem Geiste, der zauberkräftig und selbstlos ist, wie kaum ein Anderes auf Erden, dem Geiste der deutschen Wissenschaft.

Eine Doppelfeier war's, die da in der jungen, kräftig aufblühenden Stadt am Pruth begangen wurde. Am 7. Mai 1875 waren es hundert Jahre geworden, seit die Bukowina an Oesterreich gefallen. Es ist wohl begreiflich, daß die Enkel begeistert rüsteten, die Erinnerung an den Tag festlich zu begehen, an dem ihre Ahnen aus

Heloten zu Bürgern, ihre Heimath aus einer Wüſte zur
geſchützten und ſorglich umhegten Provinz eines zivilifirten
Staates geworden. Weil aber das Reich dem Lande zu
ſeinem Freudentage das herrliche Ehrengeſchenk einer Hochſchule darbieten wollte, ſo verſchob man die Jubiläums-
feier und ihren hervorragendſten Act, die Enthüllung des
Auſtria-Denkmals auf den Oktober, weil man da zugleich
das Gründungsfeſt der neuen Hochſchule begehen konnte.
Man that recht daran, denn beide Feſte gehörten zuſammen, und gleicher Geiſt hat ſie durchweht, wie ſie ja auch
aus gleichem Geiſt geboren wurden. Dieſelbe Culturarbeit
im Oſten iſt's, die in doppelter Geſtalt gefeiert wurde
und während das Jubiläum uns vor Augen ſtellt, was
dieſe Beſtrebungen bisher gefruchtet, veranlaßt uns die
Gründung der Hochſchule zu einem Ausblick auf deren
Zukunft.

Jn beiden Fällen ſind es Lichtbilder, die ſich uns
vor Augen ſtellen und mit gerechtem Stolze mag ſie beſonders jeder Deutſche betrachten.

Als Kaiſer Joſef II. im September 1774 ſeinem
Reiter-Obriſten v. Metzler den Befehl gab, den oberen
Diſtrict der Moldau zu beſetzen und vorläufig militäriſch
zu adminiſtriren, als er vernahm, wie dieſer Befehl am
1. Oktober jenes Jahres ausgeführt worden und daß «die
Verpflegung des Kriegsvolkes ſo ſchwer ſei in dieſer Ein-
öde», da träumte er wohl nicht, daß einzig in dieſem ver-

wüsteten Ländchen sich erfüllen werde, was er für seine
gesammten Staaten so heiß erstrebte: die Blüte der gleich-
artigen, deutschen Bildung. Wie bereits erwähnt, ist der
geniale Gedanke des Monarchen, aus Oesterreich einen
deutschen Culturstaat zu machen, nur in der Bukowina
zur That geworden.

Auch die Gründe dafür finden sich auf den vorstehen-
Blättern bereits angedeutet und so mag hier eine knappe
Zusammenfassung genügen. Vor allem war es jungfräu-
licher Boden, den man hier gewonnen. Er hatte keine
andere Signatur als jene des Elends und der Oede, und
so konnte man ihm jede beliebige aufdrücken. Nun ward
diese Signatur durch die mächtige Colonisation aus Deutschland gleich von vornherein eine deutsche, oder doch inten-
siver deutsche, als sie dem gesammten übrigen Osten der
Monarchie aufgedrückt wurde. So ward hier die deutsche
Sprache nicht blos jene des Beamtenthums und der Verwaltung, sondern zum nicht geringen Theil auch Volks-
sprache. Darum fand die Regierung hier auch keinen
Widerstand bei Ausführung ihrer Pläne, ferner gab es
ja auch keine nationale Bildung und darum war deutsche
Bildung hochwillkommen. Was anderwärts ähnliche Be-
strebungen geschädigt und lahmgelegt: historisch-politische
Eigenthümlichkeiten, religiöser Fanatismus, Eifersucht der
anderen Nationalitäten, dies Alles fehlt hier gänzlich.
Als ein Hauptmotor des Erfolgs ist endlich die rührige

Culturarbeit der eingewanderten Deutschen zu betrachten, welche selbst für ihr Volksthum sorgten und nicht dem lieben Gott, noch der lieben Regierung Alles überließen...

Es ist interessant und hocherfreulich, zu sehen, wie sich unter diesem milden starken Einfluß germanischer Cultur während eines Säculums österreichischer Herrschaft alle Verhältnisse des Ländchens zum Guten oder doch zum Besseren gewandelt. Wer die Culturverhältnisse von 1775 mit jenen von Heute vergleicht, kann eine Wandlung konstatiren, wie sie für europäische Verhältnisse nicht häufig. Freilich läßt sich der Beweis hiefür nur durch Zahlen-Colonnen antreten. Aber «Zahlen beweisen», sagt Benzenberg und in diesem Falle ist der Beweis der Mühe werth.

Ich beginne mit dem Schulwesen. Wie es da 1775 aussah, läßt sich sehr kurz zusammenfassen: es gab auch nicht eine einzige Schule. Zwar behauptet Andreas Mikulicz in einer sonst ganz vorzüglichen Ueber-sicht der damaligen Culturzustände, welche im Herbst 1875 als Festgabe erschienen ist, daß in den neununddreißig Klöstern des Landes das Lesen und Schreiben der cyrilli-schen Schrift gelehrt wurde, aber das wird wol eine sehr vereinzelte Erscheinung gewesen sein. Denn diesen hoch-würdigen Herren war ja meist die geheimnißvolle schwierige Kunst des Buchstabirens verschlossen und jedes Buch ein Buch mit sieben Siegeln. Als Oberst Metzler die Grenz-

regulirung in der Bukowina durchführte und sich hiebei
einiger dieser Klostergelehrten als Schriftführer bedienen
wollte, machte er die unliebsame Bemerkung, daß sie eigentlich nur ein Kreuzlein als Namensfertigung hinzuzumalen
wußten. Wer Priester werden wollte, brauchte nur einen
sechsmonatlichen Unterricht in den Ritualien zu genießen
und etwas Gesang zu erlernen und er konnte geweiht
werden. Einige Bojaren im Lande sollen sich griechische
Hauslehrer gehalten haben, die mindestens fertig lesen
konnten. Mehr aber auch nicht!

Und heute! Von der neuen Hochschule abgesehen,
blühen im Lande drei Gymnasien (zu Czernowitz, Radautz,
Suczawa). In Wahrheit sind es aber fünf Anstalten
denn zwei dieser Gymnasien haben Parallelklassen bis zur
Oktava. Das Gymnasium in Czernowitz hat eine Schüler-
zahl, welche jene mittlerer Universitäten übersteigt; diese
Zahl schwankt zwischen 600—700 und darüber. Ganz
dasselbe gilt von der Oberrealschule in Czernowitz, welche
derzeit in ihrem ersten Jahrgang 150 Schüler hat! Außerdem gibt es noch eine Realschule zu Sereth. Ferner finden
sich in Czernowitz noch folgende Anstalten mit durchweg
überstarker Frequenz: Eine höhere Gewerbeschule, eine
landwirthschaftliche Lehranstalt, eine Lehrerbildungsanstalt,
ferner eine Anstalt für Heranziehung weiblicher Lehrkräfte,
eine höhere Töchterschule, eine große Anzahl Volksschulen,
deren es im ganzen Lande an zweihundert gibt. Das

kleine Czernowitz mit einer Bevölkerungszahl von nur
etwa 18,000 Einwohnern, wenn man nur eben die
Städter in's Auge faßt, hat mehr Schulen, als manche
größere Provinzialstadt des Westens und bringt relativ
größere Opfer hiefür, als irgend eine andere Kommune
des Reichs, Wien vielleicht ausgenommen. Auf diesem
Gebiete herrscht ungemeine Rührigkeit und die neue Hochschule wird vollends das geistige Leben fördern und den
ohnehin lebhaften Bildungstrieb zu heller Lohe anfachen.

Greifen wir einen andern Punkt zur Vergleichung
heraus zwischen Einst und Jetzt: die Bevölkerungs-
ziffer. Zur Zeit der Erwerbung durch Oesterreich gab
es da, wie erwähnt, im Ganzen 75,000 Einwohner, vielleicht nicht einmal so viel, da die erste Volkszählung erst
einige Jahre nach Uebernahme des Landes erfolgte. Hievon
waren 35,000 Rumänen, 12,000 Ruthenen, 8000 Menschen verschiedener Nationalitäten, Juden, Armenier, Zigeuner, letztere in besonders großer Zahl. Auch wohnten
in den drei Städten Czernowitz, Sereth und Suczawa
einige deutsche Kaufleute, namentlich Sachsen aus Siebenbürgen. Unter den damaligen „Städten" hat man sich
übrigens nichts weiter zu denken als Orte, wo Lehmhütten
zahlreicher zusammenstanden als anderwärts. In Czernowitz gab es keinen einzigen Steinbau und als da 1776
die Huldigungsfeier erfolgte, mußte hiefür ein Zelt aufgeschlagen werden; es gab keine einzige Stube in dieser

«Landeshauptstadt», welche auch nur zehn Menschen hätte faffen können. Solcher Orte, wo zwar auch Lehmhütten zusammenstanden, aber nicht so zahlreich, also Dörfer, gab es 239. Die Zahl der Lehmhütten im ganzen Lande betrug vier Jahre nach der Erwerbung 12,000, die Zahl der Familien 12,500.

Heute stellt sich die Bevölkerungssumme der Bukowina auf 543,420 Einwohner, welche in 120,380 Familien vereinigt sind. Ein Wachsthum also, wie es für amerikanische Begriffe freilich geringfügig, in Europa jedoch selten ist. Der Nationalität nach leben da im tiefsten Frieden, den einige wenige Heßer vergeblich zu stören suchen: 221,726 Rumänen, 202,700 Ruthenen, 95,091 Deutsche chriftlicher und jüdischer Konfession, ferner 9238 Ungarn, 3260 Lipowaner, 1087 Slovaken, ferner 10,307 Einwohner der verschiedensten Nationalitäten, von denen die Zigeuner und die Polen mit beiläufig je 2000 Seelen am zahlreichsten vertreten sind, während die Türken mit nur 17 Seelen den geringsten Bevölkerungsbruchtheil repräsentiren.

Mächtig haben sich die Städte gehoben. Der Lehmhüttenhaufe, der vor hundert Jahren «Tschernauz» hieß, ist heute die freundliche, zivilisirte deutsche Stadt Czernowitz. Auch Sereth hat sich gehoben, nur Suczawa nicht, die alte Fürstenstadt der Moldau bietet auch heute noch einen trostlosen Anblick. Zwei Marktflecken, Radautz und

Kimpolung, wurden zu Städten erhoben. Die Gesammt-
zahl der Städte stellt sich also jetzt auf 5, ferner jene der
Märkte auf 19, Dörfer gibt es 295, Weiler 193. Die
Anzahl der Häuser stellt sich auf 99,245.

Werfen wir einen vergleichenden Blick auf die Verkehrs-
mittel, auf Handel und Gewerbe. Im Jahre 1775
gab es, wie erwähnt, weder Straßen noch Brücken. Selbst
die Einrichtung der Ueberfuhren ließ Alles zu wünschen
übrig. Die Landwege hatten nur den Zweck, den Verkehr
von Dorf zu Dorf zu vermitteln; die Flüsse waren un-
regulirt und daher als Transportwege gar nicht im Gebrauch. Posten gab es nicht; wer den Andern etwas zu
sagen hatte, kam selbst oder schickte einen Boten. Handel
und Gewerbe lagen gänzlich darnieder. Die Bauern
waren ausschließlich auf das angewiesen, was sie selbst
erzeugten; sie aßen, was sie hatten, und wenn sie nichts
hatten, so verhungerten sie.

Heute durchzieht die Eisenbahn in einer Ausdehnung
von 17.4 Meilen das Land und wenn sie u. A. auch über
die viel berufenen Mihuczeni-Dämme führt, so wird sie
doch von Vielen benutzt. Auch wird der Süden des Landes
wohl nicht allzulange auf eine neue Bahn, die Verbindung
mit Siebenbürgen, zu harren haben. Die Reichsstraßen,
die trefflich erhalten werden, betragen 54 Meilen, die
Konkurrenzstraßen 69 Meilen, die chaussirten Gemeinde-
straßen 101 Meilen. Vier große und zahlreiche kleine

Brücken, ferner Ueberfuhren erleichtern den Verkehr. Die Flüsse des Landes sind in einer Ausdehnung von nicht weniger als 86 Meilen mit Flössen beschiffbar und auf diesen Wasserstraßen wandern insbesondere die herrlichen Buchen und Tannen dieses Berglandes an die untere Donau hinab und in die Schiffswerften am schwarzen Meer. — Ferner besteht im Lande eine Postdirektion mit 78 Postämtern und eine Telegraphendirektion mit 18 Telegraphenstationen. Handel und Gewerbe blühen und haben insbesondere in den letzten Jahren fröhlichen Aufschwung genommen. Die bereits erwähnte fleißige Arbeit von Mikulicz gibt die Zahl der Handeltreibenden mit 3718, die Zahl der Gewerbetreibenden mit 5227 an, von denen 141 sich mit dem Transport beschäftigen. Es sind 22 Dampfmaschinen im Betriebe und 56 Dampf= kessel in Branntweinbrennereien. Der lebhafte Handel hat eine internationale Bedeutung und über Czernowitz geht größtentheils der Verkehr Rumäniens mit Deutsch= land. ·

Erwähnen wir ferner, was bei einem Agrikulturlande unerläßlich, wie sich der Stand des Ackerbaues von 1775 zu dem von 1875 verhält. Von der Gesammt= Area von 1,816,163 Joch entfielen auf verbaute Flächen, auf Gärten und Aecker 375,729 Joch, von denen aber mehr als die Hälfte regelmäßig brach lag — es fehlte gleichermaßen an Arbeitslust wie an Arbeitskraft. Auf

Wiesen entfielen 140,000, auf Hutweiden 240,000, auf
Waldungen 920,000 Joch, während 69,000 Joch von
Sümpfen bedeckt waren, und der unproduktive Boden einen
Flächenraum von 71,454 Joch einnahm. Produzirt wur-
den 700,000 Metzen Mais, 100,000 Metzen Hirse, 80,000
Metzen sonstiges Getreide (besonders Weizen). Der Er-
trag der Obst- und Gemüsegärten war ein geringer, edlere
Obstsorten kannte man gar nicht. Die prächtigen Wälder
lagen ohne jeden Ertrag, ganz sich selbst überlassen, keine
Spur von einer Forstkultur, nicht einmal von einer rohen
Ausnutzung; achtlos ließ man die herrlichsten Baumstämme
vermodern. Der Viehstand betrug 12,000 Pferde, 91,000
Rinder, 130,000 Schafe und Ziegen, 10,000 Schweine,
6000 Bienenstöcke. Der Bergbau wurde nicht rationell
betrieben, man hieb nur auf, was zu Tage lag, und das
gab etwa 150 Zentner Eisen. Sehr primitiv war die Be-
nutzung der zahlreichen Salzquellen des Landes; das Salzwasser wurde geschöpft und gleich in dieser Form als Würze
benutzt; an ein Versieden dachte Niemand. Uebrigens war
dieses Salzwasser von den moldauischen Hospodaren mit
einer hohen Steuer belegt. Diese Leute besteuerten Alles;
es ist ein wahres Wunder, daß sich diese Blutegel nicht
jeden Athemzug Luft bezahlen ließen.

Heute umfassen die Bauparzellen, dann Gärten und
Aecker 481,185 Joch. Also anscheinend nur eine Vermeh-
rung um ein Drittheil, in Wahrheit aber um circa 75

Perzent, denn nun liegen nur 4 Perzent der Aecker brach.
Auf Wiesen entfallen derzeit 281,896 Joch, auf Hutweiden
198,640 Joch. Die Waldungen haben sich etwas ver-
mindert, auf 810,820 Joch. An Sümpfen sind blos 381
Joch verblieben; durch diese Kulturarbeit haben sich insbesondere die Lipowaner große Verdienste um das Land
erworben. Der unproduktive Boden bedeckt jetzt nur noch
43,341 Joch, und zwar mit Einschluß der Gewässer,
Straßen, Wege, Schotterbänke, Felsen u. s. w. Der Acker-
bau produzirt derzeit an Weizen 173,240, an Roggen
577,255, an Mais 1,648,992, an Gerste 476,442, an
Hafer 652,894, an Heidekorn 104,693, an Hülsenfrüchten
38,143, an Kartoffeln 2,301,120, an Oelsamen und Anis
59,285, an Kleesamen 12,397 Metzen. Ferner an Tabak
1349 Zentner, an Heu und Grummet 3,968,790 Zentner,
an Kleeheu 769,987 Zentner. An edlem Obst wurden
25,778 Metzen gewonnen. Auch der Weinbau wird eifrig
betrieben. Die Bukowinaer Traube ist sehr süß, was
sich vom Weine gerade nicht sagen läßt. Wahrscheinlich
liegt dies an der unrationellen Art der Pressung und
Klärung.

Die Waldungen geben jährlich 511,767 Kubikklafter
Brennholz und 16,036 Kubikklafter Bau- und Werkholz.
An Vieh werden gezüchtet: 42,813 Pferde, 242,424 Rinder, 216,699 Schafe und Ziegen, 135,885 Schweine,
17,091 Bienenstöcke. Der Bergbau wird rationell be-

trieben, freilich werden die Schätze, die in dieſem Boden
ſchlummern, noch lange nicht ſo ausgenützt, wie ſie es
verdienen und reichlich lohnen würden. Der Bergbau
liefert 21,095 Zentner Kupfererze, 200,621 Zentner Eiſen=
erze, 6627 Zentner Braunſtein, 28,982 Zentner Stein=
ſalz. Der Jahreswerth der durch die Urproduction ge=
wonnenen Produkte erreicht 36,209,434 fl. ö. W.

Stellen wir ferner die Cultus-Verhältniſſe von Einſt
und Jetzt in Parallele. Die griechiſch-orientaliſche Kirche
war im Jahre 1775 die unbedingt herrſchende, zu ihr
bekannten ſich etwa 67,000 Einwohner. Der Reſt, alſo
etwa 8000 Seelen, gehörte verſchiedenen Confeſſionen an,
die Mehrzahl waren Juden, einige Hundert (Zigeuner)
waren Heiden. Die Katholiken hatten (noch aus der
Polenzeit her) eine einzige Kapelle in Suczawa, die Juden
hingegen durften keine Synagoge errichten. Um ſo üppiger
florirte der Cult der herrſchenden Religion, ſie hatte einen
Biſchof zu Radautz, ferner 186 Pfarrer und 140 Hilfs=
prieſter. Aber das iſt noch lange nicht Alles! In dem
armen Ländchen beſtanden 39, ſage neununddreißig
Klöſter, ſo daß beiläufig auf je 1500 Gläubige ein Kloſter
kam, ein Verhältniß, welches nicht auf dem ganzen Erdball
und zu keiner Zeit ſeines Gleichen findet! Von dieſen Klö=
ſtern waren 31 zur Aufnahme von Mönchen (ſämmtlich nach
der Regel des heil. Baſilius) beſtimmt, in den übrigen
8 Klöſtern hauſten nach derſelben Regel Nonnen. Im

Ganzen gab es im Lande zur Zeit der ersten Erbhuldigung, also zwei Jahre nach der Occupation und nachdem die frommen, aber rohen und stark verkneipten Väter massenhaft nach der Moldau geflüchtet und den größten Theil der Kirchenschätze mitgenommen, 466 Mönche und 88 Nonnen, für das Jahr 1775 aber kann man ihre Anzahl mindestens auf 2000 anschlagen, sobaß beiläufig jedes dreißigste Männlein oder Weiblein Mönch oder Nonne war. Dieses Heer von Nichtsthuern wurde aus den Klostergütern erhalten — zwei Drittheile des Landes gehörten den Klöstern oder waren an sie verpfändet oder verliehen!

Natürlich hat der Josefinismus in diesem Augiasstall gehörig aufgeräumt. Die Nonnenklöster wurden sämmtlich, die Männerklöster bis auf drei gesperrt. Die letzteren bestehen noch heute, doch stellt sich die Zahl der Mönche in allen zusammen nur auf 30—40; das hervorragendste ist Putna, geringer an Zahl und Gut sind Suczawiza und Dragomirna. Das Vermögen der Klöster wurde eingezogen und daraus der griechisch-orientalische Religionsfond gebildet, einer der reichsten Fonds der Monarchie mit ungeheurem Guts-, Haus- und Bergwerkbesitz. Aus den Erträgnissen werden nicht nur sämmtliche Cultusbedürfnisse der griechisch-rechtgläubigen Bewohnerschaft bestritten, sondern auch viele Schul- und Wohlthätigkeits-Institute, welche allen Confessionen zu Gute kommen, erhalten. Auch heute ist die griechisch-orientalische Kirche an Bekennern (407,311

Köpfe, deren Seelsorge von einem Erzbischof und etwa
300 Pfarrern besorgt wird) die stärkste, aber sie ist nicht
die herrschende; es gibt keine herrschende Confession in
der Bukowina und eben darum herrscht ungetrübtester
religiöser Friede im Lande — trotz oder — wegen der
Vielfältigkeit der Glaubensbekenntnisse. Außer den Griechisch-
Orientalen leben noch im Lande 84,481 Seelen anderer
christlicher Confessionen: Römisch-Katholische (in 31 Pfarreien), Griechisch-Katholische (in 16 Pfarreien), Armenisch-
Katholische (2 Pfarreien), Armenisch-Orientalische (1 Pfarre),
Protestanten A. C. (4 Pastorate), Protestanten H. C.
(1 Pastorat). Ferner Unitarier, Bezpopowzen und
Popowzen, letztere gar sonderbare Christen, welche in diesem
Buche unter dem stolzen Namen, den sie sich selber beilegen,
als «Leute vom wahren Glauben», nähere Würdigung finden.
Von einem confessionellen Hader oder Vorurtheil findet
sich wie erwähnt im Lande keine Spur, auch die
50,000 Juden erfreuen sich der vollständigsten sozialen
Gleichberechtigung und vergelten dies durch redliche und
erfolgreiche Arbeit an allen Zweigen des öffentlichen Lebens.
Der Jude in der Bukowina steht sozial, politisch und
moralisch ungleich, ja unglaublich höher, als der polnische
oder rumänische Jude, und ich habe Gelegenheit, da wieder
einmal von ganzem Herzen mein Sprüchlein anzubringen:
«Jedes Land hat die Juden, die es verdient» . . .
     Den schärfsten Contrast jedoch bieten Verfassung und

Verwaltung von 1775 und von heute. 1775 war die Bukowina ein Theil des Fürstenthums Moldau, einer türkischen Provinz also, die an habgierige Hospodare vermiethet wurde. 1875 ist die Bukowina das gleichberechtigte Glied eines konstitutionellen Culturstaates! Wer die Verhältnisse der Bukowina mit jenen ihres Stamm- und Nachbarlandes Rumänien vergleicht, der wird den Enthusiasmus begreiflich finden, mit dem die Bewohner des gesegneten Ländchens die Erinnerung an den Tag begingen, der sie aus jenem unseligen Staatswesen löste und dem Kaiserstaate einfügte.

Aber in gleichem Grade galt dieser Enthusiasmus auch der Gründung der neuen Hochschule. Die Stiftung der Francisco-Josephina bildete den würdigen Höhepunkt und Markstein der abgelaufenen hundertjährigen Cultur-Epoche und giebt die Gewähr eines dauernden geistigen Ringens und Strebens.

Nicht als politisches Experiment ist diese Stiftung zu betrachten, nicht als der Versuch, im entlegenen Osten neuerdings eine Politik zu inauguriren, welche in Galizien und Ungarn gescheitert. Es ist ein wirkliches, thatsächliches, dringendes Bedürfniß, dem die neue Hochschule entsprechen soll. Die Bukowina ist ein ansehnliches Land mit deutscher Verkehrssprache und — die nächste deutsche Hochschule war bisher fast 150 Meilen fern! Wenn der deutsche oder deutsch-sprechende Sohn dieses Landes nicht an der polni-

schen Universität Lemberg oder an der magyarischen Universität
Klausenburg studiren wollte, so blieb ihm nichts übrig, als
sich nach dem fernen, kostspieligen Wien zu wenden. Das
konnten aber Viele nicht und das Land litt thatsächlich
Mangel an eingeborenen Aerzten, Lehrern und Richtern.
Schon als Landesuniversität also ist die Universität
Czernowitz vollkommen berechtigt und nothwendig und die
Mittelschulen in der Bukowina allein sind im Stande,
ihr eine Frequenz zu sichern, welche die kleiner, deutscher
Hochschulen weit übersteigt.

Aber auch als friedliche Schutzwehr für das bedrohte
deutsche Volksthum im Osten ist die neue deutsche Hochschule aufgerichtet. Der Sohn des galizischen Deutschen,
der Sprosse des wackeren siebenbürgischen Sachsenstammes,
der Deutsche in den ober-ungarischen Comitaten war
gezwungen, entweder an eine Hochschule West-Oesterreichs
zu gehen oder, sofern er dies nicht konnte, sich wohl oder
übel entnationalisiren zu lassen. Man sage nicht, daß es
ihm ja wohl möglich war, seine Studien in anderer
Sprache zu betreiben und deshalb doch ein Deutscher zu
bleiben. Es war dies bei dem nationalen Fanatismus, der
sich insbesondere an den polnischen Hochschulen breit macht,
in der That nicht so leicht möglich und übrigens ist auch unter
uns Deutschen nicht Jeder ein Herman oder Cato. Unser
Volksthum hat auf diese Weise manchen herben Verlust erfahren. Nun ist diesem Unheil ein starker Riegel vorgeschoben.

Aber nicht blos als eine Erhalterin und Mehrerin der deutschen Kraft im Osten kommt die neue Hochschule in Betracht, auch als eine Erhellerin den andern Völkern. Und hierin liegt wohl ihre Hauptbedeutung. Das poli= tische Moment, welches ihr innewohnt, ist kein allzu be= deutendes, aber das culturhistorische Moment ein uner= meßliches. Dem Ruthenen aus Galizien, dem Rumänen aus Siebenbürgen oder den Donaufürstenthümern, dem Südrussen aus Bessarabien und Volhynien wird die neue Hochschule die Ergebnisse deutscher Wissenschaft vermitteln und ihn somit nicht seinem Volke entreißen, sondern zu einem doppelt nützlichen Sohne desselben herausbilden. Auch hierin wird sich die selbstlose deutsche Art bewähren.

Und nun von jenen Festtagen. Hei! wie schimmert es uns in der Erinnerung entgegen, das prächtige Bilder= buch, in dem wir damals festtrunken geblättert, Blätter, so gewaltig, so sinnverwirrend bunt und dabei so schlicht und herzerfreulich! Wir hatten es uns nicht so schön ge= dacht, wir Alle nicht, die wir gekommen, das Fest im fernen Ostlande mitzufeiern. Und mag immerhin in währendem Zeitenlaufe hier eine Farbe verblassen, dort ein Umriß verschwimmen, ganz wird Keinem sein Bilderbuch ent= schwinden. Dafür ist gesorgt.

All jenen, die nicht dabei gewesen, oder Jenen, die gerne eigene Eindrücke mit fremden vergleichen, sei hier ein oder das andere Blatt aus dem Buche aufgeschlagen, das ich mir selbst in den unvergeßlichen Tagen angelegt. Das Fest galt der Erinnerung an die Verlobung, die einst hier der Geist des Westens mit dem Osten gefeiert, und nun, da hundert Jahre gesegneten Brautstandes ins Land gegangen, ward er zum jubelnden Hochzeitsfeste der Beiden. Wie der Strom des Westens den Osten befruchtet, trat in tausend lichten Spuren zu Tage. Aber auch in unvermitteltem Nebeneinander waren sie zu sehen: hier höchste Cultur, dort unverfälschteste Natur. Die drei Octobertage zu Czernowitz waren das heiterste, angenehmste und interessanteste Compendium der Culturgeschichte, welches je erschienen ist.

Halb ein Bilderbuch zur Unterhaltung, halb ein Stücklein Culturgeschichte zur Orientirung — so laßt euch denn die flüchtigen Skizzen gefallen . . .

Vor Allem der ständige Hintergrund: Czernowitz.

Du liebe, junge, unfertige Stadt am Pruth, vielleicht bin ich nicht der rechte Mann, dich zu schildern. Die Stätte, wo man als Jüngling geweilt, hat man lieb wie seine Jugend. Da liegt Alles in Duft und Sonnenschein, wenn man zurückblickt. Wer recht seiner Jugend gedenkt, dem liegt über der kältesten Nacht im Dachstübchen warmer Goldschimmer und über dem härtesten Stück Brotes Bratenduft. Vielleicht geht es mir nicht anders mit dir, du liebe Stadt! Vielleicht habe ich dich zu lieb, deine Schwächen zu sehen.

Aber ich denke, Jeder, der unbefangen diese Stadt besieht und kennen lernt, wird ihrer freundlich gedenken. Auch die Erfahrung bestätigt dies. Nur muß man freilich die Verhältnisse des Ostens kennen. Für den ersten Eindruck, welchen Czernowitz macht, ist es entscheidend, ob man früher eine andere Stadt des Ostens gesehen und ge—rochen oder nicht. Ist Letzteres der Fall, so wird ein Wiener leicht die feine Beobachtung machen, daß nicht aller Comfort des Westens hier zu finden ist. Auch sind in der That am Graben zu Wien die Häuser viel höher und stattlicher als am Ringplatz zu Czernowitz. Aber wer langsam die umliegenden Landschaften durchzieht, hierher zu gelangen; wer Stanislau oder Jassy, Mohilew oder Bistritz gesehen, wird freudig erstaunt diese Cultur-Oase betreten. Er sieht wieder einmal eine Stadt, nicht mehr einen wirren Knäuel von Häusern und Hütten; er sieht Straßen, nicht mehr im Zickzack laufende Zwischenräume, auf denen der Unrath der umliegenden Häuser abgelagert wird; er sieht schöne, wohnliche Häuser, ihn grüßt mancher neue, stylvolle Prachtbau; er sieht wieder gepflasterte Straßen und Plätze, und die Straßen werden beleuchtet und gelehrt. Und vor Allem: wieder einmal kann man in den Straßen wandeln, ohne sich das Sacktuch vor die Nase halten zu müssen.

Freilich, diese Stadt wird, und selten hat sich in Europa eine so jähe Entwicklung vollzogen wie hier. Im

Laufe eines Jahrhunderts hat sich die Bevölkerung um
das Siebenunddreißigfache vermehrt! Im Jahre 1775
ein Haufe Lehmhütten, 1860 ein stilles galizisches Kreis-
städtchen, ist Czernowitz heute die hübscheste, freundlichste
Stadt des österreichischen Ostens, zugleich die Stätte und
noch mehr die Vermittlerin eines gewaltigen Verkehrs.
Alljährlich wachsen neue Straßenzüge aus dem Boden,
schwinden Ruinen und Gärten, neuen Bauten Platz zu
machen. Hier brauchte Chidher, der ewig junge, nicht so
lange Pausen zu machen, um Alles gründlichst verändert
zu finden!

Aber wüchse die Stadt auch noch so gewaltig, die
gegenwärtigen Grenzen ihres Gebietes wird sie deshalb
nicht hinauszurücken brauchen. Czernowitz bedeckt mit
seinen Vorstädten den Flächenraum einer Quadratmeile.
Jene Stadt, welche so regsam und sieghaft einer blühenden Zukunft entgegenringt, nimmt hievon kaum ein Zwölf-
theil in Anspruch. Das Uebrige ist Garten, Dorf, Acker.
Wer diese Stadt durchwandert, dem treten so merkwürdig
verschiedene, so überaus bunte Bilder vor die Augen, daß
er sich immer wieder verwundert fragt, ob es dieselbe Stadt
ist, in der er wandelt. Ost und West, Nord und Süd
und alle erdenklichen Culturgrade finden sich da vereinigt. Alle erdenklichen! — wiederhole ich. Der Fond
eines Czernowitzer Fiakers kann uns zu Faust's Zaubermantel werden, der uns binnen wenigen Stunden Bilder

vor die Augen zaubert, die sonst durch Raum und Zeit
unendlich weit geschieden liegen.

Da hebt sich gegen Süd ob der Stadt ein schöner
Berggipfel, den grüner Wald umkränzt und die Sage
zauberhaft umfließt, der Caecina. Eine tiefe Schlucht
trennt ihn von dem Hochplateau, auf dem das liebe Stück
Europa liegt mit seinen ragenden Thürmen. Die Schlucht
birgt freundliche Häuser, und auch den Bergabhang klimmen
sie empor und grüßen aus tiefem Grün freundlich herüber.
Wer dies sieht und je im Schwarzwald gewesen, dem wird
schier traumhaft zu Muthe. Das ist ja ein Schwarzwald-
thal, wie es leibt und lebt! Und fährt er durch die Gäßchen und sieht sich die Menschen an, oder klopft er an
eines dieser Häuser, so umwebt ihn der Traum immer
dichter. Die Leute tragen die Tracht und reden die Mundart, die zwischen Kinzig und Neckar so behaglich-naiv und
freundlich-komisch im Schwung ist. Ein Schwarzwalddorf
— aber dabei ein Theil der Landeshauptstadt Czernowitz.

Weiter führt uns Faustens Zaubermantel, weiter, so
rasch es seine mageren Gäule gestatten. Schließet ein
Viertelstündchen nur die Augen, haltet das Bild des freundlichen Bergdorfes fest. Und nun, da der Wagen hält,
öffnet sie wieder! Wieder umklingen euch deutsche Laute,
aber widrig verzerrt. Und statt des frischen Waldduftes
sehr eigenthümliche Gerüche. Vor euch ein düsterer grauer,
Steinbau und rings kleine, dumpfige, erbärmliche Häuser,

die Straße ein Schlammpfuhl. Und um euch schmutzige, blasse Menschen in Kaftan und Schmachtlöcklein und früh verwelkte Frauen mit sonderbarer Kopftracht. Ihr steht in der Judenstadt, vor der Synagoge der Orthodoxen. Ein podolisches Ghetto, wie es leibt und lebt, aber dabei ein Theil — der älteste Theil — von Czernowitz.

Aber nicht alle Söhne des «auserwählten Volkes» sind hier geblieben in Schmutz und Dunkelheit, die meisten sind emporgezogen, den Berg empor, wo bessere, reinere Luft weht, und wohnen da vereint mit ihren Mitbürgern, durch nichts von ihnen unterschieden, als durch die Confession. Den Juden gehört ein guter Theil der Häuser im Centrum der Stadt. Dieser Theil bietet gleichfalls ein eigenartiges Bild, dessen Charakter sich am besten feststellen läßt, wenn ich an die jungen Stadttheile deutsch-österreichischer Provinzstädte erinnere. So etwa sieht es in den Vierteln Geidorf oder Leonhard zu Graz aus. Freundliche, regulirte Straßenzüge, aber noch nicht völlig ausgebaut. Hier eine Zinskaserne, daneben ein Garten, ein kleines Häuschen und wieder ein mächtiger Bau. Gebaut wird überall, die Häuser wachsen nur so aus der Erde.

Rolle ostwärts, Zaubermantel, und rüttle uns nicht zu stark! . . . Wollt ihr nächst der jungen deutschen Provinzstadt ein kleines russisches Landstädtchen sehen? Hier habt ihr die kleinen weißen Häuser, die breiten Gassen,

die Gärten, das russische Bad, die byzantinische Kirche.
Dort wo der Weg nach Horecza biegt, liegt das Städtchen, als hätte es ein Zauberer aus irgend einem westlichen Gouvernement herausgehoben und hierher gepflanzt.
Oder wollt ihr ein ruthenisches Dorf, ein echtes? Die
Hütten im Knäuel liegend, strohgedeckt, die Arme der
Schöpfbrunnen hochauf zum Himmel ragend. Rings Mais-
felder, braune Haide, im Hintergrunde ein Wald. Man
könnte sich tief in Podolien wähnen oder tief in der
Ukraine. Aber wir sind im Stadtgebiete von Czernowitz
und noch lange nicht an seiner Grenze.

Und nun wieder westwärts. Vom alten Byzanz
klingt die Sage, wie seine Paläste herrlich ragten und
mächtig seine Kuppeln strahlten; aber dazwischen stand ein
griechisches Holzkirchlein, ehrwürdig durch sein Alter, und
elende Häuschen, ebenso dumpf und niedrig, als jene
Bauten stolz und herrlich, und vielleicht just darum so
niedrig. Wollt ihr ein Stück Byzanz sehen? Hier hebt
es sich: die bischöfliche Residenz, ein Prachtbau, so gewaltig
und merkwürdig, daß er allein Kunstverständigen eine
Reise ins entlegene Ostländchen reichlich lohnt, in seiner
Nähe der stolze Kuppelbau der Synagoge. Selbst die alt-
ehrwürdige Holzkirche fehlt nicht und noch minder die
elenden Häuschen. Ein Bild, glänzend und ärmlich
zugleich, und auch in dieser Richtung ein echtes Stück
Orient.

11*

Aber nicht weit davon liegt ein Stück Amerika. Ich
bin leider noch nicht drüben geweſen jenſeits des «großen
Waſſers», und kann mir nur aus Berichten. und Zeich-
nungen ein Bild einer werdenden Stadt zuſammenſetzen.
Aber ſo mag es am Rande der Prairie ausſehen, wie zu
Czernowitz auf dem «Auſtriaplatz». Dicht hinter den
Häuſern des Platzes beginnt die unbewohnte Haide und
dehnt ſich meilenweit fort. Und auf dem Platze da ſteht
ein ſchönes, ſtylvolles Gebäude, wackelige Rothbauten, Hütten, umfriedete Bauplätze, Alles buntdurcheinandergewürfelt.
In der Mitte das Denkmal. Aehnliches findet man wahrhaftig in Europa nicht. Auch ein kleines Stück England
findet ſich in Czernowitz: die Fabrikſtadt in der Pruth-
Ebene. Da ſtehen die maſſiven Steinbauten und ſchwarz
rauchen die Schlote. Die Luft iſt von Kohlendunſt ge-
ſchwängert, aber mehr, noch weit mehr dieſes Dunſtes
wünſche ich meiner Jugendſtadt von ganzem Herzen.
Hebung der Induſtrie muß ihr erſtes und wichtigſtes Be-
ſtreben ſein, nun, da für geiſtige Intereſſen vorläufig genügend geſorgt iſt.

Noch manches ſeltſame Bild könnte ich aus dieſer
Stadt der Gegenſätze herausgreifen. Aber das Bisherige
mag genügen. Die wachſende Cultur, der Segen zukünf-
tiger Tage, dem die junge Stadt entgegenblüht, werden
wol manche Beſonderheit verwiſchen. Insbeſondere hört
das Stück Amerika wol bald auf, amerikaniſch zu ſein.

Aber eine interessante Stadt wird Czernowitz immer bleiben — durch das Gewirre der Culte und Nationalitäten. Letztere geben sich in dieser Stadt freilich, was die Gebildeten betrifft, nur durch den Typus kund, nicht durch die Sprache. Dieser aller Sprache ist die deutsche.

Eine interessante Stadt und eine liebliche dazu. Viel dichtes Grün erfreut hier das Auge, und wer aus der Ebene kommt und die ragende Höhe sieht, muß unwillkürlich denken: Stünde hier keine Stadt, man müßte sie hier erbauen. Dieser günstigen Lage verdankt die Stadt nicht blos ihre Existenz, sondern auch ihre Dauer durch die Nacht sturmvoller Jahrhunderte. Czernowitz, als Stadt so jung, ist als Wohnstätte überhaupt uralt. Mögen sie nun die Römer oder die Gothen gegründet haben, gewiß ist, daß hier unzählige Geschlechter geblüht und gewelkt. Schwere Schicksale trafen die Stadt am Karpathenfluß; wol an die dreißig Mal ward sie geplündert, verbrannt, von der Erde vertilgt. Und schier ein Jahrhundert lang lebte nichts von ihr als die Sage, daß hier einst Menschen gehaust. Aber der Zauber ihrer Lage erwies sich wunderkräftig, er belebte noch einmal die verödete Stätte, und außer dem Fleiß der Bewohner hat Czernowitz dieser überaus günstigen Lage sein fabelhaft rasches Wachsthum zu danken.

Dies der Hintergrund für die Bilder jener Octobertage. Und wie ich ihrer gedenke, treten sie vor mich hin,

ſo unſäglich bunt und wechſelvoll, ſo von ſonderbarſtem,
eigenartigſtem Leben durchfluthet, daß mir wahrlich die
Zuverſicht ſchwindet, ſie in ſchwachem Wort feſthalten zu
können, und die Wahl ſchwer wird, welches genauerer
Ausführung am meiſten werth. Denn über dieſe Tage
ließe ſich ein Buch ſchreiben, und es wäre wahrlich nicht
das unintereſſanteſte, welches je geſchrieben wurde . . .

Ich beginne mit dem bunteſten, eigenartigſten Bilde,
dem Volksfeſt.

Dort, wo die letzten Häuſer ſtehen, an der Heer-
ſtraße, die von Czernowitz gegen Süd führt, grünt ein
Garten voll kühler Bosquets und ſonniger Wieſen und
lauſchiger Irrgärten, wie er in keiner andern Stadt des
Oſtens ſo groß und wohlgepflegt zu finden: der ſtädtiſche
Volksgarten. Hier promeniren am Sabbath die jüdiſchen,
am Sonntag die chriſtlichen Honoratioren, an Wochentagen
aber klingt nur zuweilen durch die ſtillen Alleen räthſelhaft
und dumpf Getön: das ſind die Gymnaſiaſten von Czernowitz, die hier für den nächſten Tag das eingezeichnete
Stück Wiſſenſchaft auswendig lernen. Sonſt qualt hier
nur noch zuweilen ein Froſch, oder einer der dreihundert
zwanzig Lyriker, mit denen die Stadt geſegnet, gebiert
unter halblautem, angſtvollem Stammeln ein Lied . . .

Auch manches Feſt iſt hier ſchon gefeiert worden,
manches hübſche Volksfeſt. Aber ein ſolches wie am erſten
Sonntag des October noch nicht. Und ſchwerlich mehr

wird ein ſolches hier gefeiert werden, außer etwa wieder
am 3. October 1975. Aber das liegt ja juſt nicht dicht
vor uns. Freuen wir uns, daß wir diesmal recht die
Gelegenheit genützt. Es war wahrlich der Mühe werth.
Denn es gibt keinen anderen Ort der Welt, wo man
Aehnliches ſehen könnte, in Europa mindeſtens gewiß
nicht. Weder die Pracht des Feſtes, noch die Zahl der
Theilnehmer dictirt mir dieſen anſcheinend ſehr überſchweng-
lichen Ausdruck. Aber ſchwerlich anderswo wird man ſo
vielen Sprachen, Trachten, Nationen begegnen. Das
war ſinnverwirrend im allerbuchſtäblichſten Sinne des
Wortes. Es blendete das Auge, es betäubte das Ohr.

Gegen die Mittagsſtunde waren die Abgeordneten der
Bauernſchaft des Landes, an die zwölfhundert Mann,
mit ihren Weibern und Töchtern, Müttern und Bräuten
in den Garten eingezogen. Vom kalkigen Felsufer des
Dnieſter und den blauen Waldhöhen am Czeremosz bis
hinab zum goldumſäumten Rande der Biſtrizza und den
Wieſen, durch welche läſſig die Suczawa rinnt; von der
unermeßlichen Urwaldnacht, welche zwiſchen dieſem Lande
und ſeinem magyariſchen Nachbar aufgerichtet iſt, bis tief
ins fahle Haibeland im Oſten, durch welches die rumäniſche
Grenze ſchneidet — aus allen Dörfern, Weilern und
Höfen waren ſie gekommen, ihrem Staate zu huldigen und
ſeiner Verkörperung: dem Fürſten.

Aber das ſollte morgen geſchehen. Hieher, in dieſen

Garten waren sie nur gekommen, sich zu freuen. Und Freude geben dem Naturmenschen drei Dinge: Essen, Trinken, Tanzen. Vielleicht noch andere Dinge, aber diese stehen nirgendwo auf dem officiellen Programm, auch haben sich die Festordner nicht dafür zu bemühen. Also: gegessen, getrunken, getanzt wurde auch im Volksgarten zu Czernowitz. Und über die beiden ersten Dinge ist nicht viel zu sagen. Man trank Schnaps und Bier und aß Ochsen- und Hammelbraten, die eben an freien Feuern gar geworden.

Aber dieser Tanz, aber diese Musik!

Wer je dieses Land, ob auch nur flüchtigen Fußes, durchschritten, der weiß, daß hier Bruchgestein all der Völker haust, die jemals über diesen Boden gegangen; daß hier kaum ein Dorf ganz dem andern gleicht, an Bauart der Häuser, an Sprache, Tracht, Sitte, Typus der Bewohner. Aber auf seinen Fahrten waren ihm noch all die Bilder durch Raum und Zeit geschieden. Hier jedoch hallte Alles in derselben Secunde in sein Ohr, und ein Blick des Auges konnte Alles umfassen. Was mir auch bisher in aller Herren Ländern zu schauen gegönnt war, Interessanteres als dieses Volksfest im Stadtgarten zu Czernowitz habe ich nicht gesehen, und mit gespannteren Sinnen habe ich nichts betrachtet. Denn eine tausend-jährige Geschichte tanzte da vorbei, und die Culturgeschichte des Ostens johlte aus tausend und aber tausend Kehlen.

Wohin ſich zuerſt wenden? . . . Dort, vom Rande
der Wieſe, klingt jäh, heulend, langgezogen ein Ton in
unſer Ohr und ſchwebt vernehmlich über dem andern Getön: eine Bergpfeife aus dem Czeremosz-Thal. Ein junger
Burſch bläſt ſie, und um ihn her ſtrampfen im Kreiſe
eng aneinandergeſchloſſen langhaarige, ſonderbar gekleidete
Männer. Eintönig kreiſcht die Pfeife, eintönig geht das
Geſtrampfe, und aus rauhen Kehlen heulen ſie ein Lied
dazu, es klingt wie ein ewiges dumpfes „Urraj!" Sie
blicken nicht auf, ſie halten ſich eng aneinander. Denn
vielleicht zum erſtenmale ſind ſie in einer Stadt und
ſicherlich zum erſtenmale in der Hauptſtadt. In vereinzel-
ten Hütten, begraben in der grünen Wüſtenei des Berg-
waldes an der Grenze gegen Pocutien, hauſen ſie ſonſt,
ihre Heerden ihr einziger Schatz und das einzige Tauſch-
mittel des Verkehrs. Und mitten im Karpathenwald hau-
ſend, ſind ſie gleichwol eine Reiternation, die mehr auf
dem Rücken ihrer kleinen, zähen, flinken Roſſe wohnt, als
in den erbärmlichen Hütten. Vielleicht iſt dies auch ein
Erbtheil ihrer Väter, des verſchollenen, räthſelhaften
Stammes der Uzen, der einſt von Oſt kam und gen Weſt
ging, ſo daß nur im Bergthal eine Woge haften blieb.
Huzulen heißt man ſie, und weil ſie Rutheniſch ſprechen,
nennt ſie die Statiſtik Ruthenen. Aber ihr Typus deutet
nicht darauf; dieſe kleinen, ſchwarzhaarigen Menſchen mit
dem kühn und ſcharf geſchnittenen, gelblichen Antlitz ſchauen

nicht aus wie Slaven. Auch ihre Tracht ist merkwürdig:
grellrothes enges Beinkleid, brauner kurzer Reitrock, kleines
teckes Federhütchen, um den Leib ein mächtiger Gurt, in
dem mindestens eine Pistole blinkt und mindestens ein
breites Messer. Sie machen oft davon Gebrauch, nicht
blos dem Bären gegenüber. Wie die Kinder sind diese
Menschen, just so gutmüthig, aber just so jäh und launisch
und wild. Sie verachten die Ruthenen der Ebene und
nennen sich selbst stolz «Söhne der Uzen».

In der That ist zwischen ihnen und ihren Sprach-
genossen im Flachlande in allen Dingen gewaltiger Unterschied. Wenige Schritte davon könnt ihr sie tanzen sehen,
die Ruthenen aus der Ebene zwischen Dniester und Pruth.
Sie sind nicht so genügsam wie die einsamen Leute aus
den Bergen, denen ihre Schalmei genügendes Orchester
ist. Ihnen spielen Geiger auf und Cymbalschläger. Und
da drehen sie sich nun in den buntesten Gangarten und
Gruppirungen: «Po rusku» ist ein Gemisch von Rund-
tanz und Cotillon. Sie sind ein schöner, starker Menschen-
schlag, hoch, breitschulterig, mit lichter Haut- und Haar-
farbe. Unter den Mädchen finden sich neben entsetzlich
soliden Schönheiten, die einige Fuß im Umfang haben,
auch auffällig graziöse Gestalten mit lieblichem, feingeschnit-
tenem Antlitz. Für Männer und Frauen ist der Schaf-
pelz das Festkleid, was eigenartig aussieht und eigenartig
riecht. Die Aermeren tragen den braunen «Serdak»,

einen breit und weit geschnittenen Rock. In der Kopftracht unterscheiden sich scharf die Vermälten von den
Ledigen und auch beim Tanze sondern sie sich danach. Das
Weib trägt ein weißes Tuch um den Kopf, das Mädchen
die Haare frei herabwallend und einen Kranz oder eine
ganz sonderbare, mit Flittern bestecke Tuchkrone ums
Haupt. Sie sind ein phlegmatisches, melancholisches, zähes
Volk, diese Ruthenen. Auch hier könnt ihr's sehen. Unermüdlich drehen sie sich, wie sie denn überhaupt Alles
gern langsam und gründlich thun. Aber ihre Gesichter
bleiben stumpf und traurig. Keuchend, aber todesernst
drehen sich die Bursche und Mädchen. Der Contrast
zwischen den heiteren Weisen und diesem Gesichtsausdruck
wirkt unwiderstehlich komisch.

Aber im Uebrigen darf man wahrlich nicht über sie
lachen. Zäh und beharrlich haben sie sich das Land erobert
und drängen die ursprüngliche Hauptbewohnerschaft, die
Rumänen, immer weiter nach Süd. Wo Rumänen und
Ruthenen zusammengrenzen, herrscht binnen zehn, zwanzig
Jahren der Letztere. Und der Besiegte nimmt des Siegers
Sprache an. Da drüben, der Wiese nah, wo die Heerd-
feuer flammen, vergnügt sich eine solche Gruppe. Dunkel-
äugige, schlaublickende Juden spielen ihnen auf, und was
sie tanzen, ist ein echt rumänischer Tanz, der Harcanu.
Ihre Hautfarbe ist bronceartig, und die magere, bewegliche
Gestalt verräth das romanische Blut Aber horcht den

Rufen, mit denen ſie ſich in immer tollere Freude hinein-
tanzen — ſie klingen rutheniſch. Und werden ſie rumäniſch
angeſprochen, ſo erwidern ſie kopfſchüttelnd: «Ne ponemaju.»
Sie haben die Sprache der Väter verlernt.

Alſo Ruthenen, die eigentlich Huzulen, Ruthenen,
die eigentlich Rumänen ſind, und daneben ſehr, ſehr zahlreich echte Ruthenen. Auch ſie ſelbſt unterſcheiden ſich von
einander durch Tracht und Dialekt, je nachdem ſie aus
Pocutien oder Podolien eingewandert, je nachdem ſie ihren
Wohnſitz im Flachlande oder im Hochlande genommen.
Unter den Hunderten finden ſich kaum je zehn, die in
Sprache und Tracht vollſtändig übereinſtimmen. So gibt
es in einer und derſelben Hauptgruppe erſt recht ein
kleines Babel.

Daſſelbe gilt von den Rumänen. «Söhne Romas»
nennen ſie ſich ſtolz, und aus ihrer Sprache laſſen ſich bei
einiger Mühe ganze Sätze zuſammenſtellen, die wortwörtlich
mit dem Lateiniſchen zuſammenklingen. Aber das Blut
iſt ſtark gemiſcht mit ſlaviſchem, mongoliſchem, tatariſchem
Blut. Tagelang kann man im Lande reiſen, ohne rein-
blütige Rumänen zu treffen. Hier freilich, wo Alles zu
ſehen, kann man auch ſie treffen. Aus dem Hügellande,
wo Oeſterreich an die Fürſtenthümer grenzt, ſind ſie hier-
hergekommen. Abſeits, ganz abſeits halten ſie ſich; ein
ſonderbarer Stolz iſt dieſen Menſchen angeboren, und ſie
haben viel natürliche Würde, ſo lange ſie — nüchtern ſind.

Hier sind sie's noch. Zigeuner spielen auf, überaus zerlumpte Zigeuner, aber ihre Fiedeln singen zaubertönig —
ein echter Rumäne tanzt nach keiner anderen Musik.
«Romana» tanzen sie, den Nationaltanz, phantastisch und
figurenreich, oder «Oleandru», einen Cotillontanz, wie ihn
selbst die hochverehrliche «deutsche Tanz-Akademie» — bei
aller Achtung vor dieser gelehrten Gesellschaft sei es ausgesprochen — nicht graziöser und kunstvoller austüfteln
könnte. Aber das entspricht ja der Art dieser schlanken,
beweglichen Söhne des Südens mit dem scharfgeschnittenen
braunen Antlitz und den dunklen, blitzenden Augen. Und
was vollends diese Mädchen betrifft, so wäre es bei ihrem
Anblick gar nicht schwer, sich an die Ufer des Tiber zu
träumen. Auch auf dem Tusculum des Cicero haben sich
die latinischen Mägde nicht anders getragen: in Linnen
und bunter Stickerei, und zur Festtracht um die Schultern
eine blaue Tunica. Und nicht anders haben sie dem Horaz
das Aug' erfreut: schlanke, üppig-stolze und doch schmieg-
same Gestalten, im süßen, dunklen, halbverschleierten Auge
wildesten Sinnenbrand.

Aber auch viel Mischlingsblut spricht die dakisch-
latinische Mundart. Hier eine Gruppe, auf welcher der
Blick nicht gerne ruht: die Leute sind gar zu häßlich. · Kleine
Menschen mit gelben Gesichtern, schiefgeschlitzten Aeuglein,
schier verkümmerten Nasen. Und die Beine bilden das
schönste, regelmäßigste lateinische O. Rumänisirte Mongolen,

die in den Bergen sitzen geblieben, durch welche einst die
Raub- und Heerstraße ihres Volkes ging. Sie brauchen
keine Musik, sie heulen sich selber ein Lied vor, nach dessen
Tact die Säbelbeinchen regelmäßig zusammenknicken und
wieder aufschnellen. Unermüdlich hüpfen sie, wie die
Frösche — es wäre komisch, wenn es nicht so unheimlich
wäre.

«Hup! Hup!» tönt uns noch lange das Geheule nach.
Aber nun klingen uns freundlichere Töne ins Ohr; es ist
ein Ländler, ein wahrhaftiger Ländler von Lanner. Wie
das sonderbar anmuthet, ist kaum zu sagen. Rasch biegen
wir um die grüne Hecke — da, vor der Schänke, ein Bild
aus dem Renchthal oder von der Schwäbischen Alp. Da
sitzen an den Tischen die alten Schwabenbauern, in den
langen stattlichen Kaputröcken aus blauem Tuch mit silbernen
Knöpfen, und neben ihnen die Weiber im geblümten mächtigen Reifrock. Da tanzen die jungen Burschen im knöpfe-
schimmernden Spenser, die Mädchen im bunten Mieder
und kurzen Röcklein, daß darunter die Waden im schwarzen
Strumpf wie mächtige Pilaster zu sehen. Hier haben sich
die Deutschen gelagert, die Schwaben aus Rosch, die
Deutschböhmen aus Fürstenthal, die Zipser aus Jakubeny,
die Pfälzer und Niederdeutschen aus dem Anland der Suczawa. Zehn verschiedene Dialekte, zehn verschiedene
Trachten aus allen Gauen Deutschlands. Aber sie verstehen sich gut und halten treu zusammen, die versprengten

deutſchen Landsleute. Freilich tanzt der Zipſer nur mit
ſeiner ſchlanken Zipſerin und der Mann aus Roſch mit
ſeinem runden, rothbackigen «Moidele». Aber vielleicht iſt
auch dies deutſche Art. Uebrigens geht es hier nicht allzu
laut zu. Alles mäßig, ehrbar, aber gründlich. Nur zuweilen ſchlägt die Luſt in hohen Wogen auf. Denn
während der Ruthene beim Tanz ausſieht, als begrübe er
juſt ſein Liebſtes, lacht und frohlockt der Deutſche und
ſchmettert zuweilen ein Trotz- und Tanzlied in die Lüfte.

Huzulen und Mongolen, Rumänen, Ruthenen,
Deutſche — auch dies Gewühle wäre verwirrend genug.
Aber was Alles kann man hier nicht noch außerdem tanzen
und johlen hören!

Hier Slovaken im ärmlichen Linnengewand, den
runden weichen Filzhut auf dem langhaarigen Haupte.
Heute ungemeſſen in der Freude, wie ſonſt ungemeſſen in
der Klage, Söhne eines Volkes, dem auch auf dieſem ge=
ſegneten Boden daſſelbe Loos gefallen wie anderwärts: die
Aermſten unter den Armen zu ſein. Hier ſitzt der Slovake
nicht etwa als Drahtflechter, ſondern als Ackerbauer, aber
er gedeiht nicht recht. Heute freilich johlen ſie entſetzlich,
und ihre Weiber in buntem Drillich kreiſchen. Dieſem
Volke, beſonders ſeiner zarteren Hälfte, wäre es nicht gut,
zu predigen, daß Gott ſie nach ſeinem Ebenbilde geſchaffen;
ſie würden ſich ſonſt den lieben Gott mit einer Stumpf-
naſe ausſtatten und mit einem Munde, der die Aufgabe

hat, zwischen beiden Ohren eine wulstig klaffende Oeffnung
zu ziehen.

Schön und kräftig, schlanke braune Bursche, dralle,
feueräugige Dirnen — so präsentiren sich ihre Nachbarn,
hier im Garten und in der Wirklichkeit: die Magyaren.
Aus dem armen, bergigen Szeklerlande sind sie einst hinab-
gestiegen in das Tiefland und haben hier ein reiches,
blühendes Heim gefunden. Darum jauchzen auch ihre
«Eljen» zum Himmel auf wie Raketen — die Leüte wissen,
was der heutige Tag bedeutet. Hui! wie die Fiedel klingt;
hui! wie der «Csardas» dröhnt! Die Sporen klirren, und die
weiten weißen Pumphosen fliegen nur so im Kreise. Nur
die Reicheren tragen das eng verschnürte Beinkleid. Aber
eine bunte Feder hat sich Jeder auf den Hut gesteckt und
eine rechte Festfreude ins Herz hinein. Und wie sie so am
Rande der Haide tanzen, ist es ein Bild, wie aus der
Puszta zauberhaft hiehergestellt.

Aber es gibt auch Viele, die nicht tanzen. Da wandelt,
bald scheu abseits, bald näher herandrängend als just nothwendig, der orthodoxe Jude in seiner altpolnischen Tracht.
Da geht sein semitischer Stammesgenosse, der Armenier,
langsam und gemessen einher — aus Suczawa oder Kimpolung; dort allein hat sich die armenische Tracht erhalten,
ein langes, seidenes Untergewand, bis auf die Knöchel
herabwallend, darüber ein sammt- oder pelzgeschmückter
Kaftan. Da wandelt düster und mürrisch der Lipowaner

daher in altmoskowitiſcher Tracht, neben ihm ſein dickes
Eheweib in grellem, rothgeblümten Kleide. Er iſt Einer
der «Leute vom wahren Glauben». Zur Huldigung iſt er
gekommen; aber was ſoll ihm die Freude mit dem unreinen
Gewürm, das an Götzen glaubt?!

Dann elegante Herren und Damen, Bürger aus den
Czernowitzer Vorſtädten mit ihren Weibern — Pardon!
Gemalinnen — in rothen Umhängtüchern und grünen
Handſchuhen, Soldaten, Bergknappen, rumäniſche Popen
mit langem Bart und Gewand, böhmiſche Spielleute,
Akrobaten — ich glaube, ich ſchriebe es nicht aus, und
ſchrieb' ich noch ſo lange fort.

Und dies Alles zuſammengedrängt auf dem Raume
einiger Gartenplätze und Alleen — es war ein Lärmen
und Treiben, daß man ſich hätte die Ohren ſtopfen und
die Augen ſchließen mögen, und wieder, daß man ſich
tauſend Augen und Ohren wünſchte, Alles recht in ſich
zu faſſen!

Und erſt als es Abend wurde und Alles durch-
einanderbrängte! Und wieder, als das Feuerwerk begann
und bengaliſches Licht die unſäglich bunte Gruppe der
Harrenden zauberhaft umfloß! Es war ein märchenhaft
ſchönes Bild!

. . . Schöneres haben dieſe Feſttage nicht geboten.
Aber anderen intereſſanten Anblick noch, von dem man
gern berichten und vielleicht auch — hören mag.

... Wer in dieser Landschaft zusieht, wie ein Fluß in den andern mündet, kann ein eigen Farbenspiel gewahren. Verschiedenfärbig sind sie, weil der Boden verschieden, durch den sie fließen. Und wenn sie sich mischen, so hält doch jeder seine Farbe fest, so lange er vermag. Da ziehen in demselben Bette Streifen grünlichweißen und tiefblauen Wassers dahin, lange, lange, bis sie endlich verfließen.

Schier dasselbe Farbenspiel kann gewahren, wer in das sociale Leben dieser Landschaft blickt. All die Bäche verschiedener nationaler Cultur und Uncultur fließen friedlich in Einem Bette. Aber noch nicht lange genug, um sich ganz gemischt zu haben. Wenn diese Wasser dereinst zu einem mächtigen Culturstrome geworden, wird Niemand ahnen, welchen eigen gefärbten Streifen sie einst geziert oder verunziert. Heute sieht man's noch. Und vielleicht nirgendwo deutlicher konnte man's sehen, als bei dem Huldigungszug.

Er war riesig lang gedehnt und so zusammengestellt, daß er keinen malerischen Anblick gewähren konnte. Was das Volksfest so reichlich geboten, blendendste, sinnverwirrendste Farbenpracht, hier fehlt es ganz und gar. Wie absichtlich war es auseinandergezerrt, jeder Effect zerrissen. Wahrscheinlich durch Ungeschicklichkeit. Aber wir wollen sie nicht beklagen. Just an diese Gruppirung knüpfen sich am besten die Fäden, ein Culturbild des Landes im Fluge zu zeichnen.

Huzulen eröffneten den Zug, ein Fähnlein Ruthenen

aus dem nördlichen Karpathenwald und ein Fähnlein
rumäniſcher Bergbewohner aus den Thälern der Dorna
und Biſtrizza. Nicht eben elegant hockten die kühnen, ver=
wegenen Bergmenſchen auf ihren mageren Kleppern.
Vielleicht könnten dieſe Rößlein und dieſe Art des Reitens
einem Fremden ein Lächeln abgewinnen. Aber wer je
auf einem Huzulenklepper durch unſere Berge getrabt, wird
ihn nicht verachten. Er iſt von einer ſo fabelhaften Aus=
dauer, von einer ſo ungemeinen Treue, Klugheit und Vor=
ſicht, daß man ihm mehr vertrauen kann, als vielen Menſchen.
Er iſt, um ein teckes Dichterwort zu gebrauchen von ver=
nünftiger Viehigkeit, indeß viele Menſchen blos von viehi=
ſcher Vernunft ſind. Nur Eine Eigenthümlichkeit muß man
dabei ſchonen: den Sporn verträgt kein Huzulenroß, und
mit dem Zügel muß man ſo wenig als möglich hantieren.
Wer ihm vertraut, iſt am Abgrund ſicher, und wer es ein=
zuengen ſucht, kann mitten in der Thalſohle ſtraucheln.

Kein Huzulenroß verträgt Sporn und Zügel und —
kein Huzule. Frei lebt er in ſeiner Bergöde, ein ein=
ſamer Nomade, der mit ſeiner Heerde von Triſt zu Triſt
zieht. Ihn bindet nichts als der eigene Wille. Denn wen
nicht die Natur bindet, wen nicht ſein eigen Herz bindet,
den bindet keine Menſchenmacht in dieſer ungeheuren
grünen Wüſtenei der Berge und Wälder. Will er ein
Räuber werden, er kann es; hier findet ihn kein Richter,
kein Soldat. Aber er wird es ſelten. Wen ſollte er auch

berauben? Und was er braucht, bietet ihm sein Wald und seine Heerde.

Der wandernde Hirt! der Nomade! der Mensch im Urzustande! Schwerlich hat die löbliche Festordnerschaft daran gedacht, aber für unsere Zwecke hätte sich kaum eine bessere Eröffnung des Zuges finden lassen.

... Folgt eine Militärcapelle und schmettert den Radetzkymarsch. Das wäre nicht erwähnenswerth, böte es uns nicht ein Steinchen für unsere Mosaik, diesmal ein dunkles. Wer die riesigen Menschenmassen sah, welche sich stauten, als die Capelle zum erstenmale spielte, hätte leicht über den naiven Enthusiasmus der P. T. Provinzmenschen spötteln mögen. Aber es war den guten Leuten zu vergeben; es war seit langen Jahren die erste Militärmusik, welche sie hören durften. Czernowitz hat keine Capelle, weil es sich weigert, eine Kaserne zu bauen. Die Stadt baut mehr Schulen, als ihr obliegt, vielleicht mehr, als in ihrer Kraft liegt; aber eine Kaserne will sie nicht bauen. Sie glaubt, daß man dies nicht mit Recht von ihr fordert, und daher thut sie's nicht. Man straft dies durch Entziehung der Genüsse türkischer Musik.

Ein dunkles Steinchen in der Mosaik dieses Culturbildes habe ich dies genannt, aber es ist wol nicht erwogen. Die zwerghaft kleine Affaire ist im Grunde ein helles Zeichen. Seht, diese Stadt ist loyal, so ungemein, so ganz überaus loyal. Selbst der schwarzgelbste Schwarzgelbe müßte sich hier wohl fühlen. Und dennoch finden die Bürger dieser Stadt den Muth, auf ihrem Rechte zu bestehen . . .

Folgen Turner, höchst seltsamlicherweise im Frack, und die Feuerwehren mit ihren Fahnen. Auch ein Veteranen-Verein mit sehr schönen goldenen Litzen und Trobbeln erfreut das Auge. Holdes Soldatenspiel ältlicher Knaben so hast du denn auch hier deine Heimstätte gefunden!

Vereine in Frack und Rock, mit oder ohne Fahnen, mit oder ohne Abzeichen, sehr, sehr viele Vereine. Czernowitz allein hat ihrer sehr viele, und das ist kein schlimmes Zeichen. Wenn irgendwo, so bedarf es auf diesem jungfräulichen oder kaum erst umrodeten Boden der geeinten Kraft. Sie findet sich auch zusammen. Nur Einer der Vereine ging in sehr geringer Mitgliederzahl daher, die «Deutsche Lesehalle». Sie ist der einzige nationale Vereinigungspunkt der hiesigen Deutschen. Unter Hohenwart blühend, siecht sie nun dahin*).

Das ist so überaus bezeichnend für deutsche Art im Osten, daß man wol länger dabei verweilen muß. Der Deutsche ist der Allerweltsbeglücker und Allerweltsschoner. Treu und stet für sich und Andere die Culturarbeit verrichten — das versteht sich von selbst. Aber dabei sagen:

---

*) Seitdem ist die «Deutsche Lesehalle» eines sanften Todes verblichen. Mögen die Deutschen in der Bukowina nie in die bittere Lage kommen, dies schmerzlich zu beklagen.

„Ich bin ein Deutscher!" — bewahre! ... Nur wenn
der Deutsche in diesem Lande getreten wird, findet er den
Muth dazu. Unter Hohenwart fand er ihn. Aber nun,
da er wieder rastlos schaffen darf, in seinem Interesse
allerdings, aber auch noch weit mehr im Interesse der
Anderen, scheint ihm jede, auch die leiseste Betonung seines
nationalen Bewußtseins sündhaft. Er fürchtet, schon dadurch die Anderen zu verletzen, wenn er sich überhaupt nur
zu seinem Volke bekennt. Der Rumäne und der Ruthene,
auch diejenigen, welche gern die deutsche Culturarbeit würdigen und fern von allem nationalen Fanatismus sind,
sind nicht so zartfühlend. Und mit vollem Rechte!

Ich bin weit davon entfernt, den Deutschen zuzumuthen, durch übermüthige Betonung ihrer dominirenden
Stellung, durch überflüssige nationale Demonstrationen
Andere zu verletzen oder zu ähnlichen Demonstrationen zu
verleiten. Das Herrlichste an und in diesem Lande ist
und bleibt der nationale und confessionelle Friede, und kein
Hauch darf ihn trüben, am wenigsten ein Hauch aus
deutschem Munde. Das wäre nicht blos unklug, sondern
verächtlich und des deutschen Geistes am mindesten würdig.
Aber sich zu seinem Volksthum bekennen, das kann kein
anderes Volksthum beleidigen. Wehe dem Deutschthum im
Osten, wenn es sich in sublimen Kosmopolitismus auf-
lösen würde — es wäre nicht blos sein eigenes Verderben,
sondern auch das Verderben für alle Culturbestrebungen

in dieſem Lande! Nur wem aus dem Born ſeines eigenen
Volksthums die Kraft quillt, kann für ſein eigen Volk und
Andere nützlich ſchaffen! Der Tag, an dem die Deutſchen
im Oſten dies vergeſſen würden, wäre der Beginn ihres
Unterganges.

Viele Herren in kurzen und langen, mobiſchen und
unmobiſchen Fräcken. Und nun die Vertreter aller Confeſſionen. Da ſchreitet der Prediger der Reformjuden
neben dem Chaſſid, der griechiſch-orientaliſche Prieſter
neben dem römiſch-katholiſchen Pfarrer, der unirte neben
dem nichtunirten Armenier, der katholiſche Ruſſinen-Pope
neben dem Abt der Altgläubigen, der helvetiſche Pfarrer
neben dem evangeliſchen Prediger. Hier gehen ſie friedlich,
und friedlich gehen ſie im Leben. In dieſem Lande hat
noch kein Menſch, mindeſtens ſeit hundert Jahren nicht,
für ſeinen Glauben gelitten. Jeder ſchreitet ſeine Bahn
dahin, weil er ſie für die rechte hält; aber es iſt noch
Keinem zu Sinne gekommen, dem Nachbar ſeine Bahn
mit Steinen oder Unrath zu verrammeln!

Warum? Warum blüht hier tiefſter Friede, indeß
ringsumher der Glaube den Menſchen zum Fluche wird,
der ſie in tiefes, grimmiges Haſſen und Wüthen hinein-
peitſcht?! War es ein Act edelſter, freier Entſchließung von
Prieſterſchaft und Volk? dictirte die Nothwendigkeit ſolche
Toleranz?

Es wäre ſchön und erhebend, könnte man das Erſtere

bejahen, ſchön und erhebend wär's, aber nicht richtig.
Das Letztere iſt die Wahrheit. Kein Glaube war ſtark
genug, den andern zu unterdrücken. Wer ſich über und
gegen ſeine Brüder und Nichtbrüder in Chriſto erhoben
hätte, hätte ſich beſagte Brüder und Nichtbrüder curios
auf den Hals gehetzt. Stillzuhalten und zuzuſehen, daß
die eigene Heerde beiſammenblieb, war die einzig mögliche
Handlungsweiſe. So kamen Gleichberechtigung und Friede
ins Land. Und daraus keimte allmälig ein milder Geiſt.
Hatte man ſich anfangs vertragen müſſen, ſo vertrug
man ſich ſpäter von Herzen gern. Vielleicht wäre es
trotzdem nicht gelungen, wäre die römiſch-katholiſche Con-
feſſion im Lande nicht ſo ſpärlich vertreten geweſen. Und
ſicherlich wäre es nicht gelungen, wäre ſie ſo zahlreich geweſen, als es die griechiſch-orientaliſche Kirche iſt. Seht
euch dieſe würdigen, vorüberwandelnden Popen mit lang
herabwallendem Haupt- und Barthaar wohl an, zieht den
Hut vor ihnen — es ſind brave und gute Menſchen!
Sie ſind in der Bukowina gebildeter als die Prieſter
anderer Confeſſionen. Und ſie ſind wahre Prieſter, vielleicht weil ſie Weib und Kind haben, weil es ihnen geboten
und nicht verboten iſt, rein menſchlich zu empfinden.

Es iſt ein lehrreich Capitel, das Capitel von der
Toleranz in der Bukowina. Tröſtlich für andere Land-
ſchaften iſt es freilich nicht. Prieſter verſchiedener Confeſſionen vertragen ſich nur, wenn ſie ſich vertragen müſſen.

Und die Völker?!

Seht her! Dichter und geschlossener wird der Zug: da wimmeln sie heran in tausend bunten Trachten, die zwölfhundert Abgeordneten der Bauernschaft dieses Landes. Aber nicht nochmals will ich sie schildern in ihrer tausendfältigen Verschiedenheit, sondern aussprechen, was sie geeint. Ringsumher, und namentlich in den Nachbarlanden im Norden und Westen, bitterster, wüstester Groll eines Volkes gegen das andere, hier allein Friede und Eintracht!

Was hat diese Menschen geeint?

Wieder die Nothwendigkeit. Die heilige Ananke ist die mächtigste Göttin; sie wirkt ihre Wunder, wo alle anderen Genien verbleichen. Auch die Nationen einten sich hier anfangs nur deßhalb, weil sie mußten. Die beiden an Kopfzahl stärksten Völker hielten Frieden aus gegenseitigem Respect, die anderen aus Respect vor den mächtigen. Aber allmälig ward freier Wille, was anfangs nur Zwang der Nothwendigkeit gewesen. Nur die Noth kann die angeborenen Instincte brechen oder biegen; aber hat sie es vollbracht, dann wirken auch mildere Genien: die Menschlichkeit, die Liebe.

Es gibt zwei Länder in Europa, wo sich Solches gefügt: die Schweiz und die Bukowina. Freilich durch die Nothwendigkeit allein wäre es in beiden Ländern nicht erreicht worden. Sie ist die materielle Kraft, welche den

Trotz bricht, zu ihr muß eine geistige Kraft treten, die Menschen zu verbrüdern.

In der Schweiz war es der Geist der Freiheit, und in der Bukowina ein verwandter und gleich herrlicher Geist: die Cultur, oder was dasselbe sagen will, das Deutschthum. Versöhnend, vermittelnd trat es zwischen die anderen Nationalitäten, und hier war es ihm gegönnt, so viel Segen zu spenden, als es spenden kann, weil es nicht roh zurückgewiesen wurde.

Anderwärts geschah dies. Und darum und aus anderen, gleich traurigen Gründen kann man, wenn man nach den Ländern fragt, wo die Einigung verschiedener Nationalitäten schön gelungen, nicht antworten: Die Schweiz und Oesterreich. Nur in der Bukowina hat sich erfüllt, was einst der große Joseph so heiß ersehnt und so kräftig angestrebt: einen Staat, zusammengehalten durch die gemeinsame Bildung, keinen deutschen Nationalstaat, aber einen deutschen Culturstaat.

Auf dem Basrelief des Austria-Denkmals ist der große Kaiser zu sehen, wie er milde auf das jüngste Glied des Reiches hinabblickt. Und wahrlich! milde und weisheitsvoll haben diese Kaiseraugen auf dies Land geschaut; und Vieles von dem, was sich heute segnungsvoll entfaltet, das Meiste hat diese starke Hand gepflanzt.

Darum haben auch die Leute dieser Landschaft anfangs daran gedacht, ihn in der Hauptstadt im Bilde zu

erheben. Dann haben ſie ein gleich paſſendes Symbol
erwählt: die Auſtria.

Wie ſie enthüllt wurde, das iſt ein leuchtend Blatt
in dem Bilderbuche dieſer Feſttage. Und eine weihevolle
Minute war es, als das Gold der October=Sonne zum
erſtenmale den Marmor umfloß und ein ſtürmiſch Hoch
aus tauſend und abertauſend Kehlen erſchallte. Eine weihevolle Minute, und insbeſondere jedes Deutſchen Bruſt
mochte ſich da ſtolz heben. Denn wenn hier der öſter-
reichiſche Staatsgedanke einen Triumph feierte, wem anders
hatte er es zu danken, als der Culturarbeit ſeiner deutſchen
Bürger?!

Manchem, der viel zu fern war, dieſe ſtürmiſchen
Hochrufe zu vernehmen, mag es gleichwol im ſelben Augenblicke ſeltſamlich im Ohr geläutet haben. Manchem Nachbar im Norden, manchem Nachbar im Süden und manchem
hochedelgeborenen Herrn im Buchenlande.

Manchem Nachbar im Norden. Ich meine die Herren
Polen. Sie haben dieſer Feier gegenüber eine Haltung
eingenommen, als wäre es das Triumphfeſt ihres bitter-
ſten Feindes und nicht des Staates, der auch über ſie
ſeine ſchützenden Fittige ſtreckt. Nirgendwo geht es den
Polen ſo gut als innerhalb der ſchwarzgelben Pfähle, und
nirgendwo werden dieſe Farben bitterer gehaßt als in
Lemberg und Krakau. Es wäre dies unbegreiflich und
wird wol nur dann erklärlich, wenn man an das düſtere,

antike Wort denkt: «Quem Deus perdere vult, demen-
tat!» ... Jenem Polenthum freilich, welches Andere
unterjocht, für sich selbst Sonderrechte beansprucht, war
dies Fest in der That ein feindliches. Es galt der Bildung und der Gleichberechtigung der Nationen, den Tod-
feinden nationalen Dünkels.

Manchem Nachbar im Süden. Aber wir wollen uns
die Erinnerung der herrlichen Tage nicht dadurch trüben,
daß wir der Herren Rumänen ausführlich gedenken oder
gar des eklen Geifers, mit dem sie diese Tage zu beflecken
versucht. Hätten sie sich darauf beschränkt, ernst und
würdig zu klagen, daß hier einst ein Theil ihres Gebiets
unter fremde Herrschaft gelangt, man hätte ihnen ebenso
ernst erwidern können: „Segen darf man nicht beklagen.
Nicht, wie der Staat heißt, sondern was er seinen Bürgern bietet, das allein entscheidet. Blickt euch an und
dann die Bewohner dieses Landes, und freut euch mit
ihnen, daß eure Stammesgenossen in Oesterreich glücklicher
sind als ihr!" Aber vor dem Unflath, wie er von dort
herübergeschleudert wurde, deckt man sich am besten mit
dem Schweigen der Verachtung.

Ein anderes Schweigen sei den hochedelgeborenen
Herren entgegengesetzt, welche still auf ihren Gütern saßen
und sich nicht mit den anderen Bewohnern des Landes
freuen wollten — das Schweigen geduldiger Nachsicht.
Sind sie doch ehrenwerthe und überaus harmlose Leute,

welche sich zudem derzeit in bemitleidenswerther Verlegenheit befinden. Es ist für Politiker keine Kleinigkeit, ihr Princip nicht zu wissen und nun angstvoll, arme Japhets, nach ihrem Princip suchen zu müssen. Hoffentlich gefällt ihnen allmälig dasselbe Princip, welches die gesammte Bewohnerschaft des Landes zu Licht und Segen geführt. Man muß ihnen nur Zeit lassen, es zu finden.

... Noch manches schöne Bild drängt sich vor mein Auge, und kaum dämme ich die Neigung zurück, es nachzuzeichnen. Besonders jene beiden Lichtbilder in des Wortes ureigenster Bedeutung, die Beleuchtungen der Stadt und dann den Festcommers, schilderte ich gerne. Und die Auffahrt der Studenten, dies farbenprächtige Decorationsstück, welches auf raschen Wagen an den erstaunten Augen der Czernowitzer vorbeizog und an den blitzenden, glühenden Augen der Czernowicienserinnen ... faciles, formosae ... ein «westöstlich» Bild wär's auch, wollt' und könnt' ich der Frauen dieser Stadt gedenken. Auch in ihnen fließt West und Ost eigen zusammen. Man findet hier sehr viele üppige, viele schöne Gestalten, oft genug ein sinnentflammendes, selten ein edel schönes Antlitz. Wer aus der Fremde kommt oder kehrt, dem wird in der ersten Zeit die Schönheit dieses Frauenschlages überraschend und erfreulich ins Auge treten. Es ist jenes üppig-frische Blühen, welches sich überall da entfaltet, wo verschiedene Racen zusammentreffen. Die Frauen einer Mischlingsrace

haben gewiſſe ſtereotype Fehler im Gemüth, aber faſt
immer ſind ſie ſchön und anmuthig.   Das gilt auch von
den Frauen dieſer Stadt.

Aber wohin gerath' ich da? Juſt vom Gegentheil
wollt' ich reden, von Schlichtem und Ernſtem. Und von
einem nüchternen und doch ſo herrlichen Wort, in welchem
ſich für mich all die Eindrücke der Feſtesfreude einen.

Es war am 1. Mai 1872, einem gar lenzfröhlichen
Tag. Da ſtanden ihrer viele Hunderte — ergraute Kämpen der Wiſſenſchaft, blutjunge Studentlein und viel feſt-
lich Volk — in einer luftigen Halle, und wie die Banner
ob ihren Häupten im Frühlingswinde rauſchten, ging auch
durch ihre Herzen ein lenzhaft Wehen und rührte ſie an
in lichter Freude. Aber auch wie ein heiliger, ernſter,
unerſchütterlicher Entſchluß ſtand es auf ihrem Antlitz geſchrieben. Als nun einer der Männer zu ſprechen begann,
da faßte er jene Freude und Feſtigkeit in ein einzig Wort
zuſammen, und es wird Jedem, der in jener Halle ge-
ſtanden, für ſein Leben unvergeßlich ſein.

Das Wort hieß: «Deutſch ſein heißt arbeiten!»

Jene Halle war der Hof im alten Biſchofsſchloſſe zu
Straßburg am Rhein, und die Feier galt der Eröffnung
der Argentina, der deutſchen Hochſchule in der Weſtmark.
Es war ein harter Boden, in den ſie das junge Reis
pflanzten. Aber nicht ungewiß waren ſie über ſein Loos.
Sie wußten, daß der herrliche deutſche Geiſt, der eben zu

den stolzesten Siegen geführt, von denen die Geschichte
berichtet, sich im Frieden doppelt stolz und stark bewähren
werde. Denn er ist ein Geist des Friedens und der Arbeit.
«Deutsch sein heißt arbeiten.»

Drei Jahre später, am 4. October 1875, hatten sich
einige jener Männer, die damals jenes Wort in der Halle
zu Straßburg vernommen, wieder in einer Aula zusam-
mengefunden, und wieder standen da Hunderte: ergraute
Kämpen der Wissenschaft, blutjunge Studentlein und viel
festlich Volk. Wer da aus den Fenstern blickte, sah nicht
den gothischen Münster ragen, sondern einen byzantinischen
Prachtbau, und nicht ins lachende Rheinthal konnte er
blicken, sondern in die fahle Ebene des Ostens. Aber
wieder galt die Feier der Eröffnung einer Hochschule in
einer Grenzmark deutschen Geistes, und wieder war's
harter Boden, in den sie das junge Reis senkten. Aber
in stolzer Zuversicht thaten sie es, in lichter Freude. Und
seltsam! auch dasselbe Wort fand sich wieder ein, und als
sie jubelten, da es erklang, klang die Zustimmung auch wie
ein Gelöbniß.

«Deutsch sein heißt arbeiten!»

War das nur Zufall? Ich glaube, innerste Nothwendigkeit. Und mehr als eine Phrase war es, es war ein
Wahrwort, als der Rector von Straßburg es aussprach:
dieselbe Aufgabe, welche seine Hochschule im Westen habe,
habe die Francisco-Josephina im Osten.

Zwischen Straßburg und Czernowitz liegen Hunderte von Meilen, wohnen viele Völker, heben sich trennende Grenzpfähle. Aber mächtig fluthet zwischen seinen beiden Grenzwarten der deutsche Geist. Er ist ein Geist der Arbeit, vor Allem der selbstlosen Arbeit im Interesse der Cultur und der Menschlichkeit.

«Deutsch sein heißt arbeiten!» In diesem Zeichen wirst du siegen, junge Hochschule im Ost!

Rumänische Frauen.

———

Giftig grünes Schierlingkraut
Ach! was nützt die schöne Braut
Und daß mein Getreide wächst,
's geht doch Alles wie verhext!
Und zu enden meine Pein,
Schlag ein Donnerwetter drein!
    Rumänisches Volkslied.

Ich erinnere mich noch lebhaft des Tages, an dem ich dieses Lied zum ersten Male gehört und wer es gesungen. An einem schönen leuchtenden Augustmorgen war's und die Sonne lag hell und fröhlich über der fruchtbaren, grünen Ebene und über den blauen Wellen der Suczawa und über der Stadt gleichen Namens, der alten Fürstenstadt der Moldau. Ich konnte alle Thürme zählen, als ich so durch die Ebene fuhr, von Itzkani nach Borbujeni. Mein junger Rosselenker pfiff und unterhielt sich mit den Pferden sehr geräuschvoll und plötzlich begann er zu singen und sang jenes Lied in melancholischen, langgezogenen Tönen.

„Ilia!" fragte ich erstaunt, „wie kommst Du auf dies traurige Lied?"

Der Bursche sah mich verwundert an. „Hm! ich weiß selber nicht! Ich habe an Nichts gedacht — es ist

13*

mir nur so eingefallen . . . die Sonne scheint so schön und das . . ."

„Macht Dich traurig?"

„O nein — aber — ich weiß nicht — ich bin ein Rumäne — wir Rumänen sind Alle so —"

Mit dieser Erklärung mußte ich mich begnügen. In der That war es aber auch die bündigste, die er mir hätte geben können. „Wir Rumänen sind Alle so." In der Seele dieses Volkes liegt unsäglich viel Trauer und Ingrimm, freilich meist verklärt zu stiller, entsagungsvoller Wehmuth. Darum klingen auch die Lieder dieses Volkes, diese sichtbaren Emanationen der Volksseele, so ergreifend. Nicht aus der Reflexion, nicht aus der Betrachtung seiner gegenwärtigen Lage kommt dem Rumänen diese Stimmung, sondern, möcht ich behaupten, aus angeborenem Instinkt. „'s geht doch Alles, wie verhext", singt mein Ilia und die rumänischen Poeten, die Bolentinian, Eliade, Alexandri, Vacarescu, Sion u. s. w. singen von dem «Fluche», der auf ihrem unglücklichen Volke lastet. Beide denken sich gleich wenig dabei, aber beide fühlen, daß dem so ist.

Worin besteht nun dieser «Fluch»?!

Wenn ich auf diese kurze Frage ebenso kurz antworten soll, so möchte ich sagen: in der traurigen «Zivilisation», die sich über dieses Land ergossen und in der Trägheit der Bewohner. Von beiden muß ich vorher sprechen, wenn ich mich anders nicht der Gefahr aussetzen will, von Lesern

des Westens als — Lügner betrachtet zu werden. Denn
das «Frauenleben» in Rumänien ist in Folge dieser beiden
traurigen Einflüsse sehr eigenthümlich, sehr sonderbar ...

«Zivilisation!»

Das ist ein schönes Wort und es bleibt auch eine
schöne Sache, wie viel Unsinniges und Frevelhaftes auch
immer schon in ihrem Namen versucht und begangen worden sein mag. Aber speziell um die «Zivilisation» des
Ostens ist es noch ein ganz besonderes Ding. „Wir
müssen uns aus dem Westen die Kultur holen", sagten
sich die Völker des Ostens und holten sich da nicht das
was «Kultur» war, sondern vor Allem das, was ihnen so
«Kultur» schien. Dann schienen ihnen diese «Kulturreisen»
etwas ungenügend und unbequem und sie eröffneten sich
die Quellen der Zivilisation im eigenen Lande, indem sie
Fremdlinge aller Nationen des Westens als Lehrer oder
Organisatoren dahin verpflanzten. Das war löblich. Aber
diese Quellen waren leider häufig nicht allzu lauter und
hatten sich zumeist nur deshalb entschlossen, im fremden
Lande zu fließen, weil sie in der eigenen Heimat als
überaus getrübt gegolten. Was aber etwa dennoch an
echter Bildung und Gesittung hinüberflutete, das kam nicht
allmälig und klärend, das war und blieb fremd, das verband sich nicht mit den nationalen Sitten und Verhältnissen zu einem harmonischen Ganzen. Was also hat die
«Zivilisation» im Osten bisher gefruchtet?! Meiner Ueber-

zeugung nach nur Folgendes: sie hat in den höheren
Kreisen der Gesellschaft jede bisher bestandene Besonderheit verwischt und an ihre Stelle die Herrschaft der Mode
und der seichten Phrase gesetzt, in den niederen Schichten
aber gar nichts zu wirken vermocht, so daß diese noch heute
in althergebrachter Lebensanschauung und Barbarei
verharren. Manchem mag diese Ansicht zu pessimistisch
erscheinen, für mich steht sie als Wahrheit fest. Freilich
muß hinzugefügt werden, daß sich diese einseitige, traurige
Aeußerung des Kulturlebens zwar im Allgemeinen bei
allen Völkern des slavisch-romanischen Ostens findet (bei
den Polen, Russen, Russinen, Rumänen, Serben u. s. w.),
daß sie sich aber nach dem mehr oder minder bedeutenden
Grade der nationalen Kultur modifizirt, die ein Volk der
fremden «Kultur» entgegenzusetzen vermochte. Wir finden
sie daher z. B. bei den Polen und Russen weniger aus-
geprägt. Am stärksten aber ohne Zweifel bei den Rumänen.

Bei diesen aus zwei gleich wichtigen, gleich schwer-
wiegenden Ursachen: Einmal, weil hier der Strom der
Bildung über ein rohes, barbarisches Volk hereinbrach,
das der Halbmond in jahrhundertelanger drückender Herrschaft gehalten, das daher keine Spur nationalen Geistes-
lebens aufzuweisen vermochte, und zweitens, weil in den
Donaufürstenthümern fast ausschließlich der Einfluß französischer Zivilisation geltend gewesen. Diese hat auf
Aeußerlichkeiten gewirkt, sie hat moderne, ja überaus mo-

derne, ganz entsetzlich moderne Formen und Sitten ge=
bracht, keineswegs wahre Bildung. Die höheren Klassen
nach Außen zivilisirt, im Innern ungebildet wie einst, die
niedern in demselben traurigen Zustande, wie vor Jahr=
hunderten, so darf man — sine ira et studio — das
rumänische Volk charakterisiren.

Ein Hauptunglück des Rumänen ist ferner, wie er=
wähnt, seine Trägheit....

Reich und fruchtbar ist das schöne Land an den Ufern
der Donau, der Aluta und des Pruth, aber der Bewohner
weiß den Segen nicht zu wecken, der im Boden schlummert
und noch minder versteht er ihn zu nützen. Er ist stumpf=
sinnig, träge, gedanken= und arbeitsfaul. Versumpft ist
das edle Blut, das in den Adern der Abkömmlinge der
stolzen, thatkräftigen Römer rollt. Der rumänische Bauer
bebaut und besäet im Frühling und Herbste von seinem
Acker gerade so viel, um im Sommer und Winter nicht
Hungers sterben zu müssen, und gerade so viel kümmert
er sich um seine enge, niedrige Hütte, daß sie ihm nicht
über dem Kopfe zusammenstürze. Wer durch dieses Land
reist und die Hälfte der Felder brach liegen sieht und dann
in die kleinen, schmutzigen Dörfer kommt und die Bewoh=
ner faul und matt vor den Hütten lungern sieht, könnte
glauben, eine verheerende, veröbende Krankheit sei eben
durch das Land gezogen. Aber so sieht es in Rumänien im=
mer aus, und diese Leute scheinen zu glauben, es müsse so sein.

Und warum ist es so?

Mein Ilia meint: „'s geht nun einmal Alles wie verhext und nur noch ein Donnerwetter kann helfen." Und der Dichter Alexandri singt: „Es ist nun einmal ein alter Fluch, der auf unserem edlen Volke liegt."

Aber das sind ziemlich vage Erklärungsgründe für ein greifbares Uebel. Vielleicht gelingt es uns, stichhaltigere aufzufinden, wenn wir uns in unser Thema vertiefen.

Zwei Typen kommen hauptsächlich in Betracht, wenn man die soziale Stellung und die Lebensweise der rumänischen Frauen zu schildern sucht: die Bäuerin und die Bojarin. Denn der Mittelstand ist eben erst in der Entwicklung begriffen. Wie jedes Volk, das erst kürzlich aus barbarischen Zuständen herausgetreten, dessen Handel und Gewerbe gänzlich darniederliegt und in seinen Anfängen vollständig von Nichtrumänen usurpirt wird, haben die Rumänen, wie z. B. auch die sonst auf viel höherer Stufe stehenden Polen, keinen eigentlichen Bürgerstand. Das ist das Hauptunglück des Landes.

Der Lebenslauf der Rumänin ‹aus dem Volke› ist fast immer derselbe, mag nun die Anitza oder Maritza schön oder häßlich, mag sie — natürlich nach den Begriffen des Dorfes — reich oder arm sein. In der niederen Hütte geboren, wächst das Kind fast ganz ohne Pflege und Aufsicht empor. Es macht seinen Eltern, außer der spärlichen Nahrung, keinerlei Sorgen und Ausgaben, auch nicht für die Bekleidung. Man muß es gesehen haben, um es zu glauben, daß ein grobleinenes Hemde in den rumänischen Dörfern für ein vier- oder fünfjähriges Mädchen noch ein Luxus ist, den ihm die Eltern höchstens an Sonn- und Feiertagen gestatten. Das Mädchen wächst heran, natürlich ohne Schulunterricht. Denn es gibt in Rumänien fast gar keine Dorfschulen, d. h. faktisch, auf dem Papiere mögen ihrer genug stehen; das Papier ist eben in Rumänien nicht ungebuldiger als anderwärts. Die Herren haben keine Zeit dazu, sich um das Schulwesen zu kümmern; sie müssen in ihre Verfassung überaus freisinnige Bestimmungen hereinbringen; z. B. die Abschaffung des Adels und sich dabei in einer Kunst üben, die freilich minder freisinnig ist — der Judentodtschlagekunst. Es gibt keinen grelleren Gegensatz auf Erden, als die Theorie und die Praxis im rumänischen Dorfschulwesen.

Ich kann nicht umhin, an dieser Stelle ein einschlägiges persönliches Erlebniß zu erzählen, da es überaus charakteristisch ist. In einem Bukarester Salon hatte ich vor einiger Zeit die Ehre, dem damaligen Kultus- und Unterrichtsminister Rumäniens (die Herren wechseln bekanntlich rasch und der Betreffende ist jetzt wieder, was er früher war — Lebemann nämlich) vorgestellt zu werden. Da ich zu jener Zeit eben einige Reisebriefe in der «Neuen freien Presse» hatte erscheinen lassen und er daher vermuthete, ich könnte auch diese meine Reise lite-

rarisch verwerthen, so schilderte er mir in liebenswürdigster,
ausführlichster Weise den Stand seines Ressorts und
schloß mit den Worten: „Sie sehen — unser Volksschul-
wesen ist dem der Schweiz ebenbürtig. Wenn Sie übrigens
noch nähere Daten —". . . Ich dankte verbindlichst, da ich
nicht die Absicht hätte, über das Thema zu schreiben, und
ließ nebenbei durchschimmern, daß ich, als der Landes-
sprache einigermaßen kundig und nicht zum ersten Male
im Lande, über den wahren Stand der Sache hinreichend
instruirt sei. Da sahen mich Se. Exellenz zuerst verdutzt
an und riefen dann lachend: „Nun — da habe ich Ihnen
freilich umsonst blauen Dunst vorgemacht. Ich mußte es
ja schandehalber thun. In Wahrheit steht es schändlich —
Sie haben Recht. Aber alle Mühe wäre nutzlos: unsere
Bauern schicken nun einmal ihre Kinder nicht in die
Schule . . . ." — „Es käme auf die Probe an!" warf ich
ein. — „Nun, dann mag ein Anderer probiren", brach
er lachend ab.

Der einzige Unterricht, den das rumänische Dorfkind
genießt, ist der Religionsunterricht. Aber auch den zieht
es nur aus den unverstandenen, etwas schwerfälligen Formen des griechisch-orientalischen Gottesdienstes und aus
dem Köhlerglauben der Eltern. Dieser Köhlerglaube mag
für den Kulturhistoriker sehr interessant sein — es ist
eigenthümlich, wie sich die ewig heiteren Heidengötter im
Laufe der Jahrhunderte in diesen Landschaften in düstere

Gespenster und Dämonen gewandelt — aber für den
Menschenfreund ist er sicherlich nur sehr betrübend.

Aber kümmern sich denn Seine Hochwürden der Herr
Pope nicht um die Kleinen?

Seine Hochwürden, der Herr Pope!

Ach! dieser Mann ist in der Regel ein eigenthümliches Exemplar eines Seelsorgers. Der Sohn eines Popen oder Bauern, ist er — fast ohne jede Vorbildung —
auf drei oder vier Jahre in eines jener zahlreichen Priester-
seminare gesteckt worden, wo er Lesen und Schreiben, dann
das Absingen der Ritualgebete gelernt und wo ihm als
einzige Vorbereitung für seinen heiligen Beruf der Ka-
techismus eingebläut worden. So ausgerüstet, wird er,
nachdem er ein Weib genommen, zum Priester geweiht
und erhält eine Dorfpfarre, um da vollständig zu ver-
bauern. In seinen Predigten ist Gott ein strenger Herr,
der außer dem obligaten Frommsein und Wohlthun der
Menschen an einem Dinge besonders Wohlgefallen hat:
wenn man dem Verkündiger seines Wortes, dem Popen,
den Zehnten und die Sporteln reichlich entrichtet und noch
außerdem zuweilen eine milde Gabe in's Haus bringt.
Das köstlichste Musterbild eines solchen Priesters des
Herrn lernte ich auf meiner Eingangs erwähnten Fahrt
in der Moldau, in der Nähe von Borbujeni kennen.
Seine Hochwürden fragten mich unter Anderem, ob die
Deutschen wirklich Heiden seien, ob der Kaiser der Deutschen,

Namens Bismarck, in der That zwölf Fuß hoch sei und in
welcher Art ein Blitzableiter nützlich werde könne ....
So seltsam diese Stichproben klingen mögen — ich ver-
bürge mich hiermit für ihre Wahrheit. Und am Sonntag
Nachmittags präsentirten sich mir Seine Hochwürden in
einem Zustande so kolossaler Besoffenheit, wie ich dergleichen
selbst in den Hafenkneipen Hamburgs oder Marseille's,
Triests oder Odessa's nie gesehen. Und das will bekanntlich
etwas sagen.

Von seinem neunten, zehnten Jahre an, oft noch
viel früher, wird das Kind dazu angehalten, der Mutter
bei ihren meist sehr schweren Arbeiten zu helfen. In
ihrem dreizehnten, vierzehnten, höchstens fünfzehnten Jahre
ist die Rumänin körperlich vollständig entwickelt. Und
man findet da oft schöne, zierliche Gestalten. Der rö-
mische Typus, obwohl vielfach durch Heirathen mit Slaven
verwischt, zeigt sich in der schön und stolz geschwungenen
Nase, in dem fein und scharf gezeichneten Munde, in dem
schwarzen, glänzenden Haare, in der eigenthümlichen, aber
nicht unschönen Broncefarbe des Gesichts. Betrachtet man
die junge Rumänin in ihrem Festschmucke, dem linnenen
Hembe, das mit allerdings ziemlich kunstlosen Stickereien
verziert ist, dem nationalen, aus einem Stücke geschnittenen,
durch eine Spange zusammengehaltenen Tuchrocke, der, in
der Taille befestigt, sich dicht an die Hüften schmiegend bis
an die Knöchel fällt, dem leichten, tunicaartigen, meist

blauen Mäntelchen, lauscht man dazu ihrer Sprache, die
fast in jedem Laute an die Sprache des alten Rom erinnert, wahrlich — es gehört nicht viel Phantasie dazu
um sich die römischen Landmädchen aus den Zeiten Cicero's
zu denken! Und schier wäre da vielleicht auch ein Schalk
versucht, mit dem alten Flaccus zu sagen: «Ne sit tibi
pudori, amare ancillam . . . .“

So geschmückt und — reinlich kann man die Mädchen freilich nur an Sonntagen, sowie an den übrigens
sehr zahlreichen Festen ihrer Kirche sehen. Auf einem
freien Platze, gewöhnlich vor dem Wirthshause tanzt dann
die Dorfjugend. Das Orchester besteht aus dunkelhaarigen
glutäugigen, meist scheußlich zerlumpten Zigeunern, einem
Geiger und einem Cymbalschläger. Die Tänze des rumänischen Landvolkes sind besonderer Art; sie sind fast durchweg keine Rundtänze, sondern bestehen aus einer Reihe
bunt abwechselnder hübscher Gruppirungen. Am beliebtesten
ist die «Romana».

Nach dem Tanze begleitet — wie allüberall — der
Bursche das Mädchen nach Hause. Die Liebenden werden
gewöhnlich nach kurzer Frist Braut- und Eheleute. Auch
hier bestimmt meist ein äußerer Umstand, nicht der Drang
des Herzens die Wahl. Auch hier stellen Reichthum und
Besitz scharfe, unüberklimmbare Schranken auf. Es gibt
überhaupt weniger Idyllen auf der Welt, als zarte Damen
und langhaarige Poeten glauben.

Das Mädchen ist zum Weibe geworden; es tritt sein Amt im Hause an. Aber es .ist kein leichtes Amt. Mit der Stunde, wo das junge Mädchen unter eigenthümlichen, sehr lebhaft an die Hochzeitsgebräuche der Römer erinnernden Zeremonien in das Haus des Gatten tritt, hat sie von den Freuden des Lebens so ziemlich Abschied genommen. Denn das rumänische Weib ist die Sklavin ihres Gatten. Nicht etwa darin nur, daß er ihr seine Liebe sehr häufig in bunten Striemen auf den Körper schreibt — das wäre keine Eigenthümlichkeit der Rumänen, das findet sich bei allen Völkern des Ostens — sondern hauptsächlich darin, daß ihr nun die Sorge für die Erhaltung des Hauses ausschließlich obliegt. Sie ist nicht die Gehilfin des Mannes, sie ist seine Dienerin. Jene empfindsame Gräfin, die vor einiger Zeit bei einem Wiener Frauentage praktisch und vernünftig, wie alle Vorkämpferinnen der Frauen=Emanzipation, eine Motion für die armen Türkinnen einbrachte und sie besonders durch die Polygamie des Moslems begründete, hätte Gegenstände ihres Mitleids nicht so weit zu suchen gebraucht, sie hätte deren in den Karpathen und an der Donau genug gefunden. Denn der rumänische Bauer beschränkt seine Thätigkeit auf die Bestellung des Ackers; die Besorgung der Hausthiere, die Beschaffung der Lebensmittel, ja man darf sagen: alle und jede andere Sorge überläßt er seinem Weibe. Und in dieser harten, ungebührlichen Arbeit und Anstrengung ist auch der Grund

dafür zu finden, daß die Rumänin mit fünfzehn Jahren
blühend und schön, mit dreißig Jahren ein alterndes Weib,
mit vierzig Jahren eine Greisin ist. Und kaum minder
schnell geht es mit der Kraft des Mannes abwärts. Denn
was bei dem Weibe die Arbeit, bewirkt bei ihm der —
Schnaps!

Trotz solcher Behandlung, trotz solcher Lebensweise ist
das rumänische Bauernweib keine stumpfe, gedankenlose
Arbeitsmaschine; sie hat ein eigen geartetes, charakteristisches
Gedankenleben.

Das rumänische Weib ist stets freundlich, heiter und
gesangslustig. Nie läßt sie bei ihrer harten und oft so
mühsamen Arbeit in trübem Schweigen den Kopf hängen;
sie begleitet all' ihr Thun mit Gesang. Was sie singt,
ist unendlich mannichfaltig. Bald ist es nur die Melodie
einer «Doina», dieser eigenthümlich ergreifenden, melodi-
schen Klage des Rumänen; bald die eines fröhlichen Na-
tionaltanzes, am häufigsten aber ein Volkslied. Denn
wie eine wilde Blume, unbekannt, verachtet, aber schön,
duftig und stark blüht das Volkslied in den Bergthälern
der Karpathen, in den fruchtbaren Niederungen an der
Donau. Noch hat es die Cultur nicht verdrängt, noch hat
sie nichts an seinem Inhalt, seiner Form geändert. In
dem Volksliede, vielleicht der einzigen wahrhaft schönen,
wahrhaft reinen Blüthe, welches dieses Volksleben getrieben,
liegt unverfälscht und unverdorben das Herz, das «Sinnen

und Minnen» des Rumänen; wer es kennt und versteht, hat darin den Schlüssel zu seinem Wesen. Das Volkslied aber, wie das Märchen wird in Rumänien hauptsächlich von dem Weibe gepflegt. Daher schmiegt es sich allen ihren Verhältnissen an, daher findet die Rumänin für jede Situation, für jedes Leid, für jede Freude in einem Liede den Ausdruck ihres Gefühls. Und ist der Ausdruck noch nicht geschaffen, nun — so schafft sie sich ihn selber. Es ist auf den ersten Blick seltsam: in dem Herzen dieses verachteten, von den Sorgen des Daseins fast erdrückten Weibes lebt ein reicher Schatz poetischer Empfindung: das rumänische Weib ist Dichterin! Das Lied freilich, das sie in dem einen Momente hinausfingt in die blühende Flur des Südens, um es im nächsten zu vergessen, ist sehr kunstlos, sehr einfach, aber — ich versichere es und könnte es beweisen — es lebt mehr, weit mehr ursprüngliche Poesie darin, als in den Versen so manches deutschen oder französischen Modedichters. Dieser Gabe, die natürlich je nach der Individualität der Einzelnen mehr oder minder intensiv ist, verdankt die Rumänin vielleicht die Elastizität ihres Wesens, vielleicht müßte sie ohne dieselbe verkommen oder zum Thiere hinabsinken. Diese Schöpfungen des Augenblicks verstieben freilich zumeist; aber die verhältniß- mäßig wenigen, die im Volksmunde fortleben, bilden in ihrer Vereinigung eine so reiche, so anmuthige Volkspoesie, wie sie, als in der Gegenwart blühend, vielleicht keine an- dere Nation aufzuweisen vermag. . . .

Von Mutterliebe und Muttersorgfalt — wenigstens von einer derartigen, wie sie im Westen zu Hause — weiß das Herz der Rumänin wenig. Dies ist auch so natürlich! Sie behandelt ihre Kinder eben, so stumpf und gleichgiltig, wie sie einst von ihrer Mutter behandelt worden. Gleichwohl liebt sie sie im Grunde in ihrer Art innig. Dies zeigt sich namentlich, wenn eins der Kleinen krank wird und stirbt. Indeß der Vater in solchen Momenten vielleicht nur deshalb etwas dumpfer und betrübter in die Welt starrt, weil er der Begräbnißkosten gedenkt, die der Pope unbarmherzig einfordern wird, ist die Mutter aufgelöst in Schmerz, und in tiefen, wahren Schmerz. Ist ihr doch das Kind auf ewig verloren, fehlt ihr doch der tröstende, erhebende Glaube an ein Wiedersehen nach dem Tode! Woher sollte ihr auch dieser Glaube kommen?

Aber trotz alledem ist die Rumänin fromm, sehr fromm — freilich in eigenthümlicher Weise. Sie übt eben einen äußerlichen und formellen, nicht einen Kult des Herzens. Ihr ist Gott ein mächtiger Herrscher, aber ein sehr konstitutioneller, dessen Minister, die Heiligen, dessen erste Rathgeberin, die heilige Jungfrau, eigentlich weit mehr vermögen, als er. Darum opfert sie ihnen häufig eine Wachskerze und sagt an ihren Festtagen, ihnen zu Ehren, unzählige Male das «Vater unser» her, gewöhnlich zugleich das einzige Gebet, das sie kennt. In ihrer Vorstellung sind das eben gar hohe Herren, mit denen man es nicht verderben dürfe. In gleich hoher Verehrung stehen bei ihr übrigens auch die Geister und Dämonen, unter welcher Gestalt in oft noch deutlich nachweisbarer Art — wie bereits oben angedeutet — die alten Heidengötter fortleben. Aber die eigentlichen Helfer sind ihr doch die wunderthätigen Heiligenbilder in Kirchen und Klöstern. Zu welcher sonderbaren Verzerrung des Christenthums solcher Glaube führt, mag folgende wahrheitsgetreue Erzählung darlegen. Ich wanderte einst an einem heißen Augusttage durch das Suczawathal der südlichen Bukowina. Da begegnete mir nächst dem Kloster Dragomirna, wo sich ein wunderthätiges Heiligenbild befindet, ein rumänisches Bauernweib, das mit großer Mühe ein bleiches, abgezehrtes, etwa zehnjähriges Mädchen auf dem Arme fortschleppte. Sie wolle nach dem Kloster zu Putna, zum dortigen Marienbilde, erzählte sie auf meine theilnehmende Frage, vielleicht könne dies ihrem armen Kinde helfen. Und als ich darauf erstaunt meinte, warum sie so weit wolle, da doch im Kloster Dragomirna gleichfalls ein wunderthätiges Bild sei, da erwiederte sie mir wörtlich: „Ja! — der Heilige in Dragomirna kann helfen, wenn ein Viehstück erkrankt oder um gestohlene Sachen wieder zu erhalten, aber für menschliche Krankheiten ist nur die heilige Jungfrau in Putna gut! ...."

Noch zweier hervorragender Eigenschaften der Rumänin dieser Schichte sei hier Erwähnung gethan, einer guten

und einer schlimmen. Die gute Eigenschaft ist die uner=
schütterliche eheliche Treue, die das Weib ihrem Gatten
wahrt. Daß ein Bauernmädchen zu Falle kommt, gehört
im rumänischen Dorfe zu den Alltäglichkeiten, die kaum der
Erwähnung werth sind; Ehebruch hingegen ist äußerst
selten. Es sei dies bei der Schilderung des Bauernweibes
hervorgehoben, weil uns in den höheren Ständen, die
nahezu entgegengesetzte, gewiß sehr betrübende Erscheinung
begegnen wird.

Eine schlimme Eigenschaft hingegen ist die innige,
ewig schmachtende, ewig nach neuem Genuß begehrende
Liebe, welche die Rumänin jedem geistigen Getränke, es
mag nun Wein, Meth oder Branntwein heißen, in edler
Eintracht mit ihrem Gatten entgegenträgt. Ein Rausch an
den Nachmittagen der Sonn= und Festtage ist so herge=
bracht, daß es für unschicklich gelten würde, sich dessen zu
enthalten. Die Gatten sinken gewöhnlich friedlich unter
einen Tisch. Ob übrigens der Mann das Weib, oder
das Weib den Mann zum Trinken verleite, diese Frage
wollen wir offen lassen und uns zur Betrachtung der
höheren Schichten der rumänischen Frauenwelt wenden,
vorher aber auf die wenigen Gestalten des Mittelstandes
einen Blick werfen.

Hier sei zuerst der Popenfrau gedacht. Sie ist ge=
wöhnlich zugleich die Tochter eines Popen und auf den
heiligen Beruf des Vaters und des Gatten nicht wenig

14*

stolz. Ebenso auf ihre Kleidung, die eine seltsame, meist
sehr komisch wirkende Mischung städtischer und ländlicher
Tracht ist. Darum verkehrt sie auch mit den Weibern im
Dorfe, von denen sie sich in Bildung und Aufklärung
übrigens wenig unterscheidet — sehr von oben herab und
würdigt höchstens das Weib des «Dvornik» (Dorfrichters)
ihres Umganges. An Sonn- und Festtagen pflegt sie in
der Kirche mit einem mächtigen Gebetbuche ausgerüstet zu
erscheinen, das zwar auf die versammelten Gläubigen sehr
imponirend wirkt, dessen Inhalt ihr jedoch meist ein Räthsel
bleibt, da sie in der Regel der Kunst des Lesens nicht
mächtig ist.

Beiläufig auf derselben Stufe der Bildung steht das
Weib des kleinen Landbesitzers oder Pächters, nur daß
dieses noch stolzer und schroffer auftritt, da es nicht mehr
zu arbeiten braucht, sondern auch einigen Dienern gebieten
kann. Etwas höher schon steht die Gattin des Krämers,
des wohlhabenden Handwerkers, des niederen Beamten in
den Städten und Städtchen der Donaufürstenthümer. In
ihrer Tracht, die oft schreiend geschmacklos ist, ahmt sie
die moderne Mode nach, ebenso sucht sie ihr Benehmen
nach dem der Vornehmen einzurichten. Auch spricht sie
manchmal sogar französisch, „aber fragt mich nur nicht —
wie". Von der Herrschaft des Mannes hat sie sich bedeutend emancipirt — er ist oft ihr Sklave. Auch darin
ahmt sie den vornehmen Frauen Rumäniens nach.

... In keinem anderen Lande haben sich die gesell-
schaftlichen Zustände der höheren Klassen innerhalb weniger
Jahrzehnte so verändert, wie in Rumänien; vielleicht kennt
die Kulturgeschichte keines anderen Volkes eine so durch-
greifende Umwälzung des socialen Lebens in verhältnißmäßig sehr kurzer Zeit. Die Stellung der Frau namentlich ward eine durchweg geänderte.

Es war ein eigenthümliches Leben, das die Bojarin,
die vornehme Rumänin überhaupt noch in den dreißiger
Jahren dieses Jahrhunderts führte. Auf ihrem einsamen
Edelhofe auf dem flachen Lande oder im «Palais» in der
Stadt lebte die Herrin des Hauses ein gleich einförmiges,
gleich eng begrenztes Dasein, auf dessen Gestaltung das
Familienleben der Türken und Fanarioten mächtig eingewirkt. Das Reich der Frau war das Haus, die vier
Pfähle, innerhalb deren sie lebte — was außerhalb derselben lag, kümmerte sie nicht. Sie verließ ihre Gemächer
nur, um eine Freundin zu besuchen, oder um im Haus-
garten zu weilen. Konzerte, Bälle, Theater existirten nicht
für sie, und sie hatte auch kein Bedürfniß darnach. Ihr
Bildungsgrad war ein sehr geringer, der edlen Künste des
Lesens und Schreibens war sie nur in den seltensten
Fällen kundig. Ihr Wirkungskreis im Hause war ein sehr
enger; im seltsamen Gegensatze zu den Verhältnissen, denen
wir in den unteren Volksschichten begegnet. Den Abend
brachte sie im häuslichen Kreise, d. h. mit den Kindern und

Dienerinnen zu, indeß der Herr und Gemahl entweder bei seiner Maitresse weilte oder eine Spielhölle aufsuchte. So spann sich dies einförmige Leben ab, ein Leben, welches in vielen Zügen an das Haremleben erinnert, welches die bevorzugten Frauen reicher Türken führen.

Wie so ganz anders lebt die vornehme Rumänin unserer Tage! Verschwunden ist die einfache, träumerische, ruhig und gleichmäßig dahinlebende Frau — die Rumänin von heute ist die glänzende, moderne, von Vorurtheil und hergebrachter Beschränkung emancipirte Dame der vornehmen Kreise des Westens. Und doch wieder eine ganz eigenthümliche Dame, deren Besonderheit nicht allein darin liegt, daß sie in der Moldau geboren, nicht in Frankreich, — daß sie in Jassy lebt, nicht in Paris. Der Schlüssel zur Erklärung dieser ihrer Eigenthümlichkeit aber liegt in ihrer Erziehung.

Es sind sonderbare Verhältnisse, in die das Kind rumänischer Vornehmer tritt, die es meist schon sehr früh erkennen lernt. Eine Amme hat es ernährt und gepflegt; nur selten hat sich die Mutter um ihr Kind gekümmert. Sie hat es höchstens zuweilen aus der Ammenstube in ihre Gemächer herübertragen lassen, um es anzusehen, wenn sie gerade eine freie Stunde hatte, d. h. wenn sie sich weder von ihrem Anbeter unterhalten ließ, noch einen Roman von Sue oder Kock las, wenn sie weder Karten spielte, noch auf dem Ball, im Concert oder in der Oper war.

Bis in sein fünftes, sechstes Jahr bleibt das Kind in der Gesindestube, spielt mit den Kindern der Diener und lernt von diesen nicht gerade sehr Erbauliches. Da erinnern sich eines Tages die Eltern, daß die kleine Georgina oder Natalie oder Maritza bereits in dem Alter sei, wo man ihr eine standesgemäße Erziehung geben müsse. Das Mädchen, bisher in roher Umgebung aufgewachsen, erhält nun manchmal eine Gouvernante, in den meisten Fällen wird es in eines der französischen Erziehungsinstitute von Jassy oder Bukurest gegeben. Solche Institute aber werden in der Regel — wenige ehrenvolle Ausnahmen will ich gerne zugestehen — von Männern und Frauen geleitet, die Erzieher für die Kinder des rumänischen Abels geworden, nachdem ihnen sonst so ziemlich alles Mögliche in Frankreich und in anderer Herren Ländern mißglückt, die wahre und ernste Bildung nicht lehren können, eben weil sie ihnen selber fremd ist.

Worin besteht nun der Unterricht im Institute? Von Sprachen wird hauptsächlich das Französische, daneben das Italienische und Englische gelehrt, die Muttersprache nur äußerst dürftig. Was wissenschaftliche Disziplinen betrifft, so wird das Mädchen zum Auswendiglernen einer kleinen «Histoire universelle» angehalten, der Unterricht in den Naturwissenschaften entfällt fast vollständig, der in sonstigen Realien ganz. Hingegen wird das Tanzen mit erschöpfender Gründlichkeit gelehrt. Im Klavierspiel schließlich pflegt die junge Rumänin, Dank ihrer angeborenen, musikalischen Begabung, einen hohen Grad technischer Fertigkeit zu erreichen.

So ausgerüstet tritt das junge Mädchen in ihrem sechzehnten, siebzehnten Jahre aus dem Institute und in den Kreis ihrer Familie. Daß sie in demselben nicht heimisch wird, darf uns nicht wundern, sie war es ja nie. Sie erblickt in ihrer Mutter nur diejenige Person, deren Begleitung ihr die glänzenden Cirkel, die Bälle und Vergnügungen der Hauptstadt eröffnet; der Mutter ist die junge, schöne, heirathslustige Tochter eine unbequeme Gesellschafterin, die sie selbst vollständig in Schatten stellt. So wünscht die Mutter die Tochter bald verheirathet zu sehen und diese sehnt sich gleichfalls nach Selbstständigkeit. Reichthum und Schönheit machen meist die Erfüllung dieses Wunsches sehr leicht. So tritt die junge Rumänin sehr bald nach ihrer Heimkehr aus dem Institute an den Traualtar, sie wird Gattin und Hausfrau.

Aber nicht eine Gattin im guten, schlichten, deutschen Sinne, nicht einmal eine solche im Sinne der vornehmen Kreise des zweiten Kaiserreichs oder der derzeitigen Republik. Zwar treffen wir fast alle die Verhältnisse wieder in denen sich die Weltdame an der Seine bewegt, aber sie gestalten sich hier schärfer und verzerrter. Die Rumänin ist nur dem Namen nach «Hausfrau», um das Hauswesen kümmert sie sich nicht und ebensowenig um ihre Kinder.

Der Haushalt einer rumänischen Adelsfamilie bietet oft
ein seltsames Bild. Deutsche Sauberkeit und Ordnung
ist hier etwas Unbekanntes. Da herrscht eine Nachlässig-
keit, von der wir uns schwer auch nur einen beiläufigen
Begriff machen können. Die Diener, theils eingeborene
Tölpel, theils aus Frankreich weggejagte Hallunken begehen
den größten Unterschleif und thun, was sie wollen, aber
am liebsten thun sie gar nichts. Der ordnende Blick der
Hausfrau, die da «waltet weise im häuslichen Kreise», fehlt
eben überall. Wo fände sie auch Zeit zur Erfüllung ihrer
Pflichten! Sie hat ja so viel, so unendlich viel zu thun,
um den Ruf einer eleganten fashionablen Dame in ihren
Kreisen zu erwerben und festzuhalten. Und da hat man
in Jassy oder Bukurest viele und darunter sehr eigenthümliche Anforderungen der «Gesellschaft» zu erfüllen.
Es sind eben Damen eigener Art, diese Bojarinnen, diese
Frauen der reichen Handelsherren oder der höchsten Staats-
beamten.

Die höchste Eleganz, die unbedingte Befolgung des
Pariser Modemoniteurs ist natürlich erstes Erforderniß.
Die vornehme Rumänin trägt immer, was gut und
theuer und modern ist, freilich nicht immer das, was ge-
schmackvoll ist. Dazu gehört bekanntlich angeborener Takt,
Farben- und Schönheitssinn und der läßt sich nicht, wie
all' die bunten Kleider und Hüte in den glänzenden Mode-
Etablissements Bukurest's, kaufen. Jene Geschmacklosigkeit,

Rumänische Frauen.218

bie ihren Grund hat in der übertünchten oberflächlichen Bildung, tritt auch in der Einrichtung des rumänischen Hauses oft sehr drastisch zu Tage.

Gelingt es aber der Rumänin in dieser Beziehung nicht, ihr Musterbild an der Seine zu erreichen, so übertrifft sie es dafür in einer anderen, in der Leichtlebigkeit oder — ich will's offen sagen — in der Sittenlosigkeit. Ich habe ihrer frivolen Pflichtvergessenheit als Mutter und Hausfrau erwähnt; sie ist nicht minder pflichtvergessen in ihrem Verhältnisse als Gattin. Ich spreche nur eine jedem Kenner der Donaufürstenthümer bekannte Wahrheit aus, wenn ich behaupte, daß in keinem anderen Lande die Heiligkeit der Ehe so mit Füßen getreten, so zur Phrase herabgewürdigt wird, wie in Rumänien. Wie es für den deutschen Reichsfürsten des 18. Jahrhunderts absolut obligat war, eine Courtisane zu besitzen, so ist heute die vornehme Rumänin nicht ganz fashionable, wenn sie noch an dem in ihren Kreisen lächerlich gewordenen «Vorurtheil» der ehelichen Treue festhält. Der Grund dieser furchtbar betrübenden Erscheinung liegt nur zum geringsten Theile in der Gluth südlichen Blutes, sondern hauptsächlich nur wieder in der schablonenhaften, blos formellen Erziehung, so wie in dem verderblichen Einflusse französischen Beispiels.

Dieses Beispiel aber läßt die Rumänin meist unmittelbar auf sich wirken. Denn es gehört zum bon ton dieser Gesellschaft, wenigstens von einem einmaligen Aufenthalte in Paris sprechen zu können. Und in der üppigen Stadt an der Seine wird so Manches gelernt, was durch die angeborene französische Grazie gemildert, dann in den rumänischen Salons plump, offen und frech auftritt. Dazu kommt die fast unbegrenzte Vergnügungssucht der Rumänin, das Bestreben, sich geltend zu machen; die Herrschsucht, die leidenschaftliche Einmischung in politische Händel. Wenn irgendwo, so herrscht in Rumänien die Krinoline.

Nur eine Haupttugend schmückt die vornehme Rumänin und um derentwillen mag ihr viel vergeben werden. Die Barmherzigkeit, das Mitleid mit der Armuth. Das ist eine so tief wurzelnde Eigenschaft des weiblichen Herzens, daß sie selbst moderne Verschrobenheit und Entsittlichung nicht zu erschüttern vermocht.

Als ich noch, wenn ich so sagen darf, meine Studien für diese Arbeit machte, als ich mich noch als heiterer Gymnasiast in den rumänischen Dörfern meiner zweiten Heimath, der Bukowina herumtrieb und darauf, als nicht minder heiterer Tourist, in den Straßen Bukurest's und Jassy's flanirte, da dachte ich gar nicht daran, daß das Leben und Wesen dieser hübschen, braunen, schwarzäugigen Bäuerinnen und Bojarinnen doch ein so ganz eigenartiges und seltsames sei und daß man sich darüber in Wahrheit minder harmlose Gedanken machen müsse, als ich es da-

mals gethan. Nun ist mir dies freilich klar geworden, ja
klarer, als ich es im Interesse meiner angenehmen und —
wie ich versichern darf — sehr unschuldigen Erinnerungen
wünschen muß. Aber nun ich einmal darüber geschrieben,
mußte ich auch die Wahrheit schreiben. Nur Eines will
ich noch bemerken: ich habe Typen gezeichnet. Selbstverständlich gibt es auch Ausnahmen. Aber Ausnahmen
bestätigen nur die Regel . . .

Armes Rumänien! . . .

Jancu, der Richter.

Das Folgende ist streng den Thatsachen nacherzählt. Wer es liest, dem wird diese Versicherung fast überflüssig scheinen. Denn diese Geschichte trägt den Stempel ihres Autors, des Schicksals. Nur dieser größte, unbarmherzigste und sorgloseste Poet wagt so gräßliche und dabei so einfache Effecte. Ihm Solches nachzudichten, wäre für einen Novellisten vielleicht eine lohnende, aber sicherlich eine traurige Arbeit. Der Schilderer fremder Sitte aber steht auf anderem Standpunkt. Ihm darf nicht die Schönheit die höchste Göttin sein, sondern die Wahrheit. Es fällt ihm oft schwer, diesen Standpunkt festzuhalten, bitter schwer — gleichviel! er muß seine Pflicht erfüllen . . .

. . . Vor einer rumänischen Jury sitzt auf dem Schemel des Angeklagten der Bauer Jancu. Sein brauner Serdak (Gürtelrock) ist zerrissen und durch dessen wie des Hemdes Ritzen sieht man die broncefarbene Haut schimmern. Das Haar fällt ihm in langen, wirren, mißfarbigen Strähnen in's fahle Antlitz, das Haupt ist auf die Brust gesenkt, das stumpfe Auge stier auf den Boden gerichtet. Kein Blick trifft das Publikum, die Geschwornen, die Richter.

Der Gerichtsschreiber ruft die Sache auf, der An-
klageakt wird vorgetragen. Der Bauer Jancu, Besitzer
einer großen Wirthschaft, griechisch-rechtgläubig, 29 Jahre
alt, derzeit, da er sein Weib ermordet, verwitwet, bisher
durchaus unbescholten und drei Monate vor der That zum
«Aeltesten» (Richter) seines Dorfes gewählt, ist vollkommen
geständig, sein Weib Xenia, 21 Jahre alt, seinen Knecht
Alexa, 43 Jahre alt, und die Zigeunerin Mariula, un-
bekannten Alters, jedenfalls weit über die 50, in einer
und derselben Nacht, Faschnacht-Sonntag auf Montag, ermordet zu haben. Der Akt schildert die drei Verbrechen
nach der Aussage des Angeklagten — Thatzeugen sind
nicht vorhanden. Doch ist das Geständniß Jancu's, welcher unmittelbar nach der That seine Verhaftung selbst
veranlaßt, sehr umfassend und durch die Ergebnisse der
Obduktionen durchweg bestätigt. Demzufolge hat Jancu
sein Weib durch eine Kugel in's Herz getödtet, den Knecht
durch eine Ladung von drei Rehposten gegen den Kopf,
die Zigeunerin hat er mit den Händen erwürgt. Ueber
die Motive, bemerkt der Akt, verweigere Jancu jegliche
Auskunft — „ich hab's gethan, weil ich's thun mußte";
auch den Zeugen sei die That unerklärlich.

Das Verhör beginnt. „Jancu", sagt der Präsident,
„Ihr habt Alles gehört — gestehet Ihr auch heute Eure
Schuld?"

Der Angeklagte erhebt sich. Aber sein Antlitz bleibt

unbewegt und die Augen haften am Boden. „Ja, mein
gnädiger Herr", erwidert er dumpf, „es ist Alles wahr."
Darauf sinkt er sogleich wieder auf den Schemel zurück.

„Ihr müßt stehen bleiben, Jancu", belehrt ihn der
Präsident. „Ihr müßt uns nun Alles erzählen, was Ihr
gethan und gedacht habt an jenem Sonntag und in der
Nacht darauf. Ihr müßt uns erzählen, wie Ihr Eure
Verbrechen begangen und warum Ihr sie begangen."

Jancu schüttelt den Kopf und läßt ihn noch tiefer
auf die Brust sinken. Dann erhebt er sich doch, unwillig
zögernd. Aber seine Stimme klingt dumpf und ohne
Erregung, wie früher: „Nein, mein gnädigster Herr, das
werde ich nicht thun. Denn wie ich's gethan, wißt Ihr
schon und es ist unnöthig, daß ich's noch 'einmal sage.
Und warum ich's gethan habe, werde ich Euch nicht sagen
und keinem Menschen und in keinem Falle."

„Aber das Gesetz will es so", sagt der Präsident.
„Das Gesetz will, daß die Geschwornen das Geständniß
aus Eurem Munde hören. Und wenn Ihr die That so
reumüthig bekennt — warum nicht auch die Gründe?
Das kann ja nur zu Eurem Vortheil sein, Jancu! Ihr
seid ja kein gewöhnlicher Verbrecher! Alle Leute in Eurem
Dorfe sagen einstimmig, daß Ihr der bravste, wackerste,
nüchternste Mensch gewesen. Darum seid Ihr ja in so
jungen Jahren Richter in Eurem Dorfe geworden. Auch
der Fürst St., bei dem Ihr einst drei Jahre gedient, ist

selbst zum Untersuchungsrichter gekommen und hat gesagt,
er halte sich in seinem Gewissen verpflichtet, für Euch zu
bezeugen, daß Ihr, Jancu, der ehrlichste, verständigste,
treueste Mensch gewesen, den er je um seine Person gehabt. Wenn also ein Mensch, wie Ihr, plötzlich so gräßliche, unerhörte Verbrechen begeht, so ist er entweder wahnsinnig, und das seid Ihr nicht, oder er ist durch irgend
Etwas, was ihm widerfahren, in die fürchterlichste Auf-
regung versetzt worden. Was war nun bei Euch dieses
Etwas? Gestehet es doch! Das wird Euer Gewissen
erleichtern und Eure Strafe vielleicht milder machen!"

Aber wieder schüttelt Jancu den Kopf. Und wieder
fallen die Worte langsam, ruhig, tonlos von seinen Lippen.
„Mein gnädigster Herr, ich danke Euch und meinem guten
Fürsten und den Nachbarsleuten, aber das paßt mir Alles
nicht! Mein Geständniß war nicht reumüthig; ich habe
nur Alles gesagt, was der Richter wissen mußte, damit
man mich bestrafen kann, und habe es ganz nach der
Wahrheit gesagt, weil ich noch niemals gelogen habe und
auch in diesem Letzten nicht lügen wollte. Aber nicht aus
Reue habe ich es gethan, denn ich bereue meine That
nicht, ganz und gar nicht. Und wenn ich bis jetzt gewesen wäre, was ich einst war, ein ganz glücklicher, ganz
friedlicher Mensch und wenn ich jetzt erkennen würde, was
ich damals erkannt habe, ich würde die drei Menschen in
der nächsten Stunde tödten, wie ich's in jener Nacht gethan.

Darum brauche ich auch mein Gewissen nicht zu erleichtern, denn es ist leicht. Und was die mildere Strafe betrifft, o mein gnädigster Herr, was soll mir Milde?! Das Liebste wäre es mir, wenn diese Herren — er deutet auf die Geschwornen — sagen würden: Man soll ihn henken! Das kann aber leider nicht geschehen, weil bei uns das Henken aufgehört hat und man wird mich nur auf Lebenszeit in die Salzwerke nach Olna stecken. Soll ich etwa wünschen, wieder herauszukommen, — wozu, mein gnädigster Herr? Nein! Das wäre nichts für mich! Ich werde dort bleiben und die Arbeit, die Hundekost und die Schläge werden mich nach einigen Jahren tödten. Und so wird es gut sein. Denn ich sterbe sehr gern, mein gnädigster Herr, sehr gern sterbe ich!"

Vielleicht empfängt, wer dies liest, von diesen Worten kaum einen seltsamen, geschweige denn einen erschütternden Eindruck. Aber wer sie gehört, dem werden sie unvergeßlich sein. Man fühlte es heraus, daß auf der Seele dieses Menschen in der That ein furchtbarer Druck lastete, der ihm den Tod als eine Wohlthat erscheinen ließ; nicht die Reue, nicht das Schuldbewußtsein, aber ein übermächtiges, räthselhaftes Etwas, unter dessen Einfluß er gehandelt, das ihn noch heute zu Boden drückte.

Das Zeugenverhör begann. Der erste Zeuge war der greise Bauer Thobika, der vor Jancu Dorfrichter war und jetzt wieder das Amt provisorisch bekleidete, „bis sich

ein anderer jüngerer Hausvater findet, der so brav wäre,
wie der Jancu da." Der kleine geschwätzige Alte, mit
dem fahlen Gesichte, aus dem die Nase roth hervorglühte,
wie ein Rubin, leistete den Eid und erzählte dann, wie folgt:

„Nun, es war also am Fastnachtssonntag. Das ist
ein besonders heiliger Tag, ich bin früh in der Kirche gewesen, dann fortwährend in der Schänke gewesen und
am Abend bin ich heimgegangen. Weil ich aber einen
Eid geschworen habe, so will ich die Wahrheit sagen:
nämlich, daß ich nicht gegangen bin, sondern mein Weib
und meine Söhne haben mich getragen, weil ich sehr besoffen war. Also gut, da legen sie mich hin und ich
schlafe mich aus. Gegen die dritte Morgenstunde erhebt
sich ein furchtbarer Sturmwind, ich höre nichts davon,
aber mein Weib sagt zu meiner Tochter Anitza, welche
bei mir im Hause war, weil ihr Mann sie zu Tode
prügeln wollte — aber jetzt sind sie wieder versöhnt —
also „Anitza", sagt sie, „da hat sich Jemand aufgehängt,
oder es ist ein großes Verbrechen geschehen, der Wind
weht gar so stark." Und da klopft es auch schon sehr
heftig an die Thüre. Die Weiber erschrecken. „Wer ist
da?" — „Ich bin's, Jancu der Richter, öffnet, rasch,
rasch!" Aber wie sie die Kienfackel anzünden und er
hereintritt, da erschreckte er sie noch mehr; das war der
Jancu und war's wieder nicht, um zwanzig Jahre älter
war der Mensch plötzlich geworden. „Was willst Du?"

stammelt mein Weib. Er aber tritt auf mich zu und
rüttelt mich auf: „Thobila, Du mußt aufsteh'n!" Anfangs
hör' ich nichts, weil ich wirklich ein Bischen zu viel getrunken hatte, dann fahre ich doch empor: „He, Jancu,
was gibts?" Aber wie ich ihn ansehe, bin ich schon vor
Schreck halb nüchtern, und ganz nüchtern werde ich, wie
er mir sagt: „Du warst vor mir Richter und bist Aeltester
im Ausschuß. In Deine Hände lege ich mein Amt. Und
nun verhafte mich, wie es jetzt Deine Pflicht ist und liefere
mich sogleich in die Stadt. Denn ich bin ein Mörder,
ich habe mein Weib, meinen Knecht und die alte Hexe
getödtet." Da springe ich auf: „Jancu, du bist wahnsinnig!" und dann fällt mir ein, daß ihm den Tag vorher
sein einziges Kind gestorben ist, ein liebes, kleines Mädchen,
die Anula, und ganz plötzlich, an Krämpfen. Da denke
ich mir: er hat ja das Kind so ungemein lieb gehabt
sein Sterben wird ihm das Hirn verbrannt haben und
ich sage mitleidig: „Jancu, Dir träumt etwas Furchtbares.
Vielleicht wegen Deines armen Kindes! Tröste Dich —
es war Gottes Wille so!" „Nein!" ruft er wild, „es
war nicht Gottes Wille, aber gleichviel — es ist gerächt!
Ich habe im Namen Gottes Gerechtigkeit geübt — nun
mögen die Menschen mit mir thun, was sie wollen —
führe mich zur Stadt!" Und da erkannte ich, daß es
wahr war und mein Herz ist still gestanden. Es war,
um verrückt zu werden, aber es war doch so: unser Richter

Jancu war ein Mörder! ... Nun — da habe ich ihn am Morgen in die Stadt geführt!"

„Und hat er Euch nichts gesagt", fragt der Präsident, „warum er die That verübt hat?"

Thobika blickt zu Boden und dann verlegen auf Jancu hin. Mit diesem geht eine sonderbare Veränderung vor; sein Haupt hebt sich, seine Züge beleben sich und sein glühender Blick haftet halb drohend, halb flehend auf dem Antlitz des Zeugen.

„Hohe Herren", stammelt dieser verlegen, „es ist ihm so ein Wort entfahren, wider Willen, als wir zur Stadt fuhren. Aber ich habe ihm heilig versprochen, es Niemandem zu sagen. Und nun habe ich hier den Eid geschworen, die ganze Wahrheit zu gestehen. Ich weiß mir gar nicht zu helfen! Jancu, wenn Du mir erlauben wolltest ..."

„Du wirst schweigen", fährt dieser wild empor.

„Jancu", sagt der Präsident strenge, „noch e i n Wort, noch e i n e Bewegung, und ich lasse Euch binden und wegführen."

„Mein Eid", sagt Thobika weinerlich, „mein lieber Jancu, ich kann Dir nicht helfen. Also ..."

„Schweige!" ruft der Angeklagte noch einmal wild, gebieterisch. Der Präsident winkt den Polizisten. Aber Jancu fährt fort: „Wenn schon meine ganze Schande offenkundig werden soll unter den Menschen, so soll es doch mindeſtens Keiner ausſprechen, als ich ſelbſt. Laſſet dies ſchwaßhafte alte Weib zurücktreten — ich ſelbſt will ſagen, wie Alles kam …“

Es iſt tobtenſtill geworden im weiten Saale. Und Jancu berichtet ſeine Geſchichte, nicht dumpf und ſtumpf wie früher, ſondern wild, leidenſchaftlich, faſt ſchluchzend. Kein Herz bleibt unbewegt, kein Auge trocken, als der arme unſelige Menſch erzählt:

„Ich will es ſelbſt ſagen, ſo ſchwer es mir fällt. Aber ich ertrüge es nicht, wenn es ein Anderer ſagen würde. Ich habe nicht gedacht, daß ich ſo enden werde und Niemand hat es gedacht. Denn ich bin einmal ein ſehr glücklicher Menſch geweſen und ein guter, braver Menſch — ich darf das jetzt ſagen, ich ſpreche ja nicht von mir ſelbſt, ſondern wie von einem Todten. Es iſt mir Anfangs gar nicht gut im Leben gegangen, ich war der zweite Sohn, der ältere Bruder ſollte Alles erben – ich mußte mir als Knecht mein Brod verdienen. Zwar in meines Vaters Hauſe, aber bei den eigenen Leuten dient ſich's oft ſchwerer, als bei fremden — das könnt Ihr mir glauben. Nach dem Tode des Vaters bin ich als Diener in die Stadt gegangen, ich war ſehr fleißig, ſehr treu, Alle werden es mir bezeugen. Auch gelernt habe ich, Leſen und Schreiben, und weil ich geſehen habe, wie der Branntwein den Menſchen zum Vieh macht, ſo habe ich niemals einen Tropfen Branntwein getrunken.

Dann bin ich zu einem herrlichen Herrn gekommen, dem
Fürsten, und bin mit ihm in Deutschland gewesen und
in Frankreich. Dort ist ein anderes Leben, sogar der
Bauer ist dort ein Mensch. Nun — der Fürst war mit
mir zufrieden, er hat sich ja selbst jetzt meiner erinnert in
meiner großen Noth. Ich habe mir damals gedacht: Jetzt
bleibst du einige Zeit noch in der Stadt und sparst dir
deinen Lohn zusammen und dann gehst du in dein Dorf
und kaufst dir einige Aecker. Aber es kam anders. Wie
ich heimkomme von den Reisen, ist mein älterer Bruder
todt und an mich fällt das ganze große Bauerngut. Da
setze ich mich nun hin und beginne zu wirthschaften. Aber
die Leute sagen, daß mir noch etwas fehlt, und ich spüre
es selbst. Unser Sprichwort sagt ganz recht: «Ein Hauswesen ohne Frau ist wie eine Schänke ohne Schnaps».
So habe ich denn angefangen nach einem Weibe auszu-
lugen und die Xenia habe ich mir genommen. Nicht blos
deshalb, weil sie sehr schön war und mir sehr gut gefallen
hat, sondern auch so halb aus Mitleid. Sie war sehr
arm und mußte im Hause ihrer älteren Schwester Magd-
dienste thun — das hat mich an meine eigene Jugendzeit
erinnert — ich weiß, wie das thut! Daß ich sie übrigens
nur aus Edelmuth geheirathet habe, will ich auch nicht
sagen; ich war auch sehr in sie verliebt. Die Xenia war
ein stilles fleißiges Mädchen, dem Niemand im Dorfe
etwas nachsagen konnte, und schön — freilich in einer

andern Art, als unsere Mädchen sonst sind. Sie war
zart, blond, und hatte stille blaue Augen. Vielleicht hat
mir gerade das gefallen. Kurz — in vier Wochen waren
wir Mann und Weib.

„Es war — das Wort will mir nach dem, was nun
kommt, schwer über die Zunge, aber ich muß es sagen,
weil es die Wahrheit ist — es war eine ganz glückliche
Ehe. Mein Weib hat selten gelacht und war nie besonders zärtlich, aber ich habe mir gedacht: das ist nun einmal
ihre Art. Als Wirthin war sie besonders brav und ist
mir treu zur Seite gestanden in meinem schweren Werke.
Denn ich hatte meine Kraft daran gesetzt, eine Muster-
wirthschaft zu führen und alles Gute nachzuahmen, das
ich anderwärts gesehen hatte. Das war schwer mit unseren Knechten, die zu drei Viertheilen Schweine sind und
nur zu einem Viertheil Menschen, aber was menschenmöglich
war, habe ich gethan und Vieles ist mir gelungen, das
sage ich stolz. Mein Besitzthum wuchs, mein Ansehen
wuchs und weil ich hilfreich war, wo ich konnte, so wuchs
auch meine Beliebtheit. Nur Eines fehlte mir zu meinem
Glück: ich hatte keine Kinder. Da gebar mir mein Weib
vor zwei Jahren ein Kind, ein holdseliges Mädchen, blond
und blauäugig — so ein schönes, liebes Kind. O meine
Anula! . . ."

Dem Mann versagt die Stimme. Er starrt vor sich
hin und schüttelt den Kopf. Dann fährt er fort:

„Alles, Alles hat sich mir gut gefügt — Richter bin
ich geworden in so jungen Jahren! Wenn mich am
Samstag Mittag vor jenem Schreckenstage Jemand ge=
fragt hätte: „Richter Jancu, was meint Ihr, wer ist der
glücklichste Mensch auf der Welt"; es ist wohl möglich,
daß ich gesagt hätte: „Schier will mir scheinen, daß ich
es bin." Und etwas mehr als einen Tag darauf war ich
der Unglücklichste unter der Sonne — so elend ist noch
niemals Jemand gewesen, niemals!

„Ich will kurz erzählen, wie das kam. Denn wenn
ich daran denke, wirbelt mir das Hirn und meine Kraft
will mich verlassen. Also Samstag Mittag war's. Ich
komme heim vom Teich, wo ich Eis ausheben lasse für die
Bukurester Bierwirthe und setze mich zum Essen hin. Mein
Weib trägt mir Suppe auf, Fleisch und dann einen süßen
Reisbrei. Von dem mag ich aber nichts mehr essen, die
Anula jedoch, die auf meinem Schoße sitzt, greift gierig
darnach. Ich lasse das Kind bei der Speise, ich selbst
reite wieder rasch hinaus zu den Arbeitern. Etwa zwei
Stunden bin ich dort, da kommt eine Magd gelaufen,
schreckensbleich, das Kind liege im Sterben. Ich reite
wie der Wind, aber wie ich komme, ist mein Töchterchen
starr und todt. Mein Weib hält es im Schoße und ist
selbst thränenlos, starr und blaß wie eine Todte. Die
Mariula, die alte Zigeunerin, steht daneben und sagt:
„Es waren Krämpfe, wie sie bei Kindern oft vorkommen!"

Mir bricht fast das Herz, aber ich fasse mich, wie ein Mann soll. Ich ordne Alles bezüglich der Aufbahrung an und gehe zum Popen. Dann komme ich heim, das Weib schicke ich schlafen, ich selbst aber setze mich neben die Leiche hin und bleibe so die ganze Nacht. Nur die Kerzen knistern und zuweilen höre ich, wie mein Weib seufzt — so vergeht die Nacht. Am Morgen ordne ich Alles in der Wirthschaft, dann halte ich Gerichtstag in der Gemeindestube, wie meine Pflicht ist, und komme darauf heim. Da hockt mein Weib am Boden und starrt auf die Leiche — mit trockenen Augen, es ist etwas wie der Wahnsinn darin. Ich will sie aufheben und trösten, da schreit sie aber wild: „Rühr' mich nicht an!" und stürzt hinaus. Ich schaue ihr verwundert nach, dann denke ich mir aber: „Sie war immer so eigen und still, der Schmerz zeigt sich bei ihr auch in eigener Art." Dann setze ich mich wieder hin und da löst sich mein Schmerz und ich habe lange geweint ... Thränen sind eine große Wohlthat — seitdem habe ich nicht mehr weinen können ..."

Wieder starrt der Mann vor sich hin. Dann seufzt er tief auf und fährt fort:

„Im Zwielicht mache ich mich auf und gehe zum Popen, das Letzte wegen der morgigen Bestattung zu besprechen. Ich gehe aber den Seitenpfad über die Aecker. Da höre ich hinter einer Hecke ein Wimmern. — „Wer ist da?" rufe ich. — „Ich bin's, Mariula", erwidert die

Hexe. „Dich führt Gott her, Jancu, oder der Teufel. Aber gleichviel — wenn ich auch selbst an den Galgen muß, er und sie sollen mit. Hier liege ich, halbtodt hat er mich geschlagen, der Alexa, weil ich mein ehrliches Geld von ihm gefordert habe, das Geld für das Gift, welches ich der Xenia gegeben habe. Ist's denn meine Schuld, daß das Kind gestorben ist und nicht Du — mein Gift war ja doch gut!" — „Hexe", schrie ich auf, „was redest Du da?" — „O Du Kluger!" höhnt sie, „ahnst Du denn nichts? Weißt Du denn nicht, daß Dich Dein Weib haßt, daß sie Dich nur Deiner Wirthschaft wegen genommen hat? Jeder Andere ist ihr lieber, als Du, mit dem alten häß- lichen Alexa hält sie's jetzt; sie haben Dich vergiften wollen, ich habe ihnen das Gift verschafft." Mir steht das Haar zu Berge. „Du lügst!" schreie ich endlich. Sie lacht höhnisch. „Ueberzeuge Dich doch! Gehe heim und sage Deinem Weibe, daß Du wegen Deines Amtes in die Stadt mußt und erst morgen wiederkommst. Du aber, komm' dann in drei Stunden wieder und ich wette, Du findest die Beiden beisammen." ... Wie mir zu Muthe war, be- schreib' ich nicht — das läßt sich nicht sagen. Ich gehe heim, lade meine Pistolen, lasse den zweiten Knecht ein- spannen und sage meinem Weibe: „Ich komme erst zur Bestattung wieder." Aber beim nächsten Feld-Wirthshaus lasse ich halten und gehe dann heim durch die Sturmnacht. Das Fenster der Schlafkammer ist matt erleuchtet, ich trete heran, es ist nur der Lichtschein, der vom Katafalk durch die offene Thüre fällt. Und" — der Erzähler stockt, dann schreit er mit entsetzlich heiserer Stimme auf — „fünf Schritte von der Leiche sind die Beiden beisammen gewesen! ... Ich seh's, drücke die Scheibe ein, ziele und schieße, erst sie, dann er, blitzschnell — Beide verröcheln in ihrem Blute. Dann gehe ich hinein und zerre seine Leiche fort, damit Niemand den ungeheuren Frevel dieser Beiden gewahrt. Und dann stehe ich lange, lange und starre auf die Leichen. Da kicherts neben mir: „Brav, Jancu, brav." Die Mariula hatte sich hereingeschlichen. Da habe ich sie erwürgt, weil auch sie schuldig war. Dann bin ich zum Thobika gegangen ... Und nun bitte ich, wäre es nicht möglich, daß mir aus Gnade die Todesstrafe wird?"

Es war nicht möglich. . . .

Jancu wurde zu lebenslänglicher Zwangsarbeit in Okna verurtheilt. Die Geschwornen hatten nach neunstündiger Berathung mit acht gegen vier Stimmen ihr Schuldig gesprochen. Es fehlte also nur eine Stimme zur Freisprechung.

Wie hättest Du geurtheilt, Leser?!

Gouvernanten und Gespielen.

———

«Das neunzehnte Jahrhundert verdient den Namen des Jahrhunderts der Humanität. Denn jedem alten Schandfleck hat es ein neues, edel glitzerndes, vertuschendes Mäntelchen umgehängt. Wen kümmert's, daß der alte Schandfleck darunter erneuert und vergrößert fortbesteht?! Man sieht ihn ja nicht!»

So Nikolaj Gogol. Und das Wort des großen russischen Romanciers ist nicht blos eine glatte Pikanterie, es ist auch ein bitter ernstes Wahrwort. Vielleicht findet der Historiker der Zukunft für die gesammte Culturgeschichte unserer Zeit kaum irgendwo ein passenderes Motto. Mindestens für ein Capitel derselben empfiehlt es sich mit drückender, schneidender Wucht. Der Titel desselben lautet: «Europäischer Sclavenhandel im neunzehnten Jahrhundert.»

Ja, fürwahr! Motto und Inhalt stimmen zusammen. Denn Sclavenhandel — denkende, fühlende Geschöpfe als Waare — Ehre, Schönheit, Unschuld, Gesundheit feilgeboten und ins Haus geliefert nach bestimmtem Tarif — wem ballt sich nicht die Faust bei diesem Gedanken, wer

empfände nicht diese traurige, unbestreitbare Thatsache als
einen Schandfleck unserer Zeit?! Aber — man sieht ihn nicht:
ein nagelneues Mäntelchen ist ihm in unseren Tagen umgehängt worden. Und ein «edel glitzerndes» dazu. Denn
wo gäbe es Edleres, als den Beruf, Menschen zu erziehen,
wo achtungswerthere Thätigkeit, als Verbreitung westlicher
Cultur in dem barbarischen Osten?! ... Und so werden
alljährlich Hunderte von Mädchen und eine erkleckliche Anzahl Knaben aus Belgien und der Schweiz (wohl auch
einige aus Deutschland) nach Ungarn, Rußland und Rumänien verhandelt und bevölkern dort zuerst die Häuser
reicher Wüstlinge und dann — die Glücklicheren unter ihnen
die Friedhöfe, die Unglücklicheren die öffentlichen Freuden-
häuser. Aber wen kümmert's? — Sie gehen ja als «Gouvernanten» und «Gespielen» dahin! Und der Strom der
Bildung fluthet nun einmal von West nach Ost, und man
muß dem edlen Bildungsstreben der Herren Russen und
Rumänen, Polen und Magyaren hülfreich entgegenkommen ... Ach ja! Nikolaj Gogol hat Recht: «Das neunzehnte Jahrhundert verdient den Namen des Jahrhunderts
der Humanität!»

Doch — diese Thatsache blos im Allgemeinen zu be-
rühren und in's Blaue hinein zu klagen ist keineswegs
mein Zweck. Das wäre auch wenig genug. Moralische
Entrüstung nicht blos des Einzelnen, sondern auch
der Gesammtheit nützt nichts, gar nichts, — es ist

ein schöner Wahn zu glauben, daß je ein Schurke davor
die Waffen gestreckt. Ich will sogar meiner Ueberzeugung
gemäß hinzufügen, daß jener Schandfleck nie ausgerottet
werden kann. — Aber theilweise getilgt und eingedämmt
kann er werden: durch die Umsicht der Heimathsbehörden,
welche jedem anrüchigen Vermittler erbarmungslos das
Handwerk legen mögen, und durch die Sorgfalt der Ver-
treter Belgiens und der Schweiz in den betreffenden Ländern, welche ihre Landeskinder nicht ganz aus den Augen
verlieren sollen. Noch ein Mittel bleibt übrig: derartige
Fälle zu veröffentlichen und hierdurch die öffentliche Auf-
merksamkeit immer wieder auf diesen Schandfleck hinzu-
lenken und die Eltern und Vormünder der armen Kinder
zu warnen.

Diesem Zwecke dienen meine Aufzeichnungen. Ich
berichte kurz und schlicht von jenen Unglücklichen «Gouvernanten» und «Gespielen», von deren Loos ich zufällig
während meines Jugendaufenthaltes, dann während meiner
späteren Wanderungen im Osten genauere Kunde erhielt.
Ich berichte streng der Wahrheit gemäß, ich setze nichts
hinzu, aber ich beschönige auch nichts. «Exempla trahunt»,
sagt das lateinische Sprichwort, vielleicht erreiche ich im
entgegengesetzten Sinne meine Absicht und es darf von
diesen Zeilen heißen: Vestigia terrent. Und dann —
mehr als bogenlange allgemeine Erörterungen spricht ja
ein einzelnes großes Menschenleid zu den Herzen. Vielleicht

16*

entzündet sich manchem Leser durch diese Zeilen Wille und
Wunsch, derartigen armen Geschöpfen hilfreich zu sein,
sofern sich die Gelegenheit bietet.

... Es sind nun siebzehn Jahre her, und ich war
damals ein zehnjähriger Bube. Aber ich erinnere mich
noch genau — an Alles. Es war ein blühender, duften-
der Frühlingstag, und ich war mit meinem Vater, welcher
Bezirksarzt zu Cz. war, einem Städtlein in Ostgalizien,
über Land gefahren nach dem Dorfe K. Mein Vater hatte
im Dorfe zu thun, mich setzte er im Edelhofe ab. Dort
hauste Herr Ludwig von T—ski, der nächst seinem Bruder
Henryk, welcher im benachbarten Dorfe Sz. wohnte, wohl
der reichste Edelmann des Kreises war. Beide hatten früh
geheirathet, Beiden war aus der Ehe je ein Söhnchen
entsprossen, das sie nach ihrem Namen nannten. Der
kleine Ludwig in K. war schon früher mein Spielkamerad
gewesen, und auch an jenem Frühlingstage tollten wir
Buben laut und wild genug umher. Dann war noch ein
dritter Knabe mit uns, ein blasser, schüchterner Junge:
der Cousin Ludwig's, der kleine Henryk von T—ski aus
Sz. Seine Mutter war früh gestorben, der Vater viel
auswärts, gleichwol kam der arme Junge nur selten zu
seinen Verwandten, die beiden Brüder harmonirten wol
nicht sonderlich.

Aber diesmal war Henryk schon zwei Wochen auf
des Onkels Gute. „Hier ist's lustig", jauchzte er, als

wir uns endlich müde gelaufen und nun auf der Haide
nächst der Landstraße eine Burg aus Feldsteinen bauten,
„ich habe mir es gar nicht so schön gedacht und wollte
nicht vom Hause fort. Aber ich mußte — denn es ist
gerade wieder eine neue Französin angekommen, welche
mich unterrichten soll. . ."

„Du dummer Henryk!" lachte sein Cousin, „darum
hättest du ja gerade zu Hause bleiben müssen!"

Aber der blasse Junge schüttelte den Kopf. „Nein",
erwiderte er, „ich weiß was ich sage: eben darum mußte
ich fort. Es war im vorigen Jahre nicht anders und vor
zwei Jahren auch nicht; so oft ich eine neue Lehrerin be-
komme, muß ich fort und darf erst nach einem Monat
wieder kommen. Der Papa will es so. Als ich acht Jahre
alt war, ist er aus Paris zurückgekommen, hat den Pater
weggeschickt und gesagt: «Morgen kommt Deine Lehrerin».
Und am nächsten Tage ist sie gekommen, sie war hoch und
blond und blaß. Und sehr ernst war sie, obwohl unsere
alte Fruzia gesagt: «Das ist ja selbst fast noch ein Kind,
wie soll sie andere Kinder erziehen?» und immer hat sie
schwarze Kleider getragen. Deshalb habe ich mich auch
Anfangs vor ihr gefürchtet. Aber sie war so gut wie ein
Engel und ich habe sie sehr lieb gehabt und der Papa
auch, er hat immer sehr freundlich mit ihr gesprochen.
Aber nach vierzehn Tagen ist er plötzlich furchtbar bös auf
sie geworden. Das war an einem Abend, die Amelie

hatte mich schon zu Bette gebracht, und ich war einge-
schlafen, da wachte ich plötzlich auf, weil der Papa im
Nebenzimmer die Amelie furchtbar auszankte und schrie.
Sie aber hat nur still geschluchzt. Aber plötzlich reißt sie
die Thüre auf und kommt auf mein Bett gestürzt und
reißt mich hinaus. Und mein Papa hinter ihr her und
in der Thüre steht sein Diener, der Janko. Da lauert
sie in eine Ecke hin und preßt mich fest an sich und schreit
meinem Papa Etwas entgegen. Da wird er ganz blaß
und sagt zum Janko: «Reiß' ihr das Kind weg». Aber
dann besinnt er sich und sagt heiser: «Gute Nacht» und
lacht und geht weg. Sie aber hat mich fest auf dem
Schooß gehalten und sehr geweint, und dann bin ich ein-
geschlafen. Und seitdem habe ich die Amelie nicht wieder
gesehen, denn am nächsten Morgen bin ich spät in meinem
Bette aufgewacht und die alte Fruzia hat mich angezogen
und der Janko hat mich auf den Wagen genommen und
ins Kloster geführt, zum Onkel Prior. Dort bin ich einen
Monat geblieben. Und wie ich zurückkomme, ist die Amelie
nicht mehr da. «Wo ist sie denn?» frage ich. Und da
sagt die Fruzia: «Dein Vater hat sie nach Wien zurück-
geschickt, zu der Frau, wo er sie abgeholt hat. Er hat
ihr Weinen nicht vertragen können. Ich fürchte aber, sie
wird sich am Weg ein Leid anthun, ich fürchte, Dein Papa
wird nicht vor Gott verantworten können, was er an
der Amelie verbrochen hat. Dein Vater ist ein schlechter

Mensch.» Das habe ich meinem Papa erzählt, und er hat die Fruzia dafür prügeln lassen."

„Aber wahr ist es doch", sagte der kleine Ludwig, „meine Mutter sagt auch dasselbe." Henry! aber erzählte weiter und was mir etwa von seinem Knabengeplauder entfallen sein mag, ist mir weit später durch Erzählungen aus anderem Munde wieder aufgefrischt worden:

„Dann ist im Winter eine zweite Französin gekommen, die hat Josefine geheißen. Aber am Tage, wo sie kommen sollte, hat mich mein Papa durch den Janko wieder zum Onkel Prior führen lassen — ‹ich will nicht wieder ähnliche Scherereien haben›, hat er gesagt. Also war ich wieder einen Monat im Kloster, und wie ich zurück war, hat der Unterricht begonnen. Aber ich habe bei der Josefine wenig gelernt. Sie war ganz anders, als die Amelie: recht launisch und klein und schwarz und ist immer herumgesprungen und hat immer gelacht. Aber die Fruzia hat mir erzählt, daß sie Anfangs auch sehr geweint hat. Auch später noch hat sie geweint, wenn sie allein war; da habe ich sie oft Stunden lang schluchzen gehört: ‹Oh ma mère!› Aber das war nur, wenn Papa nicht zu Hause war; vor ihm ist sie immer ganz lustig herumgesprungen. Aber deshalb hat sie sich doch vor ihm gefürchtet, noch mehr als ich. Uebrigens war er gut gegen sie, aber im Frühjahr ist er bös geworden und hat sie geschlagen, und sie hat sehr geweint. Und darauf hat sie

der Janko nach Lemberg geführt. Und dann ist Papa ein
Jahr auf Reisen gewesen, und bei mir war der Pater
Ignatius als Hofmeister — ein sehr schlechter Kerl. Nun
ist vor drei Wochen der Papa heimgekommen und hat den
Pater weggeschickt, und zu mir hat er gesagt: «Du be-
kommst wieder eine Französin. Die schaut auch ganz so
aus wie die Amelie». Da war ich schon ganz froh, denn
die Amelie war ja so gut wie ein Engel. Aber an dem
Tage, wo sie kommen sollte, habe ich hierher fort müssen.
Nun — hier ist es ja auch sehr lustig . . .."

Und wir bauten weiter an unserer Burg auf der
blühenden duftenden Haide, bis wir hungrig wurden.
Auch sank schon die Sonne. Aber just als wir heim-
laufen wollten, kam ein Wagen in voller Carrière die
Landstraße entlang gesprengt. „Das sind unsere Rappen",
rief Henryk und lief auf den Wagen zu, „das ist der
Janko. Der kommt gewiß um mich. Nicht wahr Janko?"

Aber der Bediente schüttelte den Kopf. „Wir fahren
nach Cz. — um den Doctor!"

„Mein Papa ist ja hier im Dorfe", rief ich, und wir
drei Buben kletterten jubelnd auf den Wagen. Am Thore
des Edelhofs stand mein Vater im Gespräche mit Herrn
Ludwig von T—ski. „Herr Doctor", rief Janko, „Sie
möchten augenblicklich nach Sz. kommen — es ist ein Unglück geschehen. . . .."

„Mein Bruder!" rief Herr von T—ski erblassend.

„Nein!" erwiderte Janko, „die Französin hat sich vergiftet — ich befürchte, wir finden sie nicht mehr am Leben."

Rasch sprang mein Vater in den Wagen, Herr Ludwig folgte ihm. „Erlauben Sie, daß ich Sie begleite", sagte er. „Ihr Knabe kann ja hier bleiben". Aber mein Vater hob mich hinein. „Der Bube kann ja im Wagen schlafen." Und dann fuhren wir davon, und die beiden Männer sprachen kein Wort mehr. Nur Herr von T—ski, der sehr blaß war, sagte einmal dumpf: „Ich wußte, daß es einmal so kommen würde."

Dann brach die Nacht herein, ich schlief ein und erwachte erst, als wir im Schloßhofe zu Sz. hielten. Das Gebäude lag dunkel und still, nur im ersten Stockwerk waren einige Fenster erleuchtet — da huschten eilige Schatten hin und her. Die beiden Männer eilten ins Schloß. Ich blinzelte schlaftrunken nach den lichten Fenstern hin, dann hüllte ich mich in des Vaters Bunda und schlief abermals ein.

Ich weiß nicht, wie lange ich so gelegen, noch auch, wovon ich erwachte. Als ich die Augen aufschlug, war Alles um mich wie früher. Aber die Pferde waren ausgespannt, ich war allein im dunklen Schloßhofe. Da begann ich mich in der wildfremden Einsamkeit zu fürchten, kletterte vom Wagen und ging ins Schloß, meinen Vater zu suchen.

Im Portale begegnete mir Niemand. Auch auf der Treppe und im Corridor des ersten Stockwerks war keine Menschenseele. Immer zaghafter schlich ich durch den matt erleuchteten Flur. Endlich sah ich eine halbgeöffnete Thür, da stahl ich mich hinein.

Es war ein großes, gleichfalls matt erleuchtetes Zimmer. In der Fensternische saß eine alte Dienerin und weinte bitterlich. Sie beachtete mich nicht. Ich schlich auf den Zehen über die Dielen an eine zweite offene Thür, aus der heller Lichtschein drang. Da steckte ich mich hinter den Thürvorhang und guckte hinein. Es war ein schönes, hell erleuchtetes Gemach, ein Schlafgemach. In einer Halbnische war ein Lager; da ruhte regungslos eine Frauengestalt. Ich sah wenig von dem Gesicht, ich konnte es kaum von den Kissen unterscheiden, so bleich war es. Aber um so deutlicher sah ich die Fluth blonden Haares; es lag wie eine lichte Wolke um das Antlitz. Mein Vater stand an dem Lager; sein Antlitz sah ich deutlich und erschrak fast, so düster hatte ich es nie gesehen. Dann waren die beiden Brüder im Zimmer. Ludwig lehnte in einer Fensternische, Henryk, ein schöner, stattlicher Mann in den Dreißigern, saß in einem Fauteuil und schaute starr nach dem Lager hin.

So blieb Alles regungslos — nur wenige Secunden lang. Ich glaube, wäre ich ein Maler geworden, ich könnte noch heute das Bild wiedergeben, Zug um Zug.

So furchtbar tief haften ungewöhnliche Eindrücke im Kindergemüth. Und ebenso weiß ich, was nun folgte.

Mein Vater beugte sich noch einmal über das Lager.

„Sie ist todt", sagte er dann, „sie muß ein ungeheures Quantum Arsenik eingenommen haben."

„Also Arsenik!" — knirschte Henryk und schnellte empor. „Nun weiß ich, woher sie das Gift bekam. Die Fruzia hält immer einen Vorrath davon gegen die Ratten. Oh! ich lasse die alte Vettel peitschen, bis . . ."

Aber Ludwig legte die Hand schwer auf die Schulter des Bruders, so schwer, daß dieser zusammenknickte und wieder in den Fauteuil sank.

„Das wirst Du nicht thun", sagte er dumpf, „denn deshalb hat doch nicht das alte Weib das Mädchen ermordet, sondern — Du . . . ."

Henryk schwieg.

Da fiel der Blick meines Vaters auf den Thürvorhang und entdeckte mich da. „Fort mit Dir", rief er heftig und schritt auf mich zu.

„Ich habe Dich suchen wollen", stammelte ich. Da ergriff er meine Hand.

„Ich kann gehen", sagte er zu Herrn Henryk. „Es ist ja nichts mehr zu retten . . . ."

„Ich danke Ihnen", erwiderte Der und kam verlegen, die Rechte weit vorgestreckt, auf meinen Vater zu. „Trauriger Zufall . . . hm! Bitte um Discretion!"

Aber meines Vaters Rechte ließ meine Hand nicht fahren. „Ich muß meine Pflicht thun", sagte er. Wir gingen.

Hier endet meine persönliche Erinnerung an jenen Fall, die unauslöschlich in meinem Gedächtniß haftet. Ich füge nur noch hinzu: Mein Vater hat seine Pflicht gethan und das Gericht von jenem Selbstmorde in Kenntniß gesetzt. Darauf wurde er und ein Abjunct nach Sz. entsendet und die Obbuction vorgenommen. Der Abjunct constatirte, daß wirklich ein Selbstmord vorliege und daß Charlotte G. das Gift aus dem Vorrathe der Haushälterin entwendet. Von den Motiven dieser That behaupteten Henryk und seine Dienerschaft keine Ahnung zu haben. Nur die alte Fruzia erklärte kurz und bündig: das Fräulein hat sich vergiftet, weil der Herr sie die Nacht vorher durch ein Schlafmittel betäubt und diesen Zustand zu schändlichen Zwecken benutzt hat. Aber schon nach der zweiten Vernehmung des alten Weibes mußte die Untersuchung eingestellt werden. Fruzia widerrief ihre erste Aussage, sie habe gelogen, um sich dafür zu rächen, weil der Herr sie nach dem Tode der Französin so sehr habe prügeln lassen. Aber nun sehe sie ein, daß sie die Prügel verdient, weil sie das Gift nicht gehörig verwahrt.

Wie viele Gouvernanten aus Genf Herr v. T—ski noch in der Folge für seinen Sohn bezogen, weiß ich nicht zu sagen. Ich weiß nur, daß er noch heute in tausend

Freuden lebt und in seinen Kreisen sehr angesehen ist.
Ueberhaupt — ein ehrenwerther Edelmann. . . . .

. . . Man hört in Südrußland häufig eine Redens-
art, welche recht drollig, jedenfalls aber sehr bezeichnend ist.
Erzählt da jemand eine unwahrscheinliche Geschichte und
will man ihm andeuten, daß man sie nicht glaubt, so fällt
man ihm ins Wort: «Ah! — wie sie eine Metze geworden ist.» Man hält also seine Geschichte für gleich glaub-
würdig, wie jene, welche die armseligen Dienerinnen
der Venus Vulgivaga auszukramen pflegen, wenn man
sie frägt, wie sie eigentlich auf die Bahn des Lasters
gerathen.

Das Sprichwort hat Recht. Diese Geschichten, meist
sehr romantische, sehr rührselige Geschichten, pflegen in
der Regel von Anfang bis zu Ende erlogen zu sein. Es
ist dies auch so natürlich! so tief sinkt selten ein Wesen,
um nicht das Bedürfniß zu empfinden, in den Augen
seiner Mitmenschen besser zu erscheinen, als es ist. Aber
eben deshalb muß man wohl auf der Hut sein, um sich
nicht etwa durch Historien dieser Art sein Urtheil über die
socialen Verhältnisse eines Landes mit bestimmen zu lassen.
Diese Erwägung hängt mit meinem Thema sehr eng zusammen. In den Freudenhäusern des gesammten Ostens
bilden die Polinnen das Gros, die Französinnen die
traurige Elite. Und jede der Letzteren, jede ohne Ausnahme, erzählt mit geringen Variationen dieselbe Geschichte

ihres Unglücks: wie sie als Gouvernante ins Land gekommen, wie ein Bojar oder Magnat oder russischer Graf
sie verführt oder gewaltsam entehrt, wie ihr schließlich
nichts anderes übrig geblieben, als ihre gegenwärtige ent-
setzliche Existenz. Wie gesagt, so erzählen Alle, und es
mögen unter ihnen, wie man bestimmt annehmen kann,
sehr viele sein, welche nicht lügen. Aber das sarkasti-
sche Wort des Südrussen hat deshalb auch hier seine gute
Berechtigung. Darum unterlasse ich es, in diesen Zeilen,
welche nur unbestreitbare Thatsachen wiedergeben sollen,
die Geschichten solcher Gefallenen zu erzählen. Nur bezüglich der folgenden mache ich eine Ausnahme, weil ich
hier die positive Ueberzeugung der Wahrheit habe.

Ich kam vor Kurzem, mit Empfehlungsbriefen reich
versehen, in eine Mittelstadt der Moldau. Einer dieser
Briefe lautete an einen jungen deutschen Kaufmann, welcher sich erst vor wenigen Jahren in gedachter Stadt
etablirt hatte. Der Freund, der mir das Schreiben gegeben,
hatte mir hierbei eine so enthusiastische Schilderung von
der Liebenswürdigkeit, Bildung und Rechtlichkeit des
Adressaten entworfen, daß ich beschloß, dieses Schreiben
als das erste abzugeben. So that ich denn auch und hatte
es nicht zu bedauern. Herr Friedrich — ich kann nur
seinen Vornamen hierhersetzen — empfing mich überaus
warm und herzlich und führte mich dann in seine Privat-
wohnung im ersten Stockwerk. Dort stellte er mich seiner

Gattin vor, und hatte mich schon der Mann bezaubert, so
that es nun noch mehr seine Frau. Wir Deutschen haben
für derlei Frauengestalten einen bezeichnenden Ausdruck —
eine Gretchen-Erscheinung, schlank, blauäugig und in jedem
Zug und jeder Bewegung der Zauber keuschester, süßester
Mädchenhaftigkeit. Kaum mochte man glauben, daß dies
holde Wesen schon Gattin und Mutter sei, noch minder,
daß es — eine Französin sei. Und das war die Dame
nach Erziehung und Abstammung von Vaters Seite; ihr
«Mütterli» freilich war, wie sie mir in gebrochenem
«Schwyzer-Dütsch» sagte, aus Bern gewesen. «Bübeli»
nannte sie auch ihren prächtigen, zweijährigen Krauskopf,
der laut lachend-in meine Hand patschte. Ich kann kaum
sagen, welch' günstigen Eindruck das kleine blühende Hauswesen auf mich machte, und ich wäre auch gerne gleich
zum Mittagessen dageblieben, wie die lieben Leute wollten.
Aber ich hatte ja noch ein Dutzend Besuche zu machen.
Ich sagte also für den nächsten Tag zu und setzte seufzend
meine Rundfahrt fort: zu Beamten und Banquiers. Und
sie waren leider alle zu Hause.

So fand ich denn, als ich am späten Nachmittage im
Stadtpark erschien — was man so in der Moldau einen
Stadtpark nennt — um die Weisen der Militärcapelle an-
zuhören — was man so in Rumänien eine Militärcapelle
nennt — sehr viele neue Bekannte. Aber ich suchte und
uchte, bis ich Friedrich und seine Gattin fand. Zu denen

setzte ich mich und plauderte, während ihr Büblein auf meinem Schooße mit meinem Backenbarte ein grausames Spiel trieb. Dazu spielte die Musik ohrenzerreißend und die stattlichen Honoratioren, denen ich meine ergebenste Aufwartung gemacht, defilirten langsam vorbei.

Natürlich grüßte ich respectvoll. Aber — war das hier so Sitte, oder hatte ich Unglückseliger ohne mein Wissen in den wenigen Stunden meiner Anwesenheit ein Verbrechen begangen — man — dankte mir nicht. Hier und da lüftete wol ein Herr verlegen den Hut, die Damen aber blickten um sich, als wäre statt meines sehr ansehnlichen Leibes blaue Luft. Ich lachte Anfangs darüber, dann ärgerte ich mich doch leise und meinte schließlich zu Friedrich: „Aber Ihre Mitbürger sind ja überaus — höflich.“

Er wurde blaß, seine Frau erröthete heftig. „Die Unhöflichkeit gilt nicht Ihnen“, sagte er endlich gedrückt, „sondern uns. Ich bin ein Verfehmter, nicht in geschäftlicher, aber in socialer Beziehung.“

„Und warum?“ schwebte mir die Frage auf den Lippen. Aber ich schwieg — nach dieser Eröffnung mußte er ja nothgedrungen ein erklärendes Wort beifügen. Er that es dennoch nicht, und seine Frau blickte nun, todtbleich geworden, starr zu Boden. Ich begann darauf rasch, von anderen Dingen zu sprechen. Aber das Ehepaar blieb gedrückt und einsylbig. Da wurde mir die Sache schließlich unheimlich, und ich verabschiedete mich.

„Wir erwarten Sie morgen", sagte Friedrich mit mühsamem Lächeln. „Und ich kann Ihnen kaum sagen, wie sehr es uns freuen wird, wenn Sie trotzdem kommen."

Trotzdem?! — Ich fuhr in seltsamer Stimmung in mein Hotel zurück. Warum lastete auf diesem lieben, jungen Paar ein Bann, so furchtbar, daß es selbst nicht einmal davon zu sprechen wagte?! Aber wen fragen?! Da fand ich auf meinem Tische eine Einladung für den Abend — von Herrn Adolf Veilchenblum. Zwar hatten Frau Veilchenblum und die beiden schönen Fräulein Veilchenblum — nebenbei bemerkt, die drei schönsten gebogenen Nasen, denen ich in aller Herren Länder begegnet — mir heute Nachmittag nicht die Gnade erwiesen, mich zu bemerken, aber ich wußte ja nicht, ob ich ihnen das übel nehmen durfte, mindestens nach ihren engen Anschauungen, den Anschauungen moldauischer Provinz-Honoratioren! Und dann — dort erfuhr ich sicherlich das Geheimniß.

Und ich fuhr zu Herrn Veilchenblum.

Das stattliche Ehepaar empfing mich sehr freundlich. Und Madame begann gleich nach den ersten Worten von jener Begegnung im Stadtpark zu sprechen. Wie sehr es ihr leid gethan u. s. w., wie man als Fremder solchen Unannehmlichkeiten ausgesetzt sei u. s. w., wie ich sicher keine Ahnung gehabt, mit wem ich da u. s. w. . . . bis ich endlich nervös wurde und trocken fragte: „Ja — was ist's denn mit den Leuten?"

Madame schlug verschämt die Augen zu Boden. Herr Veilchenblum aber flüsterte mir zu: „Herr Friedrich X. ist ein reeller, braver junger Kaufmann. Aber seine Frau war früher eine öffentliche Dirne. Und direct aus dem Freudenhause hat er sie zum Traualtar geführt!"

Ich stand starr vor Staunen. „Unmöglich!" rief ich dann heftig, „diese Frau —." Da rauschten aber schon die beiden Fräulein Veilchenblum in den Salon.

Ich glaube, ich habe bei der Familie Veilchenblum entschieden nicht den Eindruck eines geistreichen Gesellschafters gemacht. Auch noch am nächsten Vormittage war ich sehr zerstreut. Meine Gedanken kehrten immer wieder, ob ich wollte oder nicht, zu jenem jungen Paar zurück. Wie hatte der Mann, welcher die verkörperte deutsche Ehrbarkeit war, sich zu solchem Schritte entschließen können?! Aber war es denn möglich, daß dieses mädchenhafte Weib, diese Verkörperung lieblichster Frauenwürde, in der That eine solche Vergangenheit hatte?!

Ich dachte hin und dachte her und trat zur Mittags- zeit den Weg ins Haus des jungen Kaufmannes an. Denn, sagt' ich zu mir, erstens bist du ein Mann und kein vierzehnjähriger Backfisch, zweitens ein Fremder, der sich um das Urtheil dieser guten Stadt den Henker zu scheeren braucht, drittens ein Schriftsteller, der sich nicht leichtsinnig das Studium eines interessanten psychologischen Problemes entgehen lassen darf, viertens ein fanatischer Anhänger des

Vergeltungsprincipes, der also auch diesmal nicht eine zugedachte Freundlichkeit durch eine eclatante Grobheit erwidern darf. Und damit trat ich in Friedrich's Comptoir.

Er drückte mir die Hand, als hätte ich ihm durch mein Erscheinen den größten Dienst erwiesen. „Meine Frau wird sich sehr freuen", sagte er. „Auch das Bübeli hat schon mehrere Male Etwas vom deutschen Onkel gestammelt . . ."

Wir gingen hinauf. Frau Marie sah heute womöglich noch lieblicher aus als gestern. Aber befangen war und blieb sie doch, auch während des Mahls. Als es zu Ende, erhob sie sich rasch. Wir Herren traten ins Rauchzimmer.

„Ich bin Ihnen eine Erklärung schuldig", begann Friedrich, kaum daß wir Platz genommen. „Ich hätte sie Ihnen schon gestern gerne gegeben. Aber die Anwesenheit meiner Frau hinderte mich daran. So mußte ich es darauf ankommen lassen, daß Ihnen aus fremdem Munde eine Aufklärung zukomme. Wahrscheinlich ist dies auch geschehen, von wem und in welcher Form, ist gleichgültig. Ich selbst sage Ihnen, daß ich jenes brave reine Wesen, welches mich heute als mein Weib glücklicher macht, als ich verdiene, allerdings erst aus dem Hause einer Kupplerin loskaufen mußte, ehe ich es zu meinem Weibe machen durfte. Aber wie Marie in dieses Land und in dieses Haus gekommen, wird man Ihnen nicht gesagt haben. Gestatten Sie, daß ich Ihnen dieses auseinandersetze.

17*

„Hier" — er zog einen Papierbogen aus der Brust-
tasche und reichte ihn mir entfaltet hin, „haben Sie einen
Dienstvertrag vom März 1871, abgeschlossen durch die
Vermittlung eines Wiener und eines Genfer Placirungs-
Instituts, zwischen Fräulein Marie Ch. einerseits, und der
Gutsbesitzers-Wittwe, Frau Sofia K. andererseits. Marie
Ch. verpflichtet sich darin, gegen freie Station und ein
jährliches Gehalt von 1800 Frcs. als Gesellschafterin bei
Frau K. einzutreten. Insbesondere wird sie verpflichtet
der Dame vorzulesen und in Krankheitsfällen die Leitung
der Pflege zu übernehmen. Wie Sie sehen, ein streng
juristisch stylisirtes, beiderseits gefertigtes, rechtsverbindliches
Instrument und dennoch — die infamste Farce, die je in
legalen Formen abgefaßt worden. Sofia K. ist allerdings
Wittwe, aber nicht die eines Gutsbesitzers, sondern eines
Lakaien, sie ist sehr gesund, braucht keine Pflege, noch
minder aber eine Vorleserin französischer Lectüre, da sie
keine Silbe davon versteht. Sie ist die ehemalige Geliebte
und gegenwärtige Wirthschafterin des Gutsbesitzers Doxaki
P—scu in S. bei Roman. Der Mann ist vielleicht der
infamste Wüstling, der sich in Rumänien findet, und das
will bekanntlich Etwas sagen. Der Edle lebte regelmäßig den Winter über in Paris und brachte den Sommer
auf seinem Gute zu. Um sich, wie er sagte, in dieser Zeit
entsprechend zu amüsiren und dabei auch im Französischen
nicht außer Uebung zu kommen, bezieht, oder vielmehr be-

zog er bis vor drei Jahren — denn seitdem habe ich ihm
das Handwerk gelegt — in jedem Frühling eine — Gesellschafterin für seine Wirthschafterin. Er wandte sich
hierbei im Namen der Sofia K. immer an ganz solide
Vermittlungs-Institute, betonte als erstes Erforderniß die
strenge Solidität der betreffenden Bewerberin und war so
sicher, in der That immer ein bisher unverdorbenes Opfer
seiner Lüste zu erhalten. In der That brachte er aber
im Herbste regelmäßig vor seiner Abreise nach Paris einen
Theil seiner Kosten wieder ein. Da verhandelte er nämlich die unglückliche „Gesellschafterin" an die Kupplerin
Sarah P. in hiesiger Stadt . . ."

„Entsetzlich!" rief ich.

„Sie fühlen sich", fuhr der junge Kaufmann fort,
„von der bloßen Erzählung grauenhaft berührt. Erwägen
Sie nun, wie unsäglich schreckensvoll erst der armen Marie
ihre Lage erscheinen mußte, als sie, eine elternlose Waise,
aber bisher in Obhut sorglicher Verwandten und von
keinem Hauch des Lasters berührt, nun plötzlich im wildfremden Lande, allein und hülflos, sich der Gewalt dieser
Bestie preisgegeben sah. Denn der wackere Doxali sorgte
dafür, daß selbst sie, die Arglose, innerhalb sehr kurzer
Zeit zum Bewußtsein ihrer Lage kam. Die Verzweiflung,
die Todesangst des armen Mädchens läßt sich nicht schildern. Da sie keine Hülfe sah, da sie kein anderes Mittel
fand, sich den wiederholten Angriffen des Elenden ferner

zu entziehen, so verrammelte sie sich in ihrem Zimmer und
beschloß, sich zu Tode zu hungern. Wie ich ihren Charakter
später kennen gelernt, bin ich auch fest überzeugt, daß sie
diesen Entschluß unbedingt ausgeführt hätte.

„Da mußte Herr Doxaki durch eine List die Verzwei=
felnde davon abzubringen. Er schrieb ihr einen langen
sentimentalen Brief, worin er sie versicherte, er sei von
ihrer Tugend und ihrem Heldenmuthe so gerührt, daß er
nicht nur jeden sträflichen Gedanken aufgebe, sondern auch
gerne bereit sei, ihr zur Heimkehr in die Heimat behülflich
zu sein. Zu diesem Zwecke lege er ein Bankbillet von
500 Francs bei und bitte, die Summe als Sühne seines
beabsichtigten Frevels von ihm anzunehmen. Der Brief
schloß mit der Versicherung, der Wagen stehe dem Fräulein
allstündlich zur Disposition, um es zur nächsten Bahn=
station zu bringen. Die Arglose ging in die Falle und
ließ Doxaki sogar ihren gerührten Dank sagen. In der
nächsten Stunde stand denn auch der Wagen vor der
Thüre, die Koffer wurden aufgepackt, das Mädchen schritt
die Treppe herab. Da trat ihr Doxaki entgegen und bat
nun auch mündlich um ihre Vergebung. Er bat so zart,
so innig, daß man ordentlich gerührt werden mußte. Er
dankte ihr, daß sie ihm einen Glauben wiedergegeben, der
ihm in den Stürmen des Lebens längst verloren gegangen
— den Glauben an Frauenehre. Und zum Schlusse erbat
er als Zeichen der Versöhnung, daß Marie doch nicht so —

halbverhungert aus seinem Hause gehe. Wer hätte solchem reuigen Flehen widerstehen können, besonders da die Tafel schon bereit stand, und das arme Kind wirklich entsetzlich hungrig war. Marie aß und trank und — der Elende hatte seinen Zweck erreicht. In die Speisen war in ungeheuerer Quantität ein Mittel gemischt, welches die Sinne des Mädchens betäubte und es zum Opfer des Wüstlings werden ließ. . . .

„Als das Mädchen wieder zur Besinnung kam — wer schildert seinen Jammer?! Aber die Wucht dieses Jammers war zu groß, als daß ihm diese zarten Nerven hätten widerstehen können. Marie verfiel in ein hitziges Fieber und schwebte zwischen Leben und Sterben. Das paßte aber Herrn Doxali schlecht in den Kram — starb das Mädchen, so hatte er doch vielleicht einige Unannehmlichkeiten zu befürchten. Darum ging er zu seiner würdigen Freundin Sarah P. und machte derselben den Vorschlag, das Mädchen, so wie es jetzt sei, gratis in ihr Haus zu liefern. Frau Sarah ging das riskante Geschäft ein. Die Kranke ward hieher gebracht. Herr Dr. R., ein Deutscher, behandelte sie. Durch ihn erfuhr ich von dem Falle. Er interessirte mich sehr, aus Gründen, welche Ihnen gleichgültig sein können. . . ." Ein düsterer Schatten überflog das Antlitz des Erzählers. Dann setzte er doch hinzu: „Ich hatte eine Cousine, welche vor langen Jahren gleichfalls in der Fremde verkam. Und diese Cousine hatte ich sehr —

genau gekannt ... Nun — ich lernte also die Genesende kennen und achten. Ich bemitleidete und liebte sie. Und darum machte ich sie zu meinem Weibe und bin unsäglich glücklich durch sie geworden..... «Darüber kann kein Mann hinaus», sagt Hebbel in ähnlichem Falle. Nun — ich habe darüber hinaus können, und bin mir deshalb doch bewußt, ein Mann von Ehre zu sein.....“

„Das dürfen Sie auch“, sagte ich und drückte dem Manne warm und herzlich die Hand. ...

... Vor nun acht Jahren war's und zu Lipkany, einem kleinen schmutzigen Judennest in Bessarabien. Im besten Wirthshause des Ortes, einer niederträchtigen Spelunke, hielt ich am Abend einige Stunden Rast. Ich war am Morgen von Mohilew ausgefahren und von der langen Tagereise und dem elenden Miethwagen furchtbar ermüdet. Gleichwohl wollte ich noch in der Nacht weiter, um am nächsten Tage rechtzeitig die österreichische Grenze bei Nowosielica zu gewinnen. Da trat, nachdem ich die Zeche berichtigt, die alte jüdische Wirthin noch einmal an meinen Tisch heran. Sie habe eine Bitte, begann sie verlegen, aber nicht für sich. Das heißt: eigentlich auch für sich, denn das arme Mädchen liege nun da und hinauswerfen könne man sie nicht und an Bezahlung sei auch nicht zu denken. Das Mädchen wolle nach Hause, aber das sei sehr weit. Ob ich es nicht wenigstens über die Grenze mitnehmen wolle?

„Was ist's denn für ein Mädchen?" fragte ich.

So eine Art Lehrerin, war die Antwort. Deutsch spreche sie nicht, aber etwas russisch und französisch «wie Wasser». Der Armen sei ein furchtbares Unrecht geschehen, aber das solle sie mir selbst erzählen.

Damit schob sich das gutmüthige Weib zur Thüre hinaus und kam bald mit ihrem Schützling wieder.

Ich bin auf meinen Fahrten in aller Herren Länder vielem Menschenelend begegnet. Ich kenne die Arbeiterviertel und Verbrecherhöhlen fast aller Großstädte aus eigener Anschauung. Aber ich bin nie, weder vor noch nach jener Stunde, einem Menschenwesen begegnet, dessen Anblick erschütternder zum Herzen sprach, als der jenes armen siechen Geschöpfes, das nun zögernd, wankend auf mich zugeschlichen kam.

Es war ein sehr dürftig gekleidetes Mädchen von vielleicht siebzehn Jahren. Schön war dieses todtblasse Gesicht sicherlich nie gewesen, aber nun war es peinlich entstellt durch die Spuren unsäglichen Grams. Etwas wie Todesangst lag darauf festgebannt; die Augen waren entzündet von tagelangem Weinen und unaufhaltsam quollen die Thränen über die Wangen. Um den Jammer vollzumachen, stand das arme Ding offenbar dicht vor dem Zeitpunkte, wo es — Mutter werden sollte.

Meine Augen wurden feucht, als ich in dies Antlitz blickte. Ich sprach zu ihr — ich war unermüdlich in der

Betheuerung, daß ich ihr hilfreich sein wolle. Die Arme war nicht ganz bei Besinnung — „nach Genf", stammelte sie nur unaufhörlich und hielt die Hände gefaltet.

Ich ließ ihr im Fond ein Lager bereiten und setzte mich zum Kutscher. Wir fuhren die Nacht über. Durch das Rasseln des Wagens hindurch hörte ich unablässig das Wimmern der Kranken.

Gegen Mittag kamen wir in den russischen Grenzort Nowosielica. Da zwang ich sie durch vieles Zureden eine Suppe zu nehmen. Dann fragte ich sie, ob sie einen Paß hätte. Sie brauchte ihn, den russischen Grenzkordon zu überschreiten. „Bei der Generalin", stammelte sie, „mit den anderen Sachen." Dann begann sie wieder furchtbar heftig zu weinen und berichtete mir zwischendurch, stammelnd, schluchzend, wirr genug, den ungeheuren Frevel, den man an ihr verübt.

Das Mädchen war die Tochter eines Genfer Schusters. Sie hatte keine Erziehung genossen, konnte daher nie hoffen Gouvernante zu werden. Da kam zum Herbstaufenthalte eine russische Generalin nach Vevey, welche für ihr fünfjähriges Töchterchen eine Bonne suchte. Die Schusterstochter bekam den Posten und war ganz glücklich darüber; sie wurde gut behandelt, gewann das Kind lieb und ging darum gerne mit der Generalin auch nach Sizilien und dann auf das Gut bei Lipkany. Dann reiste die Generalin allein nach Baden-Baden, darauf nach Pe-

tersburg; die Bonne blieb mit dem Kinde allein auf dem
Gute zurück. Da bekam sie im Spätherbste unerwartet
glänzende Gesellschaft; der Sohn der Generalin, ein junger
schöner Garde-Offizier, fand es für angezeigt, den Winter
über Petersburg zu meiden — wahrscheinlich hatte er seine
guten Gründe. Da er sich auf dem öden, bessarabischen
Edelhofe langweilte, so verführte er, die Zeit todtzuschlagen,
die arme Bonne. Im Frühling durfte er nach Petersburg
zurückkehren; einen Monat darauf kam die Generalin heim.
Das französische Mädchen hatte kein rechtes Bewußtsein
seines Zustandes, bis das Gesinde zu höhnen und zu
sticheln begann. Die Generalin erhielt davon Kunde und
ließ das Mädchen rufen. Es gestand unter strömenden
Thränen Alles. Da gerieth die Russin (ich habe, was
ich unendlich bedauere, seinerzeit den Namen nicht notirt
und er ist mir während der langen Jahre entfallen) in
Raserei, nannte das arme Ding eine Metze, eine Ver-
führerin ihres Sohnes und übte Justiz an ihr. Sie
ließ sie im Hofe entkleiden und mit Ruthen streichen.
Dem armen Opfer verging vor Scham und Schmerz die
Besinnung. Als es wieder zum Bewußtsein kam, fand es
sich auf der Landstraße liegen. Barmherzige Chämakins
(kleinrussische Salzfuhrleute) erbarmten sich der Unglücklichen
und brachten sie nach Liplany.

Ich war empört, im tiefsten Herzen erschüttert, aber
helfen konnte ich armer junger Bursche dem Mädchen

wenig. Ich schmuggelte es mit Hilfe einiger polnischer
Gulden, welche beim russischen Naczalnik den fehlenden
Paß hinlänglich ersetzten, durch den Korbon nach Oesterreich. Dann nahm sich ein Engländer, welcher bei der
Lemberg-Czernowitz-Bahn in Czernowitz bedienstet war,
werkthätig der Unglücklichen an und schaffte ihr Freikarten
und Reisekosten nach Wien. Von da wollte sie mit Hilfe
ihrer Landsleute heimkehren, nach Genf. Ob sie ihre
Heimat erreicht, weiß ich nicht....

... Ich lebte im Winter von 1872 auf 1873 in
Pest und verkehrte dort unter Anderem viel mit einem
jungen Arzte, der sich trotz seiner Jugend bereits einer
ansehnlichen Praxis erfreute. Als ich an einem schönen
sonnigen Märztage um vier Uhr, wo seine Ordinationszeit
zu Ende ging, die Treppe seiner Wohnung emporstieg,
um ihn zu einem Spaziergang abzuholen, kam ich an einer
schwarz gekleideten Dame vorüber, welche regungslos, die
Hand auf das Geländer gestützt, auf dem Treppenabsatz
stand. Ich blickte sie an, während ich vorüberging und —
erschrak heftig. Dieses Antlitz war jung und von edlem
Schnitt, aber entsetzlich blaß, selbst die Lippen farblos und
verzerrt von dem Ausdruck höchster Verzweiflung, der darauf wie festgebannt lag. Die Mundwinkel herabgezogen,
die Lippen halb geöffnet, als wäre ihnen eben ein Schrei
des Entsetzens entflohen, die Augenbrauen hoch emporgezogen und die Augen starr, glanzlos und weit aus ihren

Höhlen gequollen, als hätten sie eben das furchtbarste geschaut. Das Weib durchlitt offenbar einen ungeheuren
körperlichen oder seelischen Schmerz. Mich faßte Mitleid
und Grauen ... „Sie sind unwohl?" — Ich wollte es
nicht fragen, meine Lippen fragten es selbst. Die Dame
zuckte beim Klange meiner Stimme zusammen, griff sich
an die Stirne und schüttelte leise den Kopf. Dann wankte
sie die Treppe hinab.

„War das eine Patientin?" fragte ich oben den jungen
Arzt und beschrieb ihm die Dame. „Ja!" sagte er. „Ein
überaus unglückliches Geschöpf. Sie ist Erzieherin und
stammt aus Belgien, wie sie behauptet — aus sehr ehrenwerther Familie. Sie kam im vorigen Herbste in das
Haus eines hiesigen ältlichen, verwittweten Magnaten als
Erzieherin seiner beiden kleinen Mädchen. Der Mann
verführte sie und zwar, wie sie schwört, unter der Vor-
spiegelung sie zu heirathen. Natürlich droht er ihr nun
bei der bloßen Erwähnung dieses Versprechens mit schmäh-
licher Entlassung. Aber damit nicht genug — er hat sie
auch mit einer abscheulichen Krankheit behaftet. Das
Mädchen hatte keine Ahnung von dem Charakter dieser
Krankheit und hat erst heute, nach langen Monaten, ärzt-
lichen Rath gesucht. Natürlich mußte ich ihr die ganze
Wahrheit sagen und auch eröffnen, daß nur mehr wenig
Hoffnung auf gänzliche Herstellung sei. Armes Ding!"
Damit schloß er die Thüre seiner Wohnung und wir

gingen hinab und im Sonnenschein den menschengefüllten
Donauquai auf und ab, bis die Abendnebel auf dem Flusse
aufstiegen. Da schieden wir. Der junge Arzt ahnte nicht,
daß sich zur selben Stunde am gegenüberliegenden Ufer
seine unglückliche Patientin in den Fluß gestürzt. Sie
ertrank, weil der Nebel die Rettung verhinderte. So war
mindestens am nächsten Tage in der lithographirten Lokal-
korrespondenz zu lesen. ....

Und das sei die letzte Geschichte — zwar nicht die
letzte, welche zu meiner Kenntniß gelangt, aber die letzte,
welche ich erzählen will.

Nur von den «Gespielen» erübrigt mir noch zu reden,
von jenen Knaben, welche haufenweise nach dem Osten
gebracht werden, angeblich, um dort in den Häusern der
Reichen als lebendige Grammatiken zu dienen, in Wahrheit
aber — mindestens zum nicht geringen Theil — um in
eigenen Häusern als Gegenstand unnatürlicher Lüste mißbraucht zu werden. In Moskau und Kiew, Petersburg
und Odessa, Bukarest und Galatz, Konstantinopel und
Athen bestehen solche Häuser. Mehr darüber zu sagen, ist
an dieser Stelle unmöglich und wohl auch — überflüssig!

Mögen diese Zeilen ihren Zweck erfüllen, aufmerksam zu machen und zu warnen. Möge die Zeit nicht
ferne sein, wo man nur noch als einer Schmach der Vergangenheit des Handels zu gedenken braucht, der heute so entsetzlich blüht, des Handels mit Gouvernanten und Gespielen!

Todte Seelen.

„Ein seltsamer Handel, he! he!" machte
der Gutsbesitzer verlegen. „Man könnte darüber lachen, und es ist doch so schauerlich .."
N. Gogol.

Im heutigen Rußland gibt's keinen solchen «Handel»
mehr: die Aufhebung der Leibeigenschaft hat auch das
scheußliche Geschäft jener Menschen todtgeschlagen, welche
in «todten Seelen» machten, wie Andere in Leder, Wein
oder Zwirnwaaren. Der Handel ist aus, und nur so, wie
im klaren Bernstein das häßliche Mücklein der Urzeit, nur
so lebt er fort in dem größten Werke des größten Erzählers, der unter den Moskowitern erstanden — in den
«Todten Seelen» des Nikolai Gogol. Der Roman ist bekannt, freilich nicht in jenem Grade, wie er's verdient.
Denn er ist einzig in seiner Vereinigung gewaltigsten
Talents in Beobachtung und Darstellung, herbster, düster-
ster Weltanschauung, wildesten patriotischen Schmerzes.
Laut, hart, erbarmungslos erzählt der Dichter die tiefge-
heimste Krankheitsgeschichte seines Volkes; nur zuweilen
unterbricht er sich, um höhnisch aufzulachen oder blutig zu
weinen. Das Buch muthet an wie ein ungeheurer Edelstein, den der Dichter seinem Volke ohne Schonung an

ben Kopf geworfen. Freilich, nicht recht geschliffen ist der Edelstein, denn des Dichters Herz war weicher als sein Stoff und ist darüber gebrochen.... Der Roman ist bekannt, und der Handel, den er geißelt. Bei jeder Con- scription wird die Zahl der Leibeigenen ermittelt und der Kopfzins festgestellt. Der gilt nun unabänderlich bis zur nächsten Conscription und muß vom Besitzer an des Czars Amt geleistet werden. Was inzwischen geboren wird, ist steuerfrei; stirbt aber ein Leibeigener oder läßt der Herr ihn todtprügeln, so muß der Kopfzins dennoch entrichtet werden: dem Herrn ist die «Seele» gestorben, dem Amte nicht. Das nützt nun der Speculant und kauft dem Herrn die «todten Seelen» ab. Für den Besitzer das beste Ge- schäft! — er erspart den weiteren Zins, welchen nun der Käufer trägt, und erhält außerdem für das Gebein, das draußen auf dem Friedhofe vermodert, einiges Baargeld. Aber auch für den Speculanten ein treffliches Geschäft, denn in der Kaufurkunde werden die todten Seelen lebendig, und das Amt bestätigt sie als lebendig, und man kann sie mit ungeheurem Nutzen weiterverkaufen! Kurz — ein schamloser abgefeimter Betrug, nur möglich in einem Lande, wo die Seelen der Freien, besonders der hochver- ehrlichen Herren Beamten, just so käuflich sind, wie die armen «Seelen», die Leibeigenen. ....

Unter Alexander Nikolajewitsch hat solche Käuflichkeit aufgehört — das heißt jene der Leibeigenen. Heute macht

man in Rußland nicht mehr in «tobten Seelen». Aber
noch gibt es ein Land Europas, wo solcher Handel blüht
Freilich in grundverschiedener Art, mit entgegengesetzter
Tendenz. Aber auch hier bilden «tobte Seelen» die Waare,
und wenn auch die Preise keineswegs fix sind, so sind
doch die Usancen feststehend und geheiligt, wie nur jene
im Leber- oder Korngeschäft. Dieses Land hat die frei-
sinnigste Verfassung auf Erden — sie duldet sogar den
Abel und Orden nicht! — und das trefflichste Gesetzbuch —
es präcisirt die Paragraphe über Betrug und Mißbrauch
der Amtsgewalt so scharf, daß jedem Logiker und Juristen
das Herz im Leibe lacht.... Dieser Cobex und diese
Magna charta sind wahre Ideale, aber — hat einmal
ein jüngerer österreichischer Staatsmann gesagt, den
ich gerne als geistvoll bezeichnen möchte, wenn ich nicht
befürchten müßte, daß dies als Ironie ausgelegt wird
— «Ideal ist, was nicht erreicht werden kann». Du
ahnungsvoller Engel, du! — Denn jenes Land ist —
Rumänien. . . .

Noch hat sich kein rumänischer Gogol gefunden, der
diesen neuen Handel gegeißelt hätte. Die Poeten dieser
unglücklichen Nation — sie ist unglücklicher, als man im
Westen ahnt, unsäglich elend! — die Alexandri, Rosetti,
Sion e tutti quanti haben eben Anderes zu thun: sie
müssen jeden französischen Schund übersetzen, desto eifriger,
je obscöner er ist; sie müssen ihr Volk in wahnsinnige

Träume von einer balischen Großmacht hineinhetzen; sie
müssen das Volkslied, die einzige reine und herrliche Blüthe,
welche dies sieche Volksthum getrieben, verhunzen, indem
sie «rebigirte» Sammlungen veranstalten..... Unter
solchen Kameraden kann sich kein Gogol finden; nur wo
ein noch im innersten Kerne gesundes Volksthum mit
Krankheit ringt, kann als Arzt ein Mann so großer, so
herber Art entstehen. Aber einer tobtkranken Nation
ist sogar der Kassandra=Ruf des Poeten nicht mehr gegönnt....,

Kein Rumäne erzählt von den «tobten Seelen». So
versucht's denn hiemit ein Deutscher — nicht in künstlerischer Form, sondern himmelweit entfernt von jeglicher
Ambition, kurz und schlicht. Ich erzähle von den «tobten
Seelen», weil ich glaube, daß es der Mühe werth. Und
just jetzt thue ich's, weil die neueste «tobte Seele» inter-
essiren dürfte. Es ist ein guter Bekannter; man hat oft
von ihm gelesen, wol öfter, als Einem lieb war*).

Nicht an dieser Stelle, durchaus nicht! Zum aller-
erstenmale und hierauf durch manches Jahr hat er weit

---

*) Geschrieben Ende März 1875 für das Feuilleton der
«Neuen Freien Presse» als sich das Gerücht verbreitete, daß Getzel
Willenfeld, der berüchtigte Wucherer, nach Rumänien entflohen.
Das Gerücht erwies sich als unbegründet, aber was ich aus Ver-
anlassung dieses Gerüchtes geschrieben, ist und bleibt wahr und ich
habe auch heute kein Wort davon zurückzunehmen.

hinten in der Türkei des «Localberichts» gespukt, wo die
Betrunkenen auf einander schlagen und sonstige kleine
Scherze verzeichnet werden, welche nur die heilige Her-
mandad schlichtet, nicht die heilige Themis. Dann hat er
doch endlich einmal, vielleicht zu unserem, aber sicherlich
nicht zu seinem eigenen Vergnügen eine vornehmere Ru-
brik erklommen: den «Gerichtssaal». Anläßlich seiner Ver-
urtheilung hat er sogar den Leitartikel gestreift. Und jetzt
bringt ihn seine Flucht in das stille, stolze Reich unter
den Strich. Er hat rasche Carrière gemacht — der
Getzel Willenfeld. . . .

Aber, bemerke ich nebenbei, vielleicht hätte der Mann
schon auf der allerersten Sprosse seiner Ehren verdient,
auch einmal von dem Pinsel des Feuilletonisten vorgeführt
zu werden, nicht blos von dem mechanisch geführten Blei-
stift des Reporters. Denn Getzel Willenfeld ist mehr als
ein einzelner Gauner, er ist die unsäglich widrige Verkörperung unsäglich widriger Verhältnisse. Dieser Mensch
— aber mit diesem Namen verdient dies Wesen kaum
mehr bezeichnet zu werden — dieses Raubthier predigt
eine furchtbare Lehre. So wie es ist, könnte es nur auf
dem Boden Galiziens gedeihen — wehe dem Boden, der
solche Früchte trägt! Auf gesunder Erde und im Sonnenschein wachsen keine solchen Giftpflanzen, nur im Schlamm
und Dunkel gedeihen sie! Ach, es ist eine traurige Frage,
und nicht leicht ist, sie zu entscheiden, wer sich des Getzel

mehr zu schämen hat, die polnischen Juden oder die
christlichen Polen?! ... Wie Hund und Katze stehen sie
einander gegenüber; hier die brutale Gewalt, dort die
tückische List, beiderseits der grimmigste Haß — wie wird
es enden? Mit dem Ruin des Landes, antworte ich, sobald man beide einander — abwürgen läßt! Freilich kann
sie keine fremde Macht trennen, sie müssen selbst von einander lassen. Der Pole muß bedenken: wen ich wie ein
Thier behandele, der wird ein Thier. Und der Jude muß
bedenken: ward ich ein Thier durch fremde Schuld —
wolan! doppelt ehrenvoll, wenn ich wieder ein Mensch
werde durch eigene Kraft! Aber rasch muß diese Einsicht
kommen, sonst kommt sie zu spät! Zu spät! — das ist
keine Phrase: die Kugel ist im Rollen, der Ruin vollzieht
sich mit unerbitterlicher Nothwendigkeit. . . . Jedes Land
hat die Juden, die es verdient — man wird vielleicht meine barocke Sentenz belächeln, wahr bleibt sie
doch! Mir ist sie der Schlüssel zur neueren Geschichte der
Juden. Wer daran zweifelt, der erwäge die uralte Wahrheit, daß höchste Güte stets und allerorts zugleich größte
Klugheit ist. Oder er frage sich, ob er sich den Getzel
als englischen Juden denken könne! ... Jedes Land
hat die Juden, die es verdient, und Sir Moses
Montefiore ist ein englischer, Reb Getzel Willenfeld ein
polnischer Jude — nur in diesem Causalnexus ist der
Unhold der Beachtung werth. In jeder anderen Beziehung

ist er wenig interessant — in psychologischer zum Beispiel
gar nicht. Hier zeigt er durchweg typische Züge, nur eben
ins Ungeheure gesteigert, ins Abscheuliche verschärft. Ein
typischer Zug, aber nicht des Juden, sondern des aber-
gläubischen Gauners, ist auch seine Frömmigkeit. Die
Meisten halten sie für Heuchelei — mit größtem Unrecht!
Getzel ist wirklich fromm, nur glaubt er nicht etwa an
Gott, sondern nur an den Wunder-Rabbi von Neu-Sandec
— ganz so wie der Bandit in den Abruzzen auch nur
an «seinen» Capuziner glaubt. Und wie der gute Pietro
seinem hochwürdigen Padre, sobald die Carabinieri ver-
dächtig nahe streifen, einen Theil der Beute schenkt, damit
die Sache gut ablaufe, so schickt Getzel seinem Rabbi vor
der Verhandlung dreihundert Gulden. Auch das glaube
ich der Frau Getzelin aufs Wort: ihrem Herrn Gemal
sei unter allen Schrecken des Kerlers das «Trefe-Essen»
als der größte erschienen. Es stimmt! Auch Pietro bringt
lieber zehn Menschen um, als daß er am Charfreitag
Fleisch äße. Kurz — diese «Frömmigkeit» bleibt sich unter
allen Breitegraden gleich, und es ist pure Geschmackssache,
ob Einem der Wunder-Rabbi von Neu-Sandec besser
gefällt oder der Capuziner des guten Pietro. Mir gefallen sie Beide nicht. . . Siehe Heine, «Disputation», letzter
Vers. . . .

Doch — das hat uns hier nicht weiter zu kümmern.
Getzel's Gott ist fern, Getzel selbst noch ferner. Denn

nur sein Sohn Marcus ist in Krakau gefangen worden.
er selbst ist nach Rumänien gegangen. Nach Rumänien!
Wie doch große Dichterworte täglich neu werden! «Ein
guter Mensch in seinem dunklen Drange ist sich des rech-
ten Weges wohl bewußt» ... Nach Rumänien!
    Man wird ihn suchen, ich zweifle nicht daran. Man
wird ihn nicht finden — daran zweifle ich noch minder!
Ihn nicht, wol aber seinen Todtenschein. Und daran
zweifle ich schon nicht im mindesten. Bald, in zwei, in
drei Monaten kommt das düstere Document in eine unserer
Consular-Agentien geflattert. Schwarz auf Weiß, in deutlicher Schrift steht darauf geschrieben, wann Getzel Willenfeld, seines Standes «Jude aus Rabomyschl», gestorben,
wie er gestorben, an welcher Krankheit. Die Cultusgemeinde bestätigt es, die Communal-Behörde bestätigt es,
die politische Behörde nicht minder. Die Cultusgemeinde
hat ihr Siegel beigedrückt, die Communal-Behörde detto,
detto die politische. Was bleibt der Consular-Agentie
übrig, als ein viertes Siegel beizudrücken?! ...
    Ich sage: das geschieht in zwei, drei Monaten. Viel-
leicht dauert es diesmal länger, weil diese Zeilen störend
dazwischentreten. Denn die «Neue Freie Presse» findet
sich in den ödesten rumänischen Städtchen. (Himmel, wie
viel hundert saftige Flüche werden sich in den nächsten
Tagen in all diesen Städtchen über meinem Haupte entladen!) Vielleicht dauert es diesmal länger, vielleicht stirbt

Getzel erst in einem halben Jahre. Aber sonst genügt ein Drittheil dieser Zeit vollkommen, den Handel mit der «tobten Seele» perfect zu machen.

Warum auch nicht? Die Agenten sind ständig und zahlreich, über den Preis einigt man sich, die Usancen stehen fest.

Ich versuche, sie zu skizziren.

Es gibt bekanntlich viele Lumpe in der weiten Welt, sehr viele Lumpe, Leute, welche das bringende und wohlbegründete Bestreben haben für immer aus dem Gesichtskreise ihrer verehrlichen Mitbürger zu scheiden. Auch ehrliche Leute können stellenweise bies Bestreben haben, zum Beispiel junge, fanatische Polen, denen die Temperatur in Sibirien etwas zu kühl scheint. Nun, am Pruth, an der Aluta und der «süßen Dombrovizza» ist es wärmer. Der Mann (ob nun Auswürfling oder Flüchtling, ist ganz einerlei) wünscht natürlich auch in dieser behaglichen Temperatur zu bleiben. Er erfragt einen Agenten, der in «tobten Seelen» macht. Das ist nicht schwer; die Herren sind zahlreich und von der Bevölkerung gekannt. Gewöhnlich arbeitet jeder Agent nur in seiner Confession. Juden vermitteln das mosaische, Armenier oder Rumänen das christkatholische oder griechisch = orientalische Hinscheiden aus diesem irbischen Jammerthale. Also der Würdige ist gefunden, und der Flüchtling eröffnet ihm seinen Wunsch: „Ich wünsche so bald als möglich zu sterben". — „Wie

Sie wünschen", erwidert der Agent, „das heißt, wenn Sie die nöthigen Mittel haben. Das Sterben ist theuer." Folgt eine langwierige, oft wochenlange Verhandlung über den Preis. Das Resultat ist natürlich ein sehr verschiedenes, je nach den Motiven der Flucht, je nach dem Vermögen des Flüchtlings. Endlich ist die Summe festgestellt und baar hinterlegt. Der Agent geht an's Werk. Er begibt sich zum Pfarrer oder zum Judenvorsteher: „Herr X. Y. aus Z. ist vorgestern gestorben und heute begraben worden." Der betreffende Würdenträger ist darüber gar nicht erstaunt — alle Menschen müssen sterben, warum nicht Herr X. Y. aus Z.? Auch daß diese betrübliche Thatsache in amtlicher Form bescheinigt werden müsse, ist dem Manne vollkommen einleuchtend; minder einleuchtend ist ihm gewöhnlich der gebotene Preis. Aber schöne Seelen finden sich schließlich doch. Und der betreffende Communal-Beamte ist gleichfalls eine schöne Seele. Auch sind k. k. österreichische Randducaten eine hübsche Münze, womit ich übrigens den Napoleons nicht nahetreten will, sie sind eine ebenso hübsche Münze.

Ich nehme an, daß der Herr Präfect, Sub-Präfect oder wer sonst eine hohe fürstliche Regierung im Städtchen vertritt, derselben Ansicht ist, daß auch ihm Napoleons oder Ducaten nicht häßlich scheinen. Daraus folgt das dritte Siegel, die dritte Bestätigung. Und endlich kann

der Agent vor seinen Auftraggeber treten und sagen:
„Hier, mein Herr, Sie sind todt!"

Die Verstorbenen machen natürlich von dem kostbaren
Documente verschiedenen Gebrauch — je nach dem Motive
der Flucht. Oft genügt es, dasselbe in die Heimat ge=
langen zu lassen, oft — besonders wenn ein Steckbrief
droht — ist es nothwendig, dasselbe in unverfänglicher
und glaubwürdiger Weise an die Consular=Behörde ge=
langen zu lassen. Auch das geht — der Agent kann Alles.
Dann hört natürlich die Verfolgung auf, und der be=
treffende Polizei=Director in der fernen Heimat wischt sich
gerührt den Thränenwinkel — de mortuis nil nisi
bene. . . .

Aber damit ist die Historie noch nicht zu Ende. Der
Todte muß weiter leben, und wer lebt, muß einen Namen
und Papiere haben. Ist es ein Jude niedrigen Standes,
so ist diese Nothwendigkeit gerade keine unumgängliche;
der verschwindet dann eben spurlos als eine Woge in
dem Meer der anderen Kaftane und Schmachtlöcklein.
Anders die Christen und diejenigen Juden, welche mehr
Prätension haben. Die müssen selbstverständlich wieder
geboren werden. Der Christ wird in der Regel rumä=
nischer, der Jude französischer oder amerikanischer Unter=
than. Wie ist das möglich? In Rumänien ist Alles
möglich!

Was aus Getzel Winkelfeld wird, ob er nur eben

schlicht als Getzel unter seinen Glaubensgenossen fortleben,
ob er stolz als Mr. Gideon X. unter dem Schutze des
Sternenbanners seine Tage genießen wird, überlasse ich
der Phantasie des geneigten Lesers. Natürlich müßte er
auch da sehr vorsichtig sein, denn wenn der Repräsentant
Nordamerikas davon Wind bekäme, daß ein so berühmter
Mann unter seinen Fittigen rastet, so würde er ihn
schleunigst zu weiterer Rast nach Norden befördern lassen
— nach Wien. ·

Doch ist dazu wenig Aussicht vorhanden. Der Handel
ist in so raffinirter Weise organisirt, daß die «tobte Seele»
sich in der Regel ungestört ihres Daseins freuen kann.
Wenigstens hört man höchst selten von einer Entdeckung.
Und doch gibt es so viele «tobte Seelen».

Ich habe die Ehre und das Vergnügen, deren drei
zu kennen. Ich berichte kurz von ihnen, um nebenbei
auch zu zeigen, daß es oft zu seltsamen Consequenzen
führt, wenn man gleichzeitig lebensfrisch und mause-
tobt ist.

... Ich bin in einem kleinen podolischen Städtchen
geboren, wo mein Vater als Bezirksarzt lebte. «Barnow»
habe ich es in meinen Novellen genannt, und so mag das
armselige Nest auch hier so heißen. Zu den ständigen
Patienten meines Vaters gehörte auch ein reicher jüdischer
Gutspächter aus der Nachbarschaft. Fast keine Woche verging, wo nicht sein Sohn, ein junger, starker, rothhariger

Mensch, dahergefahren kam und meinen Vater holte. Der rothe Isaak geberdete sich dabei immer ganz verzweifelt; mein Vater nahm die Sache kaltblütiger. Er wußte, daß dem Alten im Grunde — nichts fehle. Die Leute waren Emporkömmlinge, rohe, orthodoxe Juden. Der Alte genoß seinen Reichthum gar nicht; sein einziger Luxus war, sich ein Leiden einzubilden und den Arzt möglichst oft um sich zu haben.

Da kam eines Tages wieder die wohlbekannte Britschka dahergesaust. Aber diesmal saß nicht Isaak darin, sondern — sein Vater. Er beschwor meinen Vater, doch ja gleich zu kommen und Verbandzeug mitzunehmen; es sei draußen ein furchtbares Unglück geschehen. Isaak war mit einem Bauer in Streit gekommen. Der Bauer hatte sein Vieh in den Acker des Gutspächters getrieben und sah gemüthlich zu, wie es sich da gütlich that. Isaak kam zufällig dazu, gerieth in heftigen Zorn und wollte eines der Viehstücke pfänden. Der Bauer ließ es nicht zu und spie endlich dem jungen Menschen in's Gesicht: „Du bist doch nur ein Jud'!" Da übermannte den Jähzornigen die Wuth, er warf sich auf den Bauer und mißhandelte ihn dergestalt, daß der Mann nur noch eben zwischen Leben und Sterben in's Dorf zurückgebracht wurde. Da schickte der Gutspächter seinen Sohn eiligst fort, er selbst fuhr um den Arzt.

Es war vergeblich; in der Nacht starb der Bauer.

Die gerichtliche Anzeige wurde erstattet, die Untersuchung gegen den rothen Isaak eingeleitet, der Steckbrief erlassen. Aber man fand ihn nicht. Und ein halbes Jahr darauf präsentirte der alte Gutspächter düster, aber gefaßt, den Todtenschein des Flüchtlings. Isaak B. war in Galatz gestorben. Das Document war in Ordnung; die Untersuchung wurde eingestellt.

Drei Jahre später, an einem prächtigen Frühlingstage, kam wieder die Britschka vor meines Vaters Thür. Den alten Juden habe der Schlag getroffen, meldete athemlos der Knecht. Mein Vater fand den Alten halb gelähmt, aber bei voller Geisteskraft. Durch Lallen, dann durch Schriftzeichen bat er den Arzt, doch sogleich eine Depesche aufzusetzen an Hirsch G. in Galatz. Hirsch möge augenblicklich hierherkommen. Wer Hirsch sei? fragte mein Vater. Aber darauf schüttelte der Alte nur den Kopf, so heftig er eben konnte.

Sechs Tage später erfuhr es mein Vater; da fand er den rothen Isaak in der Krankenstube. Trotzdem ihn nun die Strafe für zweifaches Verbrechen erwartete, war er dennoch gekommen, seine Sohnespflicht zu erfüllen. Es sollte ihm zum Verderben werden. Eben als der alte Mann ausgeathmet, als sich der Flüchtling zur Rückkehr in's Asyl rüstete, kamen die Gendarmen und verhafteten ihn. Die Geschwister des Erschlagenen hatten die Anzeige erstattet.

An die Thatsachen erinnere ich mich genau, auch die Gestalt des rothen Isaak steht mir klar vor Augen. Aber welche Strafe ihm wurde, weiß ich nicht zu sagen. Es sind nun an siebzehn Jahre her. . . .

Die zweite «tobte Seele» habe ich erst kürzlich kennen gelernt, im August vorigen Jahres, in einem Dorfe der Bukowina. Es war ein höflicher, behäbiger Pole, ein so rüstiger Oekonom mit so gesunden rothen Backen, daß man ihm wahrlich nicht ansehen konnte, er sei schon einmal tobt gewesen, Gleichwohl war dies der Fall. Er war nach dem letzten Aufstand in die Moldau geflüchtet. Die Russen forderten seine Auslieferung, er sei ein gemeiner Verbrecher, ein Meuchelmörder. Darum mußte unser Mann sterben und wurde französischer Unterthan. Jetzt hatte er das österreichische Staatsbürgerrecht erworben. Er selbst zeigte mir ein Duplikat seines Tobtenscheines, und darauf stießen wir in gutem, feurigem Moldauer Wein auf langes Leben an.

Der britten «tobten Seele» bin ich nur flüchtig begegnet — es war ein widriger Patron. Arthur, recte Aaron P. war ein junger Kaufmann in einer größeren Stadt Russisch-Poboliens. Ein beneidenswerther Mensch, er hatte ein blühendes Geschäft, und sein junges Weib war vielleicht das reizendste Geschöpf, das ich je gesehen. Sie gab ihm wahrhaftig nicht den leisesten Grund zur Klage, aber er behandelte sie unsäglich roh, weil das so in seiner Natur lag. Nach zwei Jahren machte der Mann eine betrügerische Criba in großem Betrage, floh nach Rumänien und starb daselbst. Dann schrieb er an sein Weib, das wieder bei den Eltern wohnte, und forderte es auf, zu ihm nach Jassy zu kommen, sein Name sei nun Heinrich X. Aber das Weibchen erwiderte sehr resolut, einen Herrn Heinrich X. kenne sie nicht; ihr Gatte, Arthur P. sei todt, sie selbst habe das Document gesehen und trauere ihm noch jetzt nach, wie sich's für eine rechtschaffene Wittwe gezieme. Arthur-Heinrich schäumte vor Wuth und wendete sich an den Rabbi und die orthodoxen Eltern seiner Gattin. Diese suchten mit allen erdenklichen «Mitteln» auf diese einzuwirken, aber die junge, schöne Frau blieb fest. Schließlich erklärte sie, sie werde die Hilfe der Behörde anrufen, damit diese wenigstens vorher constatire, ob ihr verstorbener Arthur und dieser neue Heinrich wirklich — identisch seien. Das wirkte; die Scheidung wurde nun auch rituell vollzogen. Das prächtige Frauchen lebt jetzt als die glückliche Gattin eines Arztes im Gouvernement Cherson.

Man sieht, selbst «todte Seelen» sind nie ganz todt... Wann aber der Handel aufhören wird und wie ihm zu steuern ist, das — weiß Gott und könnte höchstens noch die rumänische Regierung wissen. Gott ist stumm, die rumänische Regierung sagt auch nichts. Freilich wäre dagegen viel zu sagen, aber außer der Dummheit gibt es noch anbere Dinge auf Erben, gegen welche bie Götter selbst vergebens kämpfen. Unb nun gar ein — einziger Schriftsteller!

Meinen Zweck aber habe ich erreicht unb bem Leser ben Einblick in eine wenig bekannte Welt, in bie Welt ber «tobten Seelen» unb ber überaus lebenbigen Gauner, eröffnet.

———

Ein jüdisches Volksgericht.

Wer durch das Rothmeer des Städtchens watet, an den schmutzigen, dumpfigen Häusern vorüber und mitten unter den kaftanbekleideten, schmutzstarrenden Bewohnern, in deren bleichen, scharf gezeichneten Gesichtern sich seltsam, fast typisch ascetische Schwärmerei malt oder listige Habgier, wer ihre Sprache hört, welche freilich die deutsche ist, aber fast unverständlich wird durch die eigenthümliche Aussprache, durch Einmengung zahlreicher mittelhochdeutscher, slavischer und hebräischer Wörter — wer sich in solcher, just nicht anmuthiger, aber hochinteressanter Umgebung findet, der könnte, wenn er etwa urplötzlich durch Zauberspuk dahin versetzt wäre, selbst bei genauester Kenntniß der Eigenthümlichkeiten dieser Menschen, nicht bald errathen, in welchem Lande er sich befindet. So sehr ähneln sich die Judenstädtchen in Galizien, Rumänien und Russisch-Polen, so sehr gleichen sich ihre Bewohner. Der verschieden geartete Einfluß von Außen her, dieser im Großen und Ganzen feindselige, nur zu geringem Theil wohlwollende Einfluß hat überaus wenig an ihnen geändert; hier sind und bleiben die Juden, wozu sie Race,

Glaube, Druck von Außen gemacht und was sie Gott
lob! — im Westen nicht mehr sind: eine Nationalität
mit schärfstens ausgeprägtem Charakter, eigenartig in
Glauben und Sprache, Sitte und Gewohnheit, Tracht
und Lebensanschauung. Hier beschränkt sich die Besonderheit des Juden nicht, wie anderwärts, auf seinen eigenen Gott und seine eigenen Feste, wozu höchstens noch
bei besonders gläubigen Gemüthern ein eigener — Fleischhauer kommt, hier ist er durch Alles, buchstäblich durch
Alles von seinen christlichen Nachbarn verschieden. Und
darum hat der Jude im Osten noch eigene Richter
und Gerichte.

Ja wohl! eigene Richter und Gerichte! Freilich wirken
sie aus guten Gründen im Verborgenen, freilich gibt es
daneben — auch in jenem schmutzigen Städtchen, welches
hier zunächst gemeint ist — ein anderes autorisirtes Ge-
richts-Forum. Wer das Gewirre der kleinen, dumpfigen
Häuser hinter sich läßt und längs der Straße geht, welche
gegen Tarnopol führt, der sieht rechts ein stattliches, ein-
stöckiges, weißes Haus emporragen, über dessen Thüre ein
alter, ovaler Blechschild im Winde klappert. Auf gelbem
Grunde ist da ein schwarzer, kaiserlich-königlicher Adler
hingemalt, der heute freilich kaum mehr noch in den Umrissen erkennbar ist; besonders sind die scharfen Fänge
und das Reichsschwert verwittert. Ach! vielleicht ist er
gerade so ein richtiges Symbol, dieser k. k. Adler in

Galizien, diesem seltsamen Lande, welches zu Oesterreich gehört, und über welches doch, wie einmal ein Abgeordneter klagte, «die Minister in Wien nicht einmal Auskunft zu geben wissen» ... Aber wenn auch der Adler verwittert ist, die Umschrift ist klar erkennbar. Das kommt daher, weil im Laufe der Jahre der Adler niemals erneuert wurde, die Umschrift aber drei Mal. Da hieß es zuerst: «K. k. Bezirksamt», dann gleichfalls deutsch: «K. k. Bezirksgericht», und jetzt heißt es ebenso in polnischer Sprache — ich mag die Worte nicht hierhersetzen um nicht muthwillig bei meinem Leser eine Zungenverrenkung herbeizuführen. So erzählt dieser Blechschild die Geschichte der k. k. Justiz in Galizien und ein nachdenkliches Gemüth mag in tiefes Grübeln verlockt werden, wenn es sich diese trübselig im Winde klappernde k. k. Geschichte betrachtet. . . . .

Hier also ist, wie gesagt, das autorisirte Gerichtsforum und es wäre unwahr zu behaupten, daß es nicht viel in Anspruch genommen wird. In diesem unkultivirten Lande, wo noch der Mensch dem Menschen mit elementarer Leidenschaftlichkeit entgegentritt, fließt mehr Blut als anderwärts und andererseits wuchern auf diesem Boden, wo sich so häufig rohe Kraft und raffinirte List gegenüberstehen, auch Delikte anderer Art üppig empor. Kein Zweifel — das Amt eines Bezirksrichters in Galizien ist keine Sinekure, obwohl man es oft durch Faulheit und Willkürlichkeit dazu macht. Der dies schreibt, ist kein Schrift-

steller, der leichtsinnige Anschuldigungen in die Welt zu
schleudern pflegt, er ist nicht gewohnt, seinem eigenen,
allerdings scharf ausgeprägten Lieben und Hassen irgend-
welche Konzessionen bei Beurtheilung von Thatsachen zu
machen und er nimmt keinen Anstand, es hiemit frank
und frei auszusprechen: die Justiz in Galizien ruht vielfach in faulen und korrupten Händen und es giebt da
Zustände, von denen man sich im Westen auch nicht eine
blasse Vorstellung macht. Geradezu unerträglich wären
diese Zustände, stünde nicht an der Spitze des Lemberger
Sprengels ein so genialer, wackerer und rastloser Mann.
Dieser Mann ist in der That ein Segen für das Land,
und mancher korrupte Gerichtspascha bebt nur darum vor
einem Bubenstück zurück, weil er sein scharfes Aug', seine
energische Thatkraft fürchtet, seine Hand, die Hand des
«verdammten hinkenden Deutschen aus Lemberg».....
   Aber — wäre auch jeder Bezirksrichter in Galizien
(o pium desiderium!) ein so trefflicher Mensch, als der
Präsident des Lemberger Obergerichts, die Juden würden
doch kaum häufiger an die Thür unter dem klappernden
Blechschild klopfen, als dies jetzt der Fall. Gegenwärtig
geht der Jude nur hin, wenn er es als Beklagter oder
zitirter Zeuge thun muß, und auch als Kläger nur dann,
wenn es absolut keinen andern Ausweg gibt. Die meisten
Fälle betreffen Geldsachen gegen Christen, seinen Glaubensgenossen zu verklagen vermeidet der orthodoxe Jude, so lange

dies nur irgend möglich. Wäre der Beamtenstand in Galizien ein anderer, als dies zu sehr beträchtlichem Theile leider jetzt der Fall, so käme zu diesen Wechselsachen höchstens noch eine andere Kategorie von Klagen. Wenn heute ein Pole durchs Städtchen geht und sich den Spaß macht, seinen Speichel, statt auf den Boden, den begegnenden Juden ins Antlitz zu werfen, wenn draußen der Edelmann auf dem Dorfe sich das Plaisir macht, die Tochter seines Schänkers aufs Schloß holen zu lassen und sie erst in drei Tagen wieder ihren Eltern zurückzustellen, so wagt der Jude solcher alltäglicher Kleinigkeiten willen kaum den Gang vor den gestrengen Herrn Bezirksrichter, weil ihm nichts daraus erwächst, als neue Mißhandlungen des Beklagten und nach drei Monaten ein Beschluß des Bezirksgerichts, welches die Untersuchung aus dem oder jenem Grunde einstellt!

Das könnte, wie gesagt, vielleicht anders werden, aber gewisse Dinge werden die orthodoxen Juden, so lange sie bleiben was sie sind, niemals vor ein · anderes Forum bringen, als das ihrer eigenen Richter und Gerichte. So Konflikte im Familienleben, Konflikte im Gemeindeleben, besonders aus religiösen Motiven, oft aber auch schwere Verbrechen, welche innerhalb des Ghetto geschehen. Nicht um des Verbrechers willen geschieht dies, denn die Strafe, welche ihn hier trifft, ist meist unverhältnißmäßig schärfer als jene, welche ihn vor dem kompetenten Gerichte träfe, sondern es geschieht, «damit der jüdische Name, der Name Gottes, nicht geschändet werde», damit «die Welt», die feindselige, christliche Welt nicht erfahre, daß sich wieder einmal ein «jüdisch Kind» an Gott und den Menschen versündigt.

Drei Kategorien solcher nationaler Gerichte sind zu unterscheiden: erstens, wo eine einzelne Persönlichkeit, gewöhnlich ein sogenannter «guter Jüd», ein Wunder-Rabbi, machtvoll genug ist, ein Urtheil zu sprechen und die Erfüllung desselben zu erzwingen, zweitens, wo mehrere jüdische Gelehrte unter Vorsitz eines Rabbiners, also ein ganzer sogenannter «Bes dinn», den Gerichtshof bilden, drittens, wo die Familienhäupter der Gemeinde in einem besonders flagranten Falle zu einer Art Volksgericht zusammentreten.

Ein Fall der letzteren Art soll hier der buchstäblichen Wahrheit gemäß geschildert sein.

. . . In dem schmutzigen Städtchen öffnet sich neben der uralten Synagoge ein Gäßchen, welches wohl das allerschmutzigste ist: das Fleischergäßchen. Hier, in einem verhältnißmäßig stattlichen Hause, wohnte einer der reichsten und angesehensten Männer der Gemeinde, der Fleischhauer Wolf Nelkenduft.

Wolf war ein riesig gebauter Mensch. Wenn man ihn so in der Betschul' während jenes Gebetes, welches man stehend verrichten muß, unter seinen verkümmerten Glaubensbrüdern emporragen sah, machte es den Ein-

bruck, als wäre der alten Enaksöhne Einer lebendig geworden und streckte sich nun stolz empor über den zwerghaft mißrathenen Nachkommen seiner einstigen Besieger.
Aber stolz war Wolf Nelkenduft nicht, sondern im Gegentheil, wie fast alle Menschen von ungewöhnlicher Körper-
kraft, gutmüthig und bescheiden, dabei nicht sonderlich geistig
begabt. Trotzdem oder wenn man einem allbekannten
Sprichworte trauen will, eben deshalb gedieh sein Hauswesen ganz prächtig und er verdiente viel Geld, insbesondere durch seinen ausgebreiteten Ochsenhandel.

Durch diesen Handel wurde er oft und durch lange
Wochen seinem Fleischergeschäfte fern gehalten. Statt
seiner hantirten in seinen beiden streng und ängstlich von
einander geschiedenen Verkaufsbuden zwei Knechte. In
der größeren Bude wurden die Viehstücke schnell nach den
rituellen Vorschriften geschlagen, dann ängstlich ausge-
schrotet und endlich, wenn gar kein «religiöses» recte
talmudisch-spitzfindisches Bedenken waltete, als «Koscher-
Fleisch» zu ziemlich hohem Preise verkauft. Ergab sich
aber ein solches Bedenken, dann wanderte das Viehstück
in die kleinere Bude, um da zu sehr billigem Preise an
die Christen des Orts verkauft zu werden. Doch fanden
sich trotz dieses Preises nicht genügende Käufer, da eben
nur wenige christliche Familien besseren Schlages im Orte
wohnten, die ruthenischen Bauern aber sich zwar alltäg-
lichen Schnapsgenuß, nur sehr selten aber den Genuß

von Fleisch vergönnen. Man sieht, es erwuchs dem Wolf
Nelkenduft jedesmal ein empfindlicher Schaden, so oft wieder
ein Viehstück aus der großen in die kleine Bude wanderte.
Im Spätherbst vor fünf Jahren war dies besonders
häufig der Fall gewesen, zum großen Jammer der Juden-
schaft des Städtchens, welche selbst gegen theures Geld
kein Fleisch bekam, zum größeren Jammer Wolf Nelkenduft's, welcher heimgekehrt, in der kleinen Bude einen
ungeheuren, unverkäuflichen Vorrath vorfand, in der großen
aber kein Stücklein Fleisch, sondern nur seinen betrübten
Knecht und Geschäftsführer, Sender Morgenstern. Gegen
den richtete sich denn auch der Zorn des Meisters und
weil Wolf, unbeschadet aller Gutmüthigkeit, ein überaus
jähzorniger Mensch war, so hätte sich dieser Zorn schon
diesmal in Thätlichkeiten entladen, wäre nicht Sender
seinem Herrn schleunigst durchgebrannt.
Aber er kam am nächsten Tage wieder, sei es, weil
sein Geschick ihn wieder in die große Bude trieb, wie die
Fatalisten im Städtchen meinen, sei es, weil er, wie andere minder fatalistische Gemüther behaupten, sehr wohl
wußte, daß ihn ein anderer, minder beschränkter und gut-
müthiger Meister kaum aufnehmen würde. Denn der
arme Mensch hatte seinen Beruf verfehlt, ihn hatte Gott
entschieden in seinem Zorne zum Fleischer gemacht, sofern
man überhaupt annehmen will, daß Gott sich eingehend
um die Wahl des Lebensberufes von Sender Morgenstern

gekümmert. In der That läßt sich diese Wahl ohne An-
nahme überirdischer Einflüsse einfach durch den irdischen
Einfluß erklären, welchen Senders Vater Itzig dabei aus-
übte. Und zwar war es der Ehrgeiz, welcher Itzig's Augen
verblendete. Itzig Morgenstern, oder wie er im Jargon der
«Gasse» hieß, «Itzigl Schochet», war der Mann, welcher
das Geflügel, so im Städtchen verzehrt wurde, nach den
rituellen Vorschriften abschlachtete. Sein Sohn sollte höher
hinaus, «Itzigl Schochets Sohn», wie Sender stereotyp
genannt wurde, sollte Fleischhauer werden und warb es
auch, so wenig er dazu paßte, denn er war ein gar jäm-
merliches, zitteriges, furchtsames Exemplar von einem Menschen — das arme, kleine Jüngelchen sah immer wie zer-
knittert aus, und wenn er neben Wolf in der Bude han-
tirte, so machte dies den Eindruck, als hätte da ein Riese
zu seinem Plaisir sich einen Zwerg abgerichtet, der ihm
Alles nachäffte. Kurz — Sender war kein Held in seinem
Gewerbe, sein schwacher Arm zitterte, wenn er den Mord-
stahl schwang, durch seine Ungeschicklichkeit waren mehrere
Viehstücke aus der großen in die kleine Bude gewandert
und darum gab die ganze Gemeinde dem Meister Recht,
als er sagte: „Uff! — fortgelaufen ist er! Laufen kann
er, das ist aber auch das Einzige was er kann!“ Und
Unrecht gab die ganze Gemeinde dem Riesen, als er am
nächsten Tage den armen kleinen Sünder wieder aufnahm.

Freilich war dies keine neuerliche Installation als

Geschäftsführer, sondern nur die Aufnahme in einen weit
geringeren Wirkungskreis. „Du armes Menschlein", hatte
der Riese gesagt, „verhungern lassen kann ich Dich doch
nicht, wenn Du also als zweiter Knecht verbleiben willst,
so soll's mir Recht sein. Den Kunden das Fleisch zuzu-
wägen, dazu taugst Du vielleicht doch. Aber ein Viehstück
schlagen — nimmermehr!" Und Sender war's zufrieden,
und zwei Tage lang ging's ganz gut.

Aber am dritten Tage ging's sehr schlecht. Am dritten
Tage erfüllte sich das Schicksal von «Itzigl Schochet's
Sohn». Und zwar sollte auch in diesem tragischen Satyr-
spiel der Held aus demselben Motive untergehen, aus dem
er in manchem erschütternden Trauerspiel, welches das
Leben dichtet, untergeht: aus schrankenlosem Ehrgeiz.

An diesem Tage brachte Wolf zur Mittagsstunde einen
Mastochsen zur Schlachtbank — ein wahres Prachtexemplar.
„Siehst Du", sagte er zu Sender, „den werde ich am
Nachmittag schlagen, damit die Leut' in der Stadt wieder
einmal erfahren, wie ein guter Bissen Fleisch schmeckt —
es ist ja eine wahre Schande, wie sie Deinetwegen ge-
hungert haben." Und er ging davon und Sender blieb
mit dem Ochsen allein.

Er blieb allein mit dem Ochsen und hier war's, wo
der Dämon des Ehrgeizes ihn umgarnte. Man könnte
die wunderliche Szene breit und behaglich ausmalen, aber
mir vergeht die Lust dazu, wenn ich an das Ende denke.

Genug — Sender konnte der Versuchung nicht widerstehen, seinem Herrn zu beweisen, daß auch er einen Ochsen «auf Koscher» schlachten könne, es just an diesem Prachtstück zu beweisen. Er rief dem andern Knechte und log ihm vor, es geschehe auf Befehl des Herrn. Darauf fesselten und betäubten beide Knechte das Thier und Sender führte den Todesstoß. Aber sei es, daß diesmal seine Hand vor Erregung zitterte, oder daß er wirklich ungeschickt war — der Stoß ging fehl. Zwar sank das Thier, tödtlich getroffen, zusammen, aber seine Wunde war derartig, daß auch von seinem Fleisch kein orthodoxer Jude einen Bissen genießen durfte.

Der andere Knecht entfloh; aber Sender blieb, vom Schreck gefesselt. Und als er endlich das Messer von sich warf und fliehen wollte, da war es zu spät. Sein Herr stand vor ihm. Der Riese zitterte vor Zorn, seine blutunterlaufenen Augen traten aus ihren Höhlen, seine Faust ballte sich, und sinnlos vor Wuth hob er diese Riesenfaust und schmetterte sie auf den Schädel des kleinen Menschen herab. Sender brach zusammen, seufzte tief auf und — war eine Leiche.

Mit einem entsetzlichen Schrei stürzte der unglückliche, plötzlich ernüchterte Meister neben seinem Opfer nieder. Dieser Schrei zog einige Leute herbei und bald wußte es das ganze Städtchen, daß Wolf Nelkenduft im Jähzorn seinen Knecht erschlagen, das ganze Städtchen, so weit es

eben Juden waren. Jedes Kind wußte davon. Aber die
Christen erfuhren es nicht, weder gleich, noch jemals in
der Folge. Das klingt unglaublich, aber es ist so. Und
wer jene Juden kennt, dem wäre sicher nur das Gegentheil unglaublich.

Man brachte Wolf in seine Wohnung und bewachte
ihn vorsorglich, denn der arme Riese war rasend vor
Schmerz und Reue. Die Vorsteher der Gemeinde traten
allsogleich zusammen und beriethen. Daß hier einer jener
Fälle vorliege, von dem die „Welt" um keinen Preis etwas
erfahren dürfe, stand bei ihnen fest. Auch daß der Fall
so seltsam, die That so schwer sei, daß hier nur die Gesammtheit der Familienhäupter richten könne, auch dies
war ihnen klar. Es handelte sich also nur darum, zu
verhüten, daß sich das Gericht in die Sache mische. Sender
mußte schnell begraben werden, weil dies der Buchstabe der
Glaubenssatzung vorschrieb — (die Juden des Ostens begraben die Leichen regelmäßig wenige Stunden nach ein-
getretenem Tode) — und der Tobtenbeschauer durfte nicht
ahnen, daß hier ein gewaltsames Ende vorliege. Der
Zufall war den Leuten günstig; der ordentliche Tobtenbeschauer, der Stadtarzt, ein sehr pflichttreuer Mann, war
gerade abwesend. Ihn pflegte in solchen Fällen der Wund-
arzt zu vertreten. Der Mann war alt und bequem. Er
fertigte den Schein aus, ohne die Leiche gesehen zu haben.
Sender wurde noch an demselben Tage mit Einbruch der
Dämmerung begraben.

Im Morgengrauen des nächsten Tages ging der Schulklopfer von Haus zu Haus und berief die Männer zum Gericht in die alte Betschul. Nur die Familienhäupter über dreißig Jahre durften kommen. Die kamen auch vollzählig. Im Vorraum, an der Schwelle der Betschul, lag Wolf im weißen Sterbegewande hingestreckt und seine Richter mußten über ihn hinwegtreten. Als Alle versammelt waren, sprachen sie zunächst das Todtengebet für Sender. Dann erhob sich der älteste Vorsteher und erzählte den Fall ganz unparteiisch, so wie er sich zugetragen. Hierauf fragte er, ob es Jemand anders wisse oder mehr sagen wolle. Nur Einer erhob sich, des Todten Vater. Er erschien barfuß und im zerrissenen Gewande, sowie er von der Todtentrauer aufgestanden. Man darf sich von dieser Trauer sonst nie erheben vor Ablauf des achten Tages, aber um Sühne für den Todten zu fordern, darf man es thun. Der Greis begann mit der Klage, wie gut Sender gewesen und nun sei sein einzig Kind todt! ... Dann konnte er nicht weiter sprechen und brach ohnmächtig zusammen. Sie trugen ihn hinaus. Wieder erhob sich der älteste Vorsteher und sagte: „Wir und der Rabbi haben über das Urtheil berathen. Der Rabbi wird es Euch sagen. Von Euch hängt es ab, ob Ihr es annehmt oder nicht."

Hierauf erhob sich der Rabbi und sprach: „So wahr uns selbst Gott ein gnädiger Richter sei — solches halten

wir für das Rechte: Wolf ist verlustig all' seines Besitz-
thums und soll morgen fortgehen aus der Gemeinde und
als Büßer in das heilige Land pilgern. Zu Fuße soll er
gehen, über Konstantinopel, keines Gefährts darf er sich
bedienen. Von frommen Gaben soll er leben, aber nie
Geld nehmen, nur Brod. Von Brod und Wasser soll er
die Woche über leben, nur am Sabbath darf er Fleisch
essen. In jeder Gemeinde soll er sich hinwerfen vor die
Schwelle des Bethauses und die Beter sollen über ihn
hinwegschreiten und er soll sie anflehen, daß sie für Sender beten und für ihn. Sieben Jahre soll er in Jerusalem als Büßer leben, dann darf er heimkehren. Sein
Besitzthum aber soll getheilt werden, die Hälfte fällt an
Senders Vater, ein Viertheil an unsere Stiftungen, ein
Viertheil sollen Wolf's Söhne behalten. Seid Ihr es
zufrieden?'

Sie nahmen es an. Auch Wolf sprach kein Wort,
als man es ihm verkündete. Auch seine Söhne nicht.
Am nächsten Tage trat er seine Wanderung an. Man
hörte lange nichts von ihm. Fast war ein Jahr verflossen, als endlich die Kunde kam, er sei in Jerusalem
angelangt. Dann, zwei Jahre später, brachten heim-
kehrende Wallfahrer die Kunde, daß er gestorben.

So hat der Riese Wolf seine That gebüßt.

Der schwarze Abraham.

Ein stiller Sommertag. Die heiße Augustsonne liegt brütend über der weiten, weiten Ebene, in der kein Wald grünt und nur selten eine Rose blüht, und sie reift die Aehren auf den spärlichen Feldern, und die Wachholderbeeren auf den großen öden Haiden. Die Pappeln an der Heerstraße sind grau vor Staub und ihr Laub zittert leise in der großen Hitze. An der ungeheuren Glocke des Himmels ist kein Wölkchen wahrzunehmen, kein einziges. Aber das Blau dieses Himmels ist ganz sonderbar, matt, traurig, in's Graue spielend, es liegt wie ein Schleier darüber. Denn jenes herrliche, sonnengetränkte Blau, welches glücklicheren Gefilden leuchtet, ist diesem armen traurigen Lande nicht beschieden — dem Lande Podolien. . . .

Von der Thurmuhr der Dominicaner schlägt die dritte Nachmittagsstunde — der dumpfe Klang verzittert langsam in der heißen, schweren, stillen Luft. In dem armseligen Städtlein ruht alles Leben, oder es birgt sich im Schatten. Der dicke Pater Oeconom schleicht schwitzend über die glühenden Quadern des Klosterhofes,

und verschwindet im kühlen Keller. In der Apotheke
nickt der junge Practicant hinter dem Labentische ein,
er ist es müde geworden, dem Schnarchen seines Prin-
cipals zuzuhören und dabei die Fliegen zu zählen, die
auf dem Fäßchen mit dem grauen, giftgetränkten Papier
kleben geblieben. Im Gerichtshause sitzt der Actuar,
Herr Stanislaus Przezdzinczki über dem Processe des
Nathan Rosenblum gegen den Moses Rosenblatt und
schiebt endlich die Acten zusammen und sagt schläfrig,
schon halb im Einschlummern: „Diese verdammten
Juden. . . ."

Auch in der «Gasse» ist es still und alle Läden sind
geschlossen, wie es geboten ist am Sabbath, am Tage der
Ruhe. . . . Draußen am Flusse, wo die Linden stehen,
wandelt das junge Volk geputzt auf und ab, — die Mädchen in grellfarbigen Kleidern, den üppigen Leib mit
schwerem Goldschmuck behangen, das dichte, schwarze Haar
in überaus kunstvollen Geflechten um den Kopf geschlun-
gen, die Jünglinge in schwarzen, langen Kaftanen aus
Seide, an beiden Wangen die zierlichen Schmachtlöcklein, auf dem Kopfe die sonderbare Pelzmütze der
altpolnischen Adeligen, die nun, im Wechsel der launen-
haften Mode, zur Sabbathmütze der verachteten Juden geworden. . . .

Anders drinnen im Städtchen. In den dämmerigen
Stuben nicken die Greise über den mächtigen Folianten,

und die Frauen über den kleinen Büchern, welche in sonderbarem Jüdisch-Deutsch vom König David berichten, und von der Königin von Saba und von den Verfolgungen, die das Volk Gottes in Spanien erduldet, in Frankreich, in Deutschland, in Italien, all überall, wo eben Menschen wohnen. ... Vor den Hausthoren aber oder wo sonst ein kühler Schatten ist, sitzen die jüngeren Männer und Weiber beisammen und sprechen über die Mitgift, welche der reiche Aron Bernstein seiner Tochter gibt, und daß es ihm bereits gelungen, einen jungen, sehr berühmten Rabbinen als Gatten für sie zu kaufen. Oder über die Aufhebung der Wuchergesetze...

Aber in einem dieser Kreise wird über etwas ganz Anderes verhandelt, dort ist Alles still, und nur eine greise Frau mit einem bleichen, engelsgütigen Gesichte und klaren, braunen Augen führt das Wort. Sie sitzt im Schatten auf der kleinen Treppe der «Judenburg», wie die alte düstere Synagoge genannt wird, und neben ihr ein dreizehnjähriger Knabe in städtischer Tracht, und um sie her viele Männer und Weiber. Ich sehe sie noch heute alle deutlich vor meinen Augen, ganz deutlich, die Frau, den Knaben, die Andern alle, das Heimathstädtlein, die Jugendzeit. ...

Die alte Frau beginnt: ... „Es sind nur noch Wenige, die sich seiner erinnern und die Wenigen scheuen sich ängstlich, seinen Namen auszusprechen, und — daß

ich's nur ehrlich heraussage, ich thu's eigentlich auch nicht
gern. Denn ob nun die Geschichten von seinem Bunde
mit den bösen Geistern und von seinem fürchterlichen Ende
wahr sind oder nicht, — so viel ist gewiß, er war kein
heimlicher Mensch und sein Herz dunkel und sein Sinnen
wüst und unheimlich. Eines solches Menschen oft zu gedenken, thut auf keinen Fall gut; das eigene Herz wird
nicht besser dabei, und man kommt so in Gedanken herein
und stellt sich Fragen, und es gibt keine Antwort darauf.
Aber heute, an dem stillen, sonnigen Nachmittage, heute
am Sabbath, wo die gute Macht stärker ist auf Erden,
als an den anderen Tagen der Woche, heute kann man
auch vom schwarzen Abraham erzählen und hören, ohne
an der Seele Schaden zu nehmen. Und dann grad'
heute bin ich so an ihn erinnert worden. Da hab'
ich nämlich heut meine Jugendfreundin, die Rosel Kur-
länder, aus der Schul' ein Stück Weges begleitet —
Ihr wißt, sie wohnt draußen im Mauthhause und
da sind wir auch durch das kleine Gäßlein gekommen,
wo einst sein Haus gestanden hat. Der Bauplatz steht
noch immer leer und öde — vierzig Jahre sind es her,
aber noch hat Niemand gewagt, sein Haus hier auf-
zubauen — und die Trümmer liegen noch immer so
schwarz und unheimlich umher, wie am Morgen nach
jener Nacht, wo dies Haus theils in die Luft flog, theils
aber zusammenbrannte und mit ihm alle Bücher und In-

strumente des «schwarzen Abraham» und wohl auch der
— schwarze Abraham selbst.

„Es ist eine dunkle Geschichte und sie wird nie aufgeklärt werden.

„Vor siebzig Jahren — ich selbst war damals noch
nicht auf der Welt und nur unser uralter Rabbi weiß
sich des Tages genau zu erinnern — da fand an einem
kalten, nebeligen Wintermorgen der «Schulklopfer», als er
an das Thor des Gemeindevorstehers klopfte, um ihn zum
Gange in das Bethaus zu wecken, auf der Bank vor dem
Hause einen Korb stehen, aus dem leises Wimmern klang.
Als er entsetzt den Deckel hob, fand er drinnen ein kleines,
halberfrorenes Kind, sorglich in weiße Linnen gehüllt.
Der Schulklopfer polterte den Vorsteher heraus — man
brachte das Kind ins Haus und sah, daß es ein jüdisch
Knäblein war, vielleicht einen Monat alt. Im Linnen-
zeug, welches reich und prächtig war, fand sich ein Säck-
chen mit Goldmünzen — fünftausend polnische Gulden —
und daneben lag ein Zettelchen, auf dem in unserer
Schrift geschrieben stand: „Dieser Knabe heißt Abraham
und Ihr seid im Namen Gottes, des Einzigen, des Herrn
der Heerschaaren, gebeten, ihn zu pflegen und zu einem
rechtschaffenen Menschen zu erziehen. Das Geld soll die
Kosten der Erziehung decken, vielleicht verbleibt noch ein
Rest, von dem er sich dann im Leben fortbringen kann.
Auch bitten wir Euch, den Knaben, sobald er stehen und

sprechen kann, dazu anzuhalten, daß er alljährlich am
britten Tage des Abar das Gebet für das Seelenheil
seiner verstorbenen Mutter verrichte, denn dieses ist ihr
Todestag. Forschet nicht nach seiner Herkunft — es wäre
vergeblich."

„Ihr könnt Euch denken, welches Staunen, welche
ungeheure Verwirrung der Fund im Städtchen erweckte.
Es ist unerhört, daß man ein jüdisches Kind aussetzt vor
fremder Leute Thür. Bei uns kommt dergleichen sonst nie
vor, weil es nach unserem Gesetze das g r ö ß t e Verbrechen
ist, ärger als M o r d. Was waren nun hier die Gründe?
Woher war der Knabe gebracht worden? Und dann — es
war gerade am Morgen des vierten Abar — die Mutter
mußte also gerade den Tag vorher gestorben sein. Lag
hier ein Verbrechen vor?

„Ich will nur gleich hier sagen: man hat n i e Ge-
wisses darüber erfahren, so viel auch unsere Glaubensgenossen in Polen und Rußland — denn der Fall erregte
ungeheures Aufsehen — forschten und suchten. Nur etwa
zehn Jahre später erzählte ein alter Mann, der als
Schnorrer durch das Land zog, als man ihm den kleinen
Knaben wies, eine Begebenheit, die vielleicht mit diesem
Ereignisse zusammenhängt. Bei Posen lebte nämlich einmal ein Jude auf einem Dorfe, der eine wunderschöne
Tochter hatte. Der Gutsherr verliebte sich in sie, ließ sie
taufen, und nahm sie zu seinem Weibe. Der alte Mann

verlor vor Schmerz fast den Verstand darüber, zog nach
Posen und lag dort Tag und Nacht vor der Schule und
flehte alle Beter an, den Frevel zu rächen, der an ihm
und an Gott geschehen. Aber eines Tages verschwand er
spurlos und zwei Tage darauf hörte man von einer
großen Gewaltthat. Vermummte hatten das Haus des
Gutsherrn in dessen Abwesenheit überfallen und sein Weib
und den Knaben, den sie jüngst geboren, entführt. Himmel und Erde bot man auf, um ihre Spur zu finden;
die Juden in Posen hatten ein Jahr lang die härtesten
Qualen zu erdulden, aber entweder sie wußten nichts oder
sie wollten nichts sagen — Weib und Kind blieben spurlos verschollen.

„So hat der alte Schnorrer erzählt. Aber wer weiß,
ob die Geschichte wahr war oder ob er nur gehört hatte,
daß einst in unserer Gemeinde eine ähnliche Geschichte geschehen mit der «schönen Jütta», und darum meinte, wir
würden ihm auch diese Geschichte glauben — und sie erzählte, um länger in der Gemeinde bleiben zu können
oder um besser aufgenommen zu werden. Denn nun lud
ihn wirklich Jeder zu Gaste, da Jeder die merkwürdige
Geschichte von der Herkunft des kleinen Abraham ausführlich
hören wollte.

„Damals war der Knabe zehn Jahre alt und wuchs
kräftig heran. Die Gemeinde hatte ihm nämlich gegen
geringe Vergütung Pflege=Eltern bestellt, wackere Leute,

die er natürlich für seine leiblichen Eltern hielt. Erst als
er dreizehn Jahre alt geworden, entdeckten ihm die Vorsteher das Geheimniß und legten ihm die Rechnung über
sein Vermögen. Es war noch fast ganz unberührt.

„Ob diese Enthüllung auf ihn einen großen Eindruck
machte, konnte man nicht erkennen. Sein Wesen wandelte
sich gar nicht und eben so wenig sein Benehmen gegen
seine Pflegeeltern. Er blieb, was er bisher gewesen; aus
dem finsteren, verschlossenen Knaben ward ein finsterer,
verschlossener Jüngling. Und wie bisher saß er auch
fortab Tag und Nacht über den Büchern. Bald kannte
er sich in Thora und Talmud aus, wie kaum ein Anderer
seines Alters, und obwohl Niemand dem düsteren, häßlichen
Jungen gut war, das heißt so recht vom Herzen gut, so
achteten ihn doch Alle fast wie einen Erwachsenen und
hielten große Stücke auf ihn.

„Da machte der Rabbi, ein freundlicher, milder Mann,
der sich des Verwaisten besonders warm angenommen
hatte, eines Tages eine Entdeckung, die ihn nicht sonderlich erfreute. Wohl studirte Abraham so eifrig, wie bisher,
aber nicht Talmud und Thora, sondern die Kabbala.
Das ist eine dunkle, mächtige Wissenschaft; der Himmel
und die Hölle liegt darin, und wer sie beherrscht, der weiß
alle Geheimnisse der Vergangenheit und der Zukunft. Aber,
wiederhole ich, auch die Hölle liegt darin, und besser und
fröhlicher und menschenfreundlicher ist noch Niemand ge-

worden, dem sich die Geheimnisse des Buches «Sohar» erschlossen.

„So rieth denn auch der Rabbi gewiß mit Recht dem Abraham von solchem Studium ab, aber dieser verharrte dabei trotzig. Und als nun auch der Rabbi ungebuldig wurde und drohte, ihm die Bücher wegzunehmen, da erwiderte ihm Abraham: „Ihr müßt mir die Bücher lassen, denn ich brauche sie, um meine Pflicht gegen meinen Vater zu erfüllen. Ich wachse heran und werde stärker, er aber wird allmälig schwach und hilflos und wird vielleicht der Hilfe seines Sohnes bedürfen. Wie aber kann ich ihm ein getreuer Sohn sein, wenn ich ihn nicht kenne? So muß ich ihn zu finden suchen, und da ich gar keinen Anhaltspunkt habe, so ist mein einziges Mittel die Kabbala. Durch die kann man Alles erfahren, das brauche ich Euch, als einem großen Gelehrten, nicht zu sagen. Und ebenso wißt Ihr, daß die Wissenschaft zwei Wege weiß zur Ergründung aller Räthsel, entweder durch Deutung und Berechnung der Buchstaben oder durch Durchforschung und Ausnutzung der geheimen Kräfte, welche in Steine und Pflanzen gebannt sind. Den ersten Weg gehe ich jetzt — ich hoffe, er wird zum Ziele führen. Ihr aber — hindert mich immerhin, wenn Ihr es mit Eurem Gewissen vereinbaren könnt ....“

„Der Rabbi schüttelte den Kopf, aber er erwiderte nichts und ließ den Jüngling fortab studiren, was er wollte.

„So verging manches Jahr.

„In dieser Zeit erhielt er seinen Beinamen. Entweder weil er sich so tief vergrub in die schwarze Wissenschaft, oder weil sich die tiefdunklen Locken so unheimlich abhoben von dem blassen Gesichte, nannte man ihn in der «Gasse» eben immer nur den «schwarzen Abraham».

„Als die Jahre kamen, wo dies unsere Sitte fordert, drangen die Vorsteher in ihn, ein Weib zu nehmen; aber er verweigerte es. „Ich habe ja meine Pflicht zu erfüllen", sagte er. So ließ man ihn denn auch darin gewähren, aber man wich ihm aus, und was früher verdeckt gewesen, ward nun offenbar; er gehörte doch eigentlich zu Niemandem. Darum war kaum Jemand betrübt, als er — vierundzwanzig Jahre mochte er damals alt sein — aus dem Städtchen zog. „Ich glaube gefunden zu haben, was ich gesucht", sagte er dem Rabbi zum Abschiede; „ich gehe, meine Pflicht zu erfüllen."

„Und wieder verging manches Jahr.

„Man hörte nichts von Abraham, man vergaß ihn. Nur zuweilen erzählte man einem Fremden oder etwa den Kindern die seltsame Geschichte, wie ihn der Schulklopfer gefunden und was dann der alte Schnorrer erzählt.

„Da kam der seltsame Mensch nach sechs Jahren plötzlich wieder in unser Städtchen, auf seinem Wagen waren viele Kisten mit Büchern und Geräthen. Er ging zum Rabbi und bat ihn um seine Verwendung bei der Ge-

meinde; man möge ihm behilflich sein, hier ein Häuslein
zu bauen. Der Rabbi versprach es und fragte, wo er so
lange gewesen. „Ich bin herumgewandert", sagte er, „um
meine Pflicht zu erfüllen. Aber ich habe die Menschen,
zu denen ich gehöre, nicht finden können. Einmal glaubte
ich schon, auf dem richtigen Wege zu sein, ja sogar am
richtigen Ziele. Aber es war doch nicht das Richtige. Alle
Zeichen, welche mir die Kabbala angab, stimmten, aber
eines war doch nicht so. Nämlich in Leipzig. —"

„Hier brach er ab und hat auch nie wieder darüber
geredet.

„Die Gemeinde war hilfreich gegen ihn; er baute sich
sein Haus — nicht wie die andern, sondern nach eigenem
Plane, ein sehr großes Gemach ohne Fenster und daneben
ein kleines, dürftiges Kämmerlein zum Wohnen und
Schlafen.

„Man verwunderte sich sehr darüber und an Sabbath-
nachmittagen zog die ganze Gemeinde auf den Bauplatz
und alle besahen sich neugierig das seltsame Gebäude und
zerbrachen sich den Kopf, wozu das taugen könne. Aber
die Meisten getrauten sich nicht, den «schwarzen Abraham»
zu fragen, und wer den Muth dazu hatte, erfuhr auch
nichts, der blasse Bocher verweigerte die Antwort. Nur
dem Rabbi sagte er einmal: „Erinnert Ihr Euch noch,
was ich Euch einst als Jüngling von den beiden Wegen
der Kabbala gesprochen? Nun — ich folge diesem Wort

noch heute. Den ersten Weg bin ich fruchtlos gegangen —
nun will ich den zweiten versuchen. Vielleicht sagen mir
die Pflanzen und die Steine, was mir die Buchstaben und
die Zahlen nicht geoffenbart . . ."

„Als diese Worte im Städtchen ruchbar wurden, wun-
derte man sich noch mehr über den seltsamen Menschen
und sah mit verdoppelter Neugier zu, wie drinnen im
dunklen Saale ein mächtiger Schmelzofen gebaut wurde
mit einem langen, thurmähnlichen Kamin. Man zerbrach
sich den Kopf, was Alles darin geschehen würde, aber als
das Haus fertig war und der «schwarze Abraham» an
seine Arbeit ging, da erfuhr Niemand, was darin geschah.
Denn er lebte ganz abgeschlossen, eine alte Nachbarin be-
reitete ihm sein Mahl und brachte es in die kleine Wohn-
stube, aber keines fremden Menschen Aug' hat je das
Innere des Saales erblickt. Da er sich dort so hartnäckig verschanzte und das einzige Anzeichen, welches von
seiner geheimen Arbeit an das Licht der Sonne drang,
der Rauch aus dem Kamin nämlich, oft überaus merkwürdig, grünlich, gelblich, violett und meist übelduftig war,
so glaubte man endlich steif und fest, er beschwöre da
Dämonen und Todte, und es wurden schon Stimmen in
der Gemeinde laut, den Hexenmeister, der ja doch zu
Niemand gehöre, fortzujagen. Auch Abraham kam das zu
Ohren.

„Da machte ein furchtbares Ereigniß der Sache ein

Ende. Jäh' und dunkel, wie dieses Leben in unsere Mitte hineingeschneit worden war, wurde es auch aus unserer Gemeinde gerissen. Da hörten wir einmal Nachts einen furchtbaren Knall, der Boden erzitterte, zu Tode erschrocken stürzten wir hinaus — am Himmel war eine feurige Lohe ... Das Haus des «schwarzen Abraham» war in die Luft geflogen.

„Als man am nächsten Morgen die Trümmer hinwegräumte, um seine Leiche zu begraben, da fand man sie nicht. Vielleicht war sie in tausend Stücke zerrissen worden und bis zur Unkenntlichkeit verbrannt. Vielleicht hatten ihn jene dunklen Mächte, die er angerufen, lebendigen Leibes zur Hölle gerissen ...

„Es wird niemals aufgeklärt werden.

„Der Doctor von Boroczyce, ein Freigeist, der weder Christ noch Jude war, hat einmal erzählt, er habe den Nathan frisch und gesund in Paris gesehen, als einen Greis, der wegen seiner Wissenschaft sehr geehrt war.

„Brauch' ich Euch erst zu sagen, daß das gewiß eine Lüge vom Doctor war?"

So erzählte die Frau. Ihre Zuhörer gaben ihr Recht und fanden gleichfalls den Bericht des Doctors sehr unglaubwürdig.

Findest Du das auch, mein Leser?!

Nur ein Si!

„In der Wassergasse" — erzählte die alte Frau ein ander Mal — „schief gegenüber der alten Betschul', da stehen zwei Häuser merkwürdig ähnlich an Größe und Bauart. — Sie gehören jetzt beide dem reichen Abraham Steiner, dem Gutspächter von Kcrolowka. Vor vielen, vielen Jahren aber, da ich noch ein jung Mädele war und eben Braut geworden, da hausten da zwei Männer, die einander noch ähnlicher waren, als die Häuser — Salomon Bierkrug und Nathan Halstuch. Sie waren Beide blond und klein und stießen Beide mit der Zunge an und hatten zwei Mädchen geheirathet, die auch einander ähnlich waren, und ernährten sich Beide durch denselben Handel und waren Beide sanfter Gemüthsart und ... die Aehnlich= keiten sind gar nicht aufzuzählen, und wie sie zusammen= hielten und was für Freunde sie waren, ist gar nicht zu beschreiben! Was für Freunde! — es war schon ordent= lich zum Sprichwort geworden im Städtchen. Wenn man von Zweien ausdrücken wollte, sie seien besonders befreun= det, so sagte man nicht mehr wie sonst: „sie sind wie David und Jonathan", sondern: „sie sind wie die Pelz=

händler in der Wassergasse". Denn diesen Handel trieben
die Beiden, und zwar natürlich in Gemeinschaft, und jedes
Jahr, wenn sie den Gewinn theilten, gaben sie sich auf's
Neue die Hand und besiegelten die Freundschaft durch ein
äußeres Zeichen: einmal tranken sie sich einen Rausch in
gutem Wein und im zweiten Jahre machten sie zusammen
eine Wallfahrt zum Wunderrabbi von Nadworna; im
dritten Jahre ließen sie ihre Familienstände in der Betschul' zusammenrücken und im vierten Jahre verlobten sie
ihre Kinder miteinander: Salomon's Sohn Manasse ward
Bräutigam mit Nathan's Rösele.

„Und so war Alles voller Frieden und voller Freundschaft, bis ein klein unscheinbar Ding dazwischen kam und
die innige Freundschaft in Todfeindschaft wandelte und den
Frieden in einen Krieg, wie er gewiß noch selten so
fürchterlich war unter zwei Menschen und unter zwei
Familien. Die sanften Männer wurden zu wilden Tigern
und ihre braven, stillen Weiber zu grimmigen Tigerinnen
und ihre Kinder zu Katzen, die einander die Kleider zerrissen und die Gesichter zerkratzten. Und wenn es wenigstens nur unter den beiden Häusern allein geblieben wäre!
Aber nein! — Die ganze Stadt hat jenes verwünschte
kleine Ding in Aufruhr, Grimm und Hader gebracht, die
ganze Stadt war angefüllt mit Tigern und Katzen, und
was das für ein Geheule und Gekratze war, könnten hundert Schreiber nicht beschreiben. Ihr könnt euch denken —

sogar zum Bezirksgericht ist man gelaufen, zum kaiserlichen Bezirksgericht, welches sich doch sonst nicht darum zu kümmern hat, wenn ein jüdisch Kind das andere schlägt. Verzweiflungsvoll hat der arme alte Rabbi ausgerufen: „Mein einziger Trost ist noch, daß nun der Messias bald kommen muß, denn die Zeiten erfüllen sich, von denen geschrieben steht: die Völker der Erde erheben sich gegen einander. Ach! wenn doch nur schon der Prophet Elias auf seinem Esel daher geritten käme!" Aber wenn es auch damals viele Esel in Barnow gab, ein Prophet war nirgendwo zu erblicken.

„Und das Alles hat jenes kleine Ding angerichtet.

„Was meint ihr wohl, was war jenes kleine Ding? Aber ich will euch nicht rathen lassen, errathen würdet ihr es ja doch schwerlich! Ein Ei war's, ein ganz gewöhnliches Hühnerei. Freilich hatte es einen Blutfleck im Dotter, aber es gibt unzählige solche Eier und sie haben niemals ein Unheil angerichtet, außer wenn sie vielleicht zufällig zugleich verdorben waren.

„Die Sache hat sich aber so zugetragen.

„An einem Freitag Vormittag, wie gerade Reb Salomon in Geschäften verreist war und erst zum Sabbath wiederkommen sollte, hat sein Weib Rachel Knödel für den Sabbath gemacht. Und zum Unglück war unter den Eiern, die sie dazu anschlug, eines, das hat einen Blutfleck im Dotter gehabt. Ein solches Ei darf man aber nach den

Speisegesetzen genießen oder nicht, je nach der Größe und der Form des Blutflecks. Und da Rachel sich das als schlichte Frau nicht zu entscheiden getraut hat und ihr Mann verreist war, so ist sie zum Nachbar, Reb Nathan, hinübergegangen und hat ihn gebeten, seinen Spruch darüber zu fällen. Der hat den Blutfleck eine halbe Stunde lang angeschaut, dann durch eine Stunde im Talmud nachgelesen und endlich entschieden erklärt: das Gesetz verbiete den Genuß eines solchen Ei's. Die sparsame Frau hat es darauf seufzend bei Seite gestellt und mit einem neuen ihre Knödel fertig gemacht. Am Sabbath aber, beim Mittagessen, hat sie sich beim Auftragen der Speise des Vorfalls erinnert und ihrem Manne davon berichtet.

„Reb Salomon war zwar nur ein Pelzhändler, aber doch zugleich ein weiser Talmudist und ein eifriger Forscher der Lehre. Darum verlangte er gleich nach dem Essen das Ei zu sehen und betrachtete es eine Stunde lang sehr aufmerksam. Dann las er bis zur sinkenden Sonne im Talmud darüber nach. Am Abend aber ging er zum Nachbar Nathan, um da, wie gewöhnlich, ein Glas Wein zu trinken und eine Stunde zu verplaudern.

„Nathan!" sagte Salomon vorwurfsvoll, kaum daß er eine «gesegnete Woche» gewünscht, „wie habt Ihr nur eine solche Entscheidung fällen können!"

„Welche Entscheidung?"

„Nun — die über das Ei, das Euch mein Weib

gezeigt hat. Habt Ihr denn nicht gleich erkannt, daß man ein Ei mit einem solchen Blutfleck genießen darf, ohne Sünde gegen Israel?! Und Ihr seid doch sonst ein Schriftgelehrter!"

„Und Ihr‹ — erwiederte Nathan etwas aufgeregt — „seid's sonst wohl auch! Aber in diesem Fall sprecht Ihr wie ein Bauer, wie ein Landmensch, der nie in seinem Leben eine ‹Klaus› gesehen hat!"

„Waas?" rief Salomon. „Und Ihr seht Euer Unrecht nicht einmal ein? — Ihr — Ihr Bauer Ihr!"

„So begannen die beiden Männer zu streiten und warfen sich die längsten und verwickeltsten Talmudstellen an den Kopf und die kürzesten einfachsten Titel, und der Wein, den sie dabei tranken, war natürlich nicht geeignet, die Gemüther abzukühlen. Und so kam denn Salomon erst spät in der Nacht nach Hause und erklärte seinem Weibe Rachel: „Nathan weiß so viel vom Talmud, wie ich vom Türkischen. Ich will mit ihm Geschäfte machen, ich will neben ihm beten, ich will erlauben, daß mein Sohn seine Tochter nimmt. Aber Wein trinken kann ich mit einem so unwissenden Menschen nicht mehr. Nein! — nie mehr, nie in meinem Leben."

„Rachel widersprach nicht. „Gottlob!" dachte sie, „da würde mir dies eine verdorbene Ei von großem Segen."

„Aber so schön sollte es nicht enden.

„Am nächsten Tage waren die beiden Männer in

ihrem gemeinsamen Geschäft zusammen, und statt die Felle
zu ordnen, stritten und grübelten sie den ganzen Sonntag
hindurch — das Ei ließen sie sich in den Laden bringen,
und wer vorüberging, wurde hineingerufen, mußte den ver-
hängnißvollen Blutfleck ansehen und sein Urtheil darüber
abgeben. Da gab nun der eine Nathan, der Andere
Salomon Recht und das bestärkte sie noch in ihrem
Grimme und ihrer Streitlust. Kurz — sie gingen geson-
dert zum Abendgebet in die Synagoge und da geschah eine
ungeheure Begebenheit: Salomon ließ seinen Betständer
von dem Nathans weit wegrücken. Nathan fieberte vor
Zorn — in der Schul' hielt er an sich, aber draußen ge-
riethen die beiden Männer mit Worten aneinander, die
weder wie Lobessprüche noch wie Ehrenbezeugungen klangen.
Als Salomon endlich heftig aufgebracht nach Hause kam,
sagte er zu Rachel: „Das Geschäft kann ich nicht trennen,
die Verlobung will ich der Welt wegen nicht rückgängig
machen, aber das erlebt er doch nicht, daß ich wieder Wein
mit ihm trinke oder neben ihm bete ...“

„Das Erste thu' nicht", bat Rachel, „aber das Zweite
thu' doch wieder.“

„Niemals!“ schwur Salomon. „Er soll mich nicht
umsonst einen Eisenkopf genannt haben.“

„Aber das war noch das Schlimmste nicht.

„Der nächste Tag war der Montag und der gilt ja
überall ohnehin als ein schlechter Tag. Immer mehr

Leute strömten in den Laden und sahen sich das vielbe=
rufene Ei an und gaben ihr Urtheil ab. Aber die Einen
erklärten, der Genuß sei erlaubt, die Andern bestritten dies.
Und bald gab es nicht mehr zwei Gegner im Pelzwaaren=
laden, sondern fünfzig, die beiden Parteien stritten sich
herum, daß es gar nicht mehr schön war, und Nathan
und Salomon, die beiden Parteiführer, wurden immer
wilder gegen einander. Nathan war wüthend wegen der
Schande, die ihm Salomon gestern mit dem Betständer
angethan, und Salomon bat ihn in seinen heutigen Wor=
ten just auch nicht um Verzeihung. Und gegen Abend,
nachdem bereits Hunderte das Ei berochen und geprüft,
nachdem man bereits in ganz Barnow von nichts An=
berem sprach als von dem Blutfleck, gegen Abend hatte
man noch von etwas Anderem zu sprechen: Nathan und
Salomon waren einander in die Haare gefahren, nicht
etwa bloß wörtlich, sondern mit der Faust und mit allen
fünf Fingern. Das viele Sprechen, das Hetzen und das
Spotten, das Rechtgeben und das Bedauern regte die
beiden Männer natürlich noch mehr auf, und als Salo=
mon an diesem Tage wuthschäumend nach Hause kam, da
schrie er seinem Weibe zu: „Such' Deinem Sohn eine
andere Braut, Nathan's Rösele heirathet er nicht und selbst
wenn ich sonst die größte Schand' mit ihm erlebe, selbst
wenn er mir sonst lebig bleibt — die Tochter eines Mannes,
der die Hand gegen mich erhoben und mir den halben
Bart ausgerissen hat, — die heirathet er nicht."

„Da ergrimmten auch Rachel und Manaſſe, die bisher zum Frieden gerathen, und begannen nun ihrerſeits den Krieg gegen die Nachbarn.

„Zwei Tage verfloſſen. Wie es während der Zeit im Laden ausſah, — es iſt gar nicht zu erzählen. Die beiden Kaufleute, die doch ehrbare Familienväter waren, ſchienen wirklich allmälig zu glauben, der paſſendſte Platz für des Einen Hand ſei im Barte des Andern. Und die anderen Leute fochten auch nicht mehr mit Worten und mit Aus=ſprüchen frommer Rabbinen, ſondern nur noch mit Fäuſten und Nägeln. Das Ei, die Urſache des Habers, lag noch immer auf einem Teller im Laden und weckte immer neuen Streit. Denn mit dem Beſchauen begann, mit dem gegen=ſeitigen Vorwurf der Unkenntniß im Geſetze fuhr man fort, und mit Prügeln ſchloß man. Wie eine Raſerei, wie eine anſteckende Krankheit war die Raufluſt über die Men=ſchen gekommen.

„Als Salomon am Mittwoch Abend todmüde und ab=gehetzt heimgeſchlichen kam, ſprach er zu ſeinem Weibe: „Es muß Alles ein Ende haben! Lieber das Geld ver=lieren, als die Geſundheit! Morgen mache ich Schritte, um die Kompagnie mit dem Gauner, mit dem Hallunken zu löſen ...“

„Da wurde Frau Rachel ernſt, und ſo zornig ſie war, mahnte ſie doch zögernd: „Es iſt doch nur um ein Ei!“

„Es iſt um Iſrael!“ erwiederte Salomon ſchreiend.

„Es ist um Gottes heilige Lehre! Und da sollte man noch an irdisch' Gut denken?! Nein! und wenn ich betteln müßt', mit diesem Verächter des Talmud und der Thora ziehe ich nicht mehr an einem Karren."

„Und Donnerstag Mittags war wirklich die langjährige Gemeinschaft gelöst: das Geld theilten sie und nur noch die vorräthigen Felle sollten auf gemeinschaftliche Kosten verkauft werden.

„Da kam am Abend dieses Tages zu unserm alten Rabbi ein Bote, welcher ihm ankündigte, der weise Rabbi Meier von Pinczow werde in Barnow die Sabbatruhe halten, auf seiner Reise nach Belz. „Gottlob!" schrie der alte Mann, „nun seh' ich zu den vielen Eseln auch einen Propheten. Ich kenn' den Rabbi Meier, der macht mir die verrückten Leute wieder klug!"

„Am Freitag früh ließ er die beiden Pelzhändler, dann verschiedene angesehene Männer aus beiden Parteien zu sich rufen und fragte sie, ob sie nicht dem erwarteten Weisen die Entscheidung übertragen wollten. „Natürlich!" erwiederten sie, „mit Freuden." Denn Jeder hoffte aus dieser Entscheidung für sich Freude und Triumph.

„Das Ei ward in feierlichem Zuge aus dem Laden abgeholt und in einer zugedeckten Schüssel in das Haus unseres Rabbi übertragen. Zugedeckt war aber die Schüssel deßhalb, weil das Ei in Folge des Liegens an der freien Luft etwas stark roch und etwas unangenehm dazu.

„Zu Mittag traf Reb Meier ein und gleich nach dem
Essen versammelten sich die Streitenden im Hause des
Rabbi. So viele ihrer Platz hatten, drängten sich in
die Stube, die Uebrigen erfüllten den Raum vor dem
Hause und benützten die Zeit eifrig, sich noch Allerlei
in letzter Stunde an den Kopf zu werfen. Blumen
waren's nicht.

„Der würdige Rabbi Meier aber trat vor und lüftete
den Deckel der Schüssel. Aber da fuhr er unwillkührlich
zurück und mit der einen Hand an die Nase, die andere
aber zitterte so stark, daß sie die Schüssel fallen ließ. Sie
zerbrach, und das Ei lag ausgegossen am Boden, das Ei,
oder vielmehr eine faulende, moderige Masse, an der man
kaum einen Dotter, viel weniger einen Bluttropfen erkennen konnte.

„Anfangs schwiegen Alle verdutzt und hielten sich nur
stumm die Nase zu. Am schnellsten faßte sich Rabbi
Meier. Er nahm das Wort und sprach: „Liebe Leute,
wer mit dem Blutfleck Recht gehabt, weiß ich nicht. Aber
mit dem Streite habt ihr Alle Unrecht gehabt, denn der
Mensch soll mit seinem Nachbar in Frieden leben. Darum
bitte ich euch, versöhnt euch und laßt das Ei hier schnell
wegkehren.“

„Und so geschah es. Der ganzen Gemeinde waren
die Schuppen von den Augen gefallen.

„Selbst Reb Salomon und Reb Nathan versöhnten sich. Sie tranken wieder Wein mit einander, die Betständer rückten sie zusammen, die Kompagnie ward von Neuem geschlossen. Und wenige Wochen später gab es eine lustige Hochzeit in Barnow. Salomon's Manasse und Nathan's Röfele waren die Brautleute. Alle freuten sich doppelt, denn um ein Haar wäre die ganze Freude für immer verdorben gewesen — durch ein Ei! . . ."

Zeitfracht Medien GmbH
Ferdinand-Jühlke-Straße 7
99095 Erfurt, Deutschland
produktsicherheit@kolibri360.de